U0168055

近代日本の人種体験

〔日〕 真嶋亚有 著

宋晓煜 译

启微
QIWEI

『肤色』的 忧郁

近代日本的人种体验

社会科学文献出版社
SOCIAL SCIENCES ACADEMIC PRESS (CHINA)

中文版自序

承蒙社会科学文献出版社"启微"书系厚爱，拙著中文版得以在中国出版，身为作者，非常感谢。

本书是我的第一本学术专著，日文版如今已出版将近七年。关于本书的研究主题、相关感想、撰写动机、出版经过等，已写在日文版后记里，在此不再赘述。本书的出版对七年前的我来说是人生中最重要、最难忘、最宝贵的体验，已成为我人生的重要转机。

一方面，这是我实现儿时出书梦想的瞬间。另一方面，日本人的人种意识长期以来都被视为禁忌和避讳之事，作为一名研究者，公开出版的第一部学术著作就着眼于这段心性史，这本身也是一场需要勇气的挑战。因为人种意识与人们的生理和本能感情密切相关，很少被摆到台前讨论，却流淌在人们集体意识的暗流中，时而潜在水下，时而浮出水面。换言之，它仿佛拥有一种"魔性"，能够煽动人们的感情。

举例而言，2020年以来，新冠肺炎疫情蔓延至全世界，与之相伴的是露骨的种族偏见。欧美出现针对亚裔的仇恨犯罪，美国爆发"黑人的命也是命"运动，英国王室的种族歧视问题在英国引起轩然大波，至今仍处于舆论的旋涡。

光是列举此类时事，就能清晰地看出种族问题带有怎样强烈的煽情性。正因如此，当我围绕这一主题撰写学术著作时，需要尽我所能，时刻提醒自己保持学术的中立，专注于调查和写作。

如本书所言，关于种族偏见，要发表正确的言论颇为容易。严正反对种族歧视，种族歧视是恶行，绝不允许种族偏见……这些都是正确的言论，种族歧视和偏见等社会问题确实应该得到逐一纠正。但是，当我们反复提及这些问题时，也正说明种族歧视和偏见至今仍根植于社会深处。与此同时，可能正因为我们或多或少认识到在这样一个现实社会仅靠宣扬正义无法解决种族歧视和偏见，所以人种意识、人种感情等才成为禁忌，潜藏于社会的暗流中。

人到底能在多大程度上摆脱种族偏见？本书第四章曾引用武者小路实笃的言论，即不同的人种即便能在利害关系一致、条件充裕时建立起良好的人际关系和恋爱关系，可是一旦有什么不和，潜藏在深处的种族偏见和歧视意识就会显现出来。

人种意识并非仅仅源于人们的个人体验。纵使我们没有亲身经历过，却会有意识或无意识地背负起历史记忆再生产的产物。从这点来看，只要人种意识是一个从微观层面（个人体验）到宏观层面（集体意识）、多层且有机相关的心性世界，就无法只靠知性和理性来轻易地抹除。近期发生的种族歧视等社会问题恰恰证明了这一点。

再者，在纠正种族歧视的过程中也有可能产生新的歧视。例如，美国的大学入学考试等依据平权法案（affirmative action）将种族因素纳入考量范畴，反而造成了对其他群体的不公平；"文化挪用"（cultural appropriation）、"抵制文化"（cancel culture）等批判声也引发了新的歧视问题。从上述现象可以看出，如今存在着一种动向，堪称种族歧视的再生产与复杂化。

随着通信技术的发展，一方面，人们开始意识到并试图改变歧视与偏见；另一方面，人种意识的煽情性也有可能导致人们对歧视或是敏感，或是迟钝。时至今日，我们可能仍未找到根本的解决方法以应对包含暴力性质的人种意识。

当今世界，各种形式的种族问题纷纷浮出水面，那么，这本讨论近现代日本人种意识心性谱系的书又具有何种意义？尽管日本长期以来都被称为东洋的"加拉帕戈斯"，然而如本书所言，近现代日本的历史谱系实现了极为激烈的振荡。日本不过是远东一介小国，国土狭小，山林面积约占70%，自然灾害频发，天然资源欠缺。然而就是这样一个岛国历时不到半个世纪就跻身"世界五大强国"之列，紧接着不到半个世纪却迎来战败，化为废墟。其后不到20年，日本又进入了经济高速增长期，甚至一跃成为有望超过美国的经济大国。在大约一个世纪的时光里，日本经历了如此激烈的振幅，以此为背景，日本人形成了怎样的自我认知谱系？本书就是从人种意识的视角出发，试图回答这一问题。

该问题与近代化等论题也有关联。现在的历史学构筑了一个观点，认为应当把日本近代化的起点追溯至江户时代。[①] 本书也

---

① 苅部直『「維新革命」への道——「文明」を求めた19世紀日本』新潮選書、2017。

指出，日本在江户时代就已形成商业资本，且识字率极高。从这个层面来看，日本的近代化确实并非始于明治维新，而是始于江户时代。不过，肤色、体格、相貌等一目了然的人种差异也起到了重要作用，甚至可以说，人们对人种差异的关注是强力推进明治维新以来近代化的重要驱动。

明治五年（1872），日本媒体报道了明治天皇在宫中吃牛肉的消息。日本的肉食禁令自此解禁，肉食成为近代化道路上的一大象征。在此过程中，西方人在日本外国人居留地积极吃肉的场景令人印象深刻。[1] 此外，日俄战争期间黄祸论兴起，跻身"世界五大强国"之列的日本不得不在国际政治舞台直面各种层级的种族歧视和种族偏见，故而不得不在"文明"与"人种"的夹缝间努力寻求自我界定，试图使自己稳定下来。于是，扭曲的自我认知就此生成，其根本是为了自我肯定而进行自我否定，这也是本书的主轴。也就是说，日本为了继续是日本，否定了日本之为日本，并且只要日本还是日本，就无法完全舍弃日本。这一自我矛盾的谱系反映到人种意识当中，即便在 21 世纪的今天，我们仍能从各种层面看到自我矛盾式的心理倾向。如此这般，日本自明治时代以来就背负着扭曲的自我认知与自我矛盾，直至今

---

[1] 可参见眞嶋亜有「肉食という近代──明治期日本における食肉軍事需要と肉食観の特徴」『アジア文化研究』国際基督教大学学報Ⅲ - A．別冊 11、2002 年 6 月、213 - 230 頁；眞嶋亜有「朝鮮牛──朝鮮植民地化と日本人の肉食経験の契機」『風俗史学』（20）、2002 年、8 - 25 頁；Ayu MAJIMA, "Eating Meat, Seeking Modernity: Food and Imperialism in Late Nineteenth and Early Twentieth Century Japan," in K. J. Cwiertka, ed., *Critical Readings on Food in East Asia*. Leiden: Brill, 2012, pp. 95 - 121.

日，这种自我认知与自我矛盾仍存在于日本社会的暗流中。若要思考该现象的来龙去脉，或许本书可以提供一点启发。

拙著初版发行于 2014 年 7 月。本书虽为学术著作，然而承蒙读者厚爱，4 个月后就再版，2015 年又出了第三版。拙著自面世以来，相关书评刊载在各类报纸杂志，在此列举部分书评及作者。

- 《读卖新闻》书评栏，2014 年 8 月 31 日，松木武彦先生。
- 《日本经济新闻（晚刊）》"鉴赏家本周选中的三本书"，2014 年 9 月 10 日，井上章一先生。
- 《周刊邮报》书评栏，2014 年 9 月 12 日号，井上章一先生。
- 《朝日新闻》文化栏，"文艺时评：本月的三本书"，2014 年 9 月 24 日，片山杜秀先生。
- 《朝日新闻》书评栏，2014 年 9 月 28 日，保阪正康先生。
- 《文艺春秋》"鼎谈书评"，2014 年 10 月号，山内昌之先生、片山杜秀先生、诸田玲子先生。
- 《周刊文春》"我的读书日记"，2014 年 10 月 30 日，鹿岛茂先生。
- 《周刊钻石》"我最推荐的收获满满的书"，2014 年 11 月 22 日号，吉崎达彦先生。
- 《三田文学》，2015 年冬季号，书评，山内洋先生。
- 《国际政治》，2015 年 11 月号，书评，木畑洋一先生。

此外，香川大学等几所大学将拙著中的段落用于入学考试。并且，凭借此书，笔者被《文艺春秋》2015 年第 3 期选入"代表日本的 120 位女性"的研究者名单中，还荣获了明治大学第23 届联合骏台会学术奖。对我而言，这些都是非常宝贵的评价。

拙著的研究主题相当敏感，没想到竟能得到许多书评和赞誉。从众多书评和读者来信中，我深刻地感觉到，读者对本书的看法因年龄差和社会属性不同而有所不同。不少"团块世代"（1947～1949 年出生）的男性读者读后感慨万千。而我身为"团块世代"的子女那一代人，觉得能把关于日本人的人种意识的书出版，哪怕只是把该书出版的最重要意义以文字的形式添加到后记里就已经很好了。也就是说，一直以来，人们都讳言日本人的人种意识，不愿公开触及该话题。然而，这些难以抹除的人种自卑感和优越感却被写进著作，得以公开出版。这是因为明治时代以来长期存在于日本人心性暗流中的人种自卑感迎来了一个终结。

长期被讳言的东西如今成为一个研究主题，其历史构造得到研究者的解析。这意味着一直以来被封印的人种意识开始被视为研究对象。换言之，意味着日本人的人种自卑感迎来了一个终结，正在进入转型期。

当然，这并非人种意识本身的终结。如本书中文版自序开头所述，人种意识往往存在于人类社会的暗流中，是一个时隐时现的心性世界。人们或多或少都有人种意识，却不愿进行公开讨论。解析人种意识的构造或许能为我们考察人种意识今后的变迁，以及为了解种族歧视和种族偏见的动向提供一个有益的视角。

拙著经由宋晓煜老师翻译，得以拥有中国的读者，我感到无比荣幸。中国人与日本人在身体上高度相似，读完中文版后，读者会有怎样的感想？我很期待读者的反馈，若能以此为契机与中国学界和读者展开交流，那就再好不过了。

目前，我主要负责"近现代日本生活文化、家族、心性的跨学科研究：关于脚气的国际比较"这一课题。① 我想从不同的维度来考察近现代日本的心性谱系，不仅从人种意识的视角出发，而且着眼于生活文化、家族、思想等人们的日常观念。若有机会，今后也将分析中日两国在生活文化、家族、思想上的差异。

最后，非常感谢宋晓煜老师发现、熟读拙著，并将拙著推荐给出版社，承担中文版的翻译工作。拙著使用了庞大的文献资料，宋老师不厌其烦，甚至连脚注等细节都一一确认。承蒙宋老师帮助，拙著有幸被翻译成中文，对我而言，也是不可替代的人生经历。社交工具的发展使人与人的结识和交流变得越发便利，虽说如此，并不意味着人们能够轻易地建立起深厚的人际关系。并且，我们一生遇见的人有限，共有一段时光和记忆的人也有

---

① 该项目已获得日本学术振兴会基盘研究 C 的课题经费支持，已取得的研究成果如下：眞嶋亜有「二足制とその清潔神話をめぐる考察の試み——日本の公共空間におけるスリッパと衛生管理状況を手がかりに」『明治大学国際日本学研究』第 13 巻第 1 号、57 – 76 頁；眞嶋亜有「水虫からみる比較生活文化論の試み——日本におけるその社会的文化的背景への一考察に向けて」『明治大学人文科学研究所紀要』第 86 冊、2020、35 – 74 頁；眞嶋亜有「20 世紀初頭の米国におけるathlete's footの成立」『生活学論叢』第 17 巻、日本生活文化学会、2010、3 – 13 頁；眞嶋亜有「水虫——近現代日本の栄光とその痕跡」園田英弘編『逆欠如の日本生活文化——日本にあるものは世界にあるか』思文閣、2005、89 – 128 頁。

限，无论是谁，都是如此，这就是现实。能通过拙著与宋老师这样优秀的译者相遇，收获奇迹般的缘分，我的内心非常感激。

并且，李期耀老师承担了拙著中文版的编辑工作，在此深表感谢。有人说，21世纪是"亚洲的世纪"。希望拙著能为今后中日两国乃至亚洲圈的知识及学术交流略尽绵薄之力。感谢宋老师、李老师及出版界相关人士的大力支持，感谢愿意阅读拙著的读者。

真嶋亚有
写于2021年春樱花盛开的东京

所谓"欧化"，是指学习西方各种国民性的特殊风俗习惯。同时，"欧化"也给人以走上普遍人类化进程的印象。

　　　　　　　　　　　和辻哲郎《日本精神》（1934）

目　录

前　言

　　"种族"一词几乎就成了一种宿命的名称。但是，西方
的"种族"并不是各大民族的创造者，而是它们的结
果。……并使广大的地区对那在各别民族中被感到和经验到
是种族的东西铭记不忘。①

　　〔德〕奥斯瓦尔德·斯宾格勒《西方的没落》（1918）

身体的命运

　　如果这个世界存在肉眼可见的命运，那就应该是容貌和身体
吧。无论是谁，从生到死都只能使用自己与生俱来的容貌、身体，
这是我们的宿命。然而容貌与身体不是我们可以自由选择的，因
此我们有时会很苦恼，为何我们生来就是这个容貌、这个身体？

　　身体是肉眼可见的自己。特别是容貌，能让人一眼断定一个
人的特征，因此对自我和他者都具有持续的、压倒性的影响力。

---

　　①　オズヴァルト·シュペングラー著、村松正俊訳『西洋の没落　改訂版』
　　　　第 2 卷、五月書房、1977、149 頁。（译文采用了齐世荣等的中文译本，
　　　　与日文译本有所不同。奥斯瓦尔德·斯宾格勒：《西方的没落：世界历史
　　　　的透视》，齐世荣等译，商务印书馆，1963。——译者注）

并且，虽然容貌一直显露在外，我们却无法不借助任何道具看到自己。

人们出生以后，在各种差别化的过程中形成自我。从学校等集体生活的各种体验到考试、收入、地位、名誉等社会价值标准，方方面面都存在差别。与他者的差别是一把衡量自我实现与社会认可度的标尺，也是确认自我的手段。甚至可以说，人是在主动追求自己与他人的"差别"并为之努力。然而身体则不同。容貌和身体无法通过自己的努力获得，因此成为人们终生无法逃避、肉眼可见的命运。而且，其中包含着人力永远无法改变的侧面。

其中最甚者应该是"肤色"，也就是人种差异。

即使在所有身体构成当中，肤色也具有其特殊性。和脸的情况一样，覆盖人们身体的皮肤常常会暴露在外，并且人力无法决定性地改变皮肤。即便在医学高度发达的当今，我们也不可能进行全身皮肤移植或改造。

近几年的人类基因组研究已经证实，基因中的人种元素仅占"0.01%"。[1] 然而事实上，特别是在 20 世纪以后，以肤色差异为主要特征的人种差异对人们的自我认知、他者认知，乃至世界

---

[1] 竹沢泰子编『人種の表象と社会的リアリティ』岩波書店、2009、223頁。2000 年 6 月，美国国立人类基因组研究所（NHGRI）与塞雷拉基因组公司（Celera Genomics）联合召开记者招待会，宣布已完成人类基因组草图，美国国立人类基因组研究所所长弗朗西斯·柯林斯（Francis Collins）宣称基因中的人种元素仅占"0.01%"。此外，2007 年，塞雷拉基因组公司的约翰·文特尔（John Venter）博士指出，人类基因组中 99%～99.5% 的基因一致，而存在个体差异的基因为 0.5%～1.0%。http://usatoday30.usatoday.com/news/health/2007-09-03-dna-differences_N.htm，2012 年 12 月 21 日阅览。

观一直具有压倒性的影响力。

从一个侧面来看，第二次世界大战又被称为"人种战争"，基因组上"0.01%"的人种差异是导致人们产生憎恶心理的重要因素，该因素甚至导致数千万人死于这场战争。[①] 此外，奥巴马作为美国历史上第一位黑人总统备受瞩目，说明直到21世纪，人们对人种差异的关心仍未消弭。

那么，奥斯瓦尔德·斯宾格勒（Oswald Arnold Gottfried Spengler）所谓的能动摇人类感情的"人种"这一"命运"到底意味着什么？日本人是如何自我感知"肤色"这一可视的命运的？

西方：最重要的他者

对于近代日本而言，围绕"肤色"这一可视的命运进行自我界定并不是件容易的事情。原因在于，西方是近代日本最重要的他者。

明治时代以来，日本为了使自己作为"日本"继续存在，选择了西化。换言之，日本选择模仿最重要的他者，将其作为维持国家存活的手段。这种西化并不仅仅停留在国家层面的制度模仿，而是深入各种微观领域，从衣、食、住、行到心性，乃至价值观。

---

① ジョン・ダワー著、斎藤元一訳『容赦なき戦争——太平洋戦争における人種差別』平凡社、2001、32－51頁。

可是，当日本人为了保住日本这个国家而选择西化时，现实中出现了两个无法解决的矛盾，即非西方的日本无法通过西化具体实现自我界定；"人种"这一宿命般的差异最为明确地分割了西方与日本。

大约在日俄战争（1904～1905）后，近代日本首次在国家层面上直面人种差异。日俄战争的胜利不仅激发日本产生了作为"一等强国"的自尊心，同时也成为西方萌发人种厌恶、人种排斥等心理的契机。

近代日本自明治时代以来不断追求西化，并且在日俄战争后看似取得了与西方一样的"文明"，得以作为唯一的非西方国家加入列强。然而受限于"身体"因素，等待日本的是来自西方的人种排斥——黄祸论甚嚣尘上、日本"人种平等"提案在巴黎和会上以"失败"告终，以及美国排日移民法的制定等。

打开国门以来，日本按照西方范式以惊人的速度构筑起一个近代国民国家，并作为唯一的非西方国家登上由西方列强主宰的国际政治舞台。对于这样的近代日本而言，"人种"之"命运"仿若一个无法回避、无法挣脱、无法消除的影子，影响着他们的自我认知。

成为一个得到西方承认的非西方"文明国家"，即完成条约修改，是近代日本的国家方针。对于近代日本来说，分割西方与日本的"人种"问题非常棘手，这是令他们忧郁到难以直视的"命运"。

分割西方与日本的差异其实还有很多，比如文明、宗教、文化、风土等。可是，人种差异最为显著，是肉眼可见的宿命般的差异。

而且人种差异作为日本与西方之间各种差异的投影，抑或人们对其情感意识上反应的投影，曾被许多人相继认知。

那么，近代日本到底是怎样体验"肤色"这个肉眼可见的命运的？近代日本的人种体验到底意味着什么？

围绕着分割西方与日本的"差异"，近代日本产生了怎样的心性谱系？本书从"肤色"这个可视的媒介出发，试图通过分析近代日本精英阶层的人种体验，考察这一谱系。

序 章 近代日本的自我矛盾

一 西方的权威化

选择西化

过去，西方在天皇的对面。

1885 年（明治十八年），31 岁的高桥是清为专利厅开设之事准备去欧美（美、英、法、德）考察一趟。临行前，明治天皇接见了高桥是清。

是清原本是幕府御用画师川村庄右卫门与一个名叫金的女佣的孩子，他出生时生父 47 岁，生母只有 16 岁。没过多久，他就被仙台藩的足轻①高桥家收为养子。

1867 年，13 岁的高桥是清受仙台藩之命前往美国，其后为打探日本戊辰战争的战况回国。彼时仙台藩藩主伊达庆邦恰巧想要了解美国的相关信息，于是将高桥是清召到增上寺见面。

当时，周围的人都对高桥说："就因为你曾去过外国，才能以

---

① 足轻在江户时代属于最下级武士，平时做些杂务，战时担任步兵。——译者注

足轻之身拜见藩主。如此难得的召见你可千万要铭记于心啊。"①

十几年后，高桥是清即将第二次前往西方国家。这回，他拜见的是天皇。虽说此次出访欧美是受省厅派遣，然而区区"足轻之身"居然因此得以觐见天皇，足见出访欧美的意义和影响力。

换言之，对于近代日本而言，西方是天皇对面的世界。

无论是耗费巨大财政预算的岩仓使团，还是其后无数次留学、海外考察，都是为了"求知识于世界，大振皇基"（《五条誓文》第五条），"成为不劣于外国之国家"（明治天皇御制和歌）。

在那个时候，出访西方者可以不论出身觐见天皇，是因为摄取西方技术和文明乃是日本维持国家存活的主要手段。

也就是说，日本为了使日本继续存在，迎来了一个新的时代——选择西化的时代。

岩仓使团乘坐蒸汽船横渡太平洋，然后从旧金山转乘火车越过落基山脉，一路跋山涉水是为了接触美国东海岸的"新文明"。他们的背后是意欲完成"世界级大改革"的日本。使团断发、易服所象征的西化之路，是日本为了成为日本所选择的唯一道路。之所以说西方在天皇的对面，也正是因为西化几乎是日本之为日本的唯一手段。②

日本的悲哀

然而对于日本而言，西化是一个很大的自我矛盾。

无论是象征着欧化主义的鹿鸣馆，还是政府高官在衣食住行方面的西化，都意味着日本在用西化向西方"证明"自己。[①]

也就是说，日本通过西化来证明日本之为日本。这样明显的自我矛盾不能仅用一个时代的欧化主义来解释。

所谓西化，并不仅是导入西方文明，而是以西方为规范，"试图直接改造日本"，进而产生能引发各种"文化连锁反应"的思想概念的过程。[②] 换言之，西化是把西方"历史和精神地盘"中"内在滋生"的产物，即西方文明移植到日本特色土壤的一种尝试。只要这个前提不变，那么，从西方历史、思想、精神、文化的土壤中生成的西方文明不可能同样在日本这片与西方性质相异的土壤中产生。[③]

而且，为了使新引入的异质文明在社会中顺利发挥作用，就需要这片土壤的文化提供"支持"。

从这点来看，西化就是文化、文明"摩擦与融合"复杂交错的历史变动过程，日本不可能实现纯粹的西化。也就是说，日本社会在把西方文明摄入自己的"体质"时会将其"日本化"，日本"在内心某个地方准备了'日本化'这个解毒剂"，故而

---

① 飛鳥井雅道『鹿鳴館』岩波書店、1992、5頁。
② 園田英弘『西洋化の構造』思文閣、1993、3－4頁。
③ カール・レーヴィット「ヨーロッパのニヒリズム（三）」『思想』1940年11月号、521頁。

"得以埋头摄取'文明'"。①

　　正如志贺重昂在《日本人》创刊号中所述："泰西开化输入之时，以日本国粹之胃将其咀嚼消化，同化于日本之身体。"大隈重信也指出，"开国五十年的历史"也是"泰西文明的消化史"。②

　　可是，有一种悲哀是近代日本在西化过程中无论如何无法规避的。虽然把西化选为维持国家存活的手段，但是当日本为了仍是日本而选择西化之时，意味着必须否定过去的日本，即为了实现自我肯定而进行自我否定。因为日本"吸收欧洲文化这一行为本身"已经表明"它具有'否定日本特性'的日本特性"。③

　　日本为了仍是日本，试图否定、抹除自身的个性乃至本质。对于这种明显的自我否定，日本能否"咀嚼"并"消化"成功呢？

　　没有什么比包含自我否定的自我肯定更能引发纠葛。因为，倘若在唯有自我存活的宿命当中隐藏着对自我的否定，那么自我又能存活到何种地步？

　　更何况只要日本仍是日本，即使自发进行西化，也不可能改变其真正的面貌，最终不过是为自己戴上名为"西方"的面具（表面人格）罢了。而且，只要把模仿西方作为自我界定的手

---

①　園田英弘『西洋化の構造』、12 頁。

②　志賀重昂「＜日本人＞が懐抱する處の旨義を告白す」『日本人』創刊号、政教社、1888、5 頁；大隈重信『経世論』冨山房、1912、13 頁。

③　和辻哲郎「日本精神」梅原猛編『近代日本思想大系 25　和辻哲郎集』筑摩書房、1974、189 – 190 頁。

段，内心深处就会不可避免地产生西方为"一流"、自己为"二流"的意识。

尽管自我认知需要他者的存在，但是他者认知不见得一定会和自我否定相挂钩。然而，近代日本把西方视为最重要的他者，其自我认知中存在极为强烈的自我否定因素。这种自我否定因素源自明显的自我矛盾，即非西方的日本开始西化。

明治时代以来，日本人对西方的爱憎之情表现出"自我分裂般的"矛盾，"崇拜外国与蔑视本国"密不可分，这些情绪都是自我否定的外在表现。① 自明治时代吸收西方文化起，就连"日本文化整体"都曾"不得不被否定，又在不得不被否定的过程中认识到自己的特性"。②

为了自我肯定而进行自我否定，这两者尽管自相矛盾却密不可分。倘若没有这种自我矛盾，日本不可能实现西化。西化意味着对日本的否定，而这种否定日本的西化反而促成了人们对日本本质的探求。正是这一矛盾构成了近代日本思想的原型。

明治维新以来，各种形式的欧化主义、国粹主义、崇美与排美（龟井俊介）、媚外与排外（牛村圭）、国际主义与日本主义（园田英弘）纷至沓来，这一连串的反应都是自我矛盾与纠葛的外在表征。近代日本精神构造的核心就是自我矛盾所引发的不安。

鹿鸣馆之所以被讽刺为"沐猴而冠"，同样是因为"欧化与

---

① カール・レーヴィット「ヨーロッパのニヒリズム（三）」、518 頁；和辻哲郎「日本精神」、183 頁。
② 和辻哲郎「日本精神」、195 頁。

民族主义处于相反的两极”却密不可分。这种自我矛盾正是近代日本的精神。并且，“繁华背后的悲哀”绝非鹿鸣馆所独有，而是在鹿鸣馆时代“落幕”之后依旧存在。[①]

把临床心理学、精神医学、哲学等西方的学术方法与思考模式直接套到日本人身上进行心理分析，这种做法显然缺乏斟酌，尽管如此，当时的人们却对此深信不疑。[②] 例如西田几多郎、田边元、和辻哲郎等学者都是在意识到西方哲学的基础上创造日本哲学的。而且，把西方视作模范，把西化视作“普遍人类化”的倾向并未在明治时代结束。

近代的西化、战后的国际化，乃至当代的全球化归根结底都未逃脱西方，只不过是以“世界”为名目，积极接受西方的影响。[③]

围绕自我矛盾产生的一系列心性谱系给近现代日本的国民、社会、文化、精神带来了巨大的影响。这些痕迹隐藏在方方面面——强制学习英语、过度吹捧留学、崇尚“异于日本人”的西式容貌与体格、贬低日本人的外貌特征，以及对西方所谓“亲日派”的毫无防备，等等。本质上可能是因为日本人在面对西方时存在人种上的自卑感，这种低人一等的心理虽然模糊，却根深蒂固。

---

① 磯田光一『鹿鳴館の系譜——近代日本文芸史誌』講談社、1991、25、39頁。

② 木村敏『人と人との間』弘文堂、1972、183 – 184頁。

③ 并且，日本在战败之后陷入了全面的自我否定和精神创伤，与之相伴的是屈辱感。这种复杂的情绪构成了战后日本的绝望感，成为战后知识界的中心课题。

毕竟，近代日本在西化之路上唯有一点永远无法改变，那就是人种。换言之，人种差异是非西方的日本在西化过程中不可逾越的障碍，它将近代日本的自我矛盾以肉眼可见的方式呈现出来。

对于近代日本而言，西方是最重要的他者，然而不论怎样模仿西方也无法改变人种上的差异。这个宿命般的差异一日无法解决，那么克服和解释人种差异就会一直是近代日本自我认知和心性的重要课题。

也就是说，人种意识是与近代日本的西化密不可分的自我认知，近代日本的种族自卑反映出西化过程中的自我否定。

那么，明治时代以来日本人的人种意识是如何形成的？二战后及当代日本人的自我认知中模糊而又根深蒂固的种族自卑到底意味着什么？

精英

本书试图通过梳理近代日本精英阶层的人种体验来解答这两个问题。

因为在近代日本，随着西方的权威化，新的精英阶层开始崛起，也正是这些心怀国家的精英阶层直面西化、不得不实行西化。这些精英阶层是离西方最近的日本人，因此对人种差异最为敏感，最先形成人种方面的自我认知。

近代日本社会结构西化最重要的特征就是精英阶层的兴起。日本最初试图把近代西方的社会结构引入国内，然而近代日本缺少堪称上流阶级的社会集团，于是西方成为文化权威，拥有西方文化权威的则是精英。

近代西方的历史是新兴资产阶级随着资本主义社会的成立而逐渐兴起，模仿上流阶级的文化，尝试提升社会地位、走向卓越的历史。

可是日本没有与近代西方上流阶级相似的社会集团。这是因为，"阶级"存在的前提是有一个在经济、政治、文化上具有一贯地位的"水平的社会集团"。而在江户时代，人们的身份是按"职务"划分，以"家传职业、家业意识"为基础，因此不可能形成一个在经济、政治、文化上具有一贯地位的"水平的社会集团"。[1]

然而，当岩仓具视作为岩仓使团的正使周游世界时，他也注意到日本所要模仿的欧美世界里存在着"阶级"。出身公家的他理所当然地把天皇视为"荣誉之渊源"，致力于"以天皇为中心的上流阶级的'形成'"。[2]

1869 年（明治二年），华族这一名称正式确立。1884 年，以公家、旧大名、维新功勋等为成员的华族制度建立起来。对于出身公家的岩仓具视而言，"上流阶级"的构筑因此迈出了一大步；可是从实际情况来看，华族根本算不上"上流阶级"。因为他们中的很多人"没有丰厚的财产，而是凭借家世门第成为华族"，结果不得不通过工作来获取报酬。从经济层面来看，他们

---

[1] 園田英弘「近代日本の文化と中流階級」青木保ほか編『近代日本文化論 5　都市文化』岩波書店、1999、105 頁。

[2] 園田英弘「近代日本の文化と中流階級」、109 頁；多田好門編『岩倉公実記』下、皇后宮職、1906、1982 頁。

是"事实上的中产阶级"。① 公家只拥有文化上的威信，大名"虽为权力的实施者，却缺乏与之相配的能力"，他们都不兼备社会经济方面的实力。②

事实上，英国宫中座次以贵族为中心，而日本华族"只被赋予了补充官僚制序列的地位"。而且，由于华族是公家、大名、功勋士族等的"复合体"，故缺乏共有的文化基础。即使试图通过婚姻等方式来实现"公家与大名在文化上的融合"，二者的文化隔阂也无法轻易消除。功勋华族同样面临这一困境。

华族没有稳固的社会经济基础，甚至连基于生活方式的道德观也不相通，因此不可能成为"上流阶级"。另外，豪商与豪农"社会威信较低，政治素养不够成熟"，"其经济实力未能转化为政治力量"。③

因此，在近代日本，人们本应为了提升社会地位而把上流阶级作为模范进行模仿，可是上流阶级及其文化的形成都以"失败"而告终。

于是西方取而代之，拥有了稳固的文化威信。一个新兴的社会集团取代了上流阶级，这就是本书所探讨的"精英这一存在"。④

本书所探讨的精英群体是指在行政、军事、实业等诸多领域活跃的不同身份、出身、阶层的人们，他们"忠心为国"，捍卫

---

① 園田英弘「近代日本の文化と中流階級」、110－111 頁。
② 園田英弘『西洋化の構造』、191 頁。
③ 園田英弘『西洋化の構造』、192 頁。
④ 園田英弘「近代日本の文化と中流階級」、112－113 頁。

国家尊严，从各自的立场出发，亲身直面西化的洪流。[①] 而且，近代日本精英只有一个共通的地方，他们的学历都是以西方学术体系为基础，都是凭借学历成为精英。

大正时代（1912～1926年）以前，皇族、华族中有不少人在学习院读书，他们从学习院高等科毕业后可以免试升入东京帝国大学（后来变为还可以升入京都帝国大学）。从这点可以看出，其实近代日本的社会上层在形成过程中具有地位、收入、文化的非一贯性。

正因如此，西方才为精英和华族提供了文化威信。西方学问、西式生活、西式习俗的浸润成为近代日本社会上层理应具备的修养。

也就是说，近代日本的精英阶层是日本人当中最具国家自尊心的一批人，他们作为西方文化的权威，同时不得不直面西化这一洪流。也正是这个缘故，在其延长线上的人种差异才对近代日本精英阶层的自我认知产生了决定性影响。

二　邻近的他者与遥远的他者

人种的同质性

明治时代以来，所谓的精英阶层在人种方面有着怎样的经历，形成了怎样的自我认知？本书主要考察这一历史过程。事实

---

① 園田英弘『西洋化の構造』、193頁。

上，近代日本对人种的自我认知是在夹缝中不断摇摆形成的，一边是以中国为代表的东洋，两者具有人种的同质性；另一边是以美国为代表的西洋，两者具有人种的异质性。

中国是孕育中华文明的地方，日本因为邻近中国，不可避免地产生了小国意识。对此，日本知识界常常产生对抗意识。日本之所以开国，也是因为看到鸦片战争后中国的衰退，以及西方帝国主义在东亚的扩张。

鸦片战争凸显了中国的衰退，日本的决策者开始滋生出远离中国的念头。远离中国即是对亚洲的否定，这种脱亚意识成为强力推动日本走向西化和近代化的重要力量。

其后，日本以西方为模范，迅速演变成近代民族国家。这不仅是因为当时的日本拥有较高的教育水平、积蓄了较多的商业资本，还因为中国在西方列强压迫下的衰退引发了日本人的恐慌与不安，长年累月培养出来的强烈的对抗意识开始发挥作用。虽说如此，19 世纪中叶的中国与日本其实面临着不同的国际形势与时代机遇。

19 世纪后期，大英帝国支配了全世界大约四分之一的土地，西方列强以大英帝国为中心迎来了扩张的全盛期。对于当时的大英帝国而言，与拥有广袤土地和丰饶资源的中国相比，日本实在欠缺成为殖民地的资质。而且，直到鸦片战争后大约十年，即 1850 年代，英国才对日本产生兴趣，而此时大英帝国的海外战略已经开始从军事压制改为通商贸易。

日本避免了沦为英国殖民地的厄运，虽说与西方缔结了不平等条约，但是和中国在鸦片战争后签订的不平等条约相比，日本的条约只算得上磋商性条约，远不及中国的条约危害严重。

即使是促使日本打开国门的新兴国美国，它所派出的佩里舰队也只是从日本身上看到补给捕鲸船物资等的价值，所以态度比较友好。

尽管如此，日本后来为了解除与英美等国的不平等条约，仍然耗费了长达五十多年的时光。在这一时期，被西方认可为"文明国家"、站在与西方"对等"的位置上获得"对等"的待遇成为近代日本一贯的国家方针。

它意味着日本为了获得西方这个最重要他者的承认，决定远离长年以来一直亲近的他者——中国。换言之，自从日本选择了西化，对于日本而言，中国就成为最邻近也是最遥远的他者。

然而与此同时，对于日本来说，中国也是绝对不可能割舍的他者。因为在面对西方时，日本与中国明显具有人种的同质性。因为这个缘故，近代日本的精英往往烦恼于与中国的关系。以中国为代表的东亚在人种方面与日本具有同质性，决意脱亚的日本精英阶层如何看待这种同质性（本书第一章）？

人种的异质性

另外，对于近代日本来说，与西方人种的异质性是"根本不合时宜的一点"（伊东巳代治）。因为人种差异是近代日本在西化过程中无论如何也无法逾越的障碍，是分割西方与日本的宿命般的差异（本书第二章）。在西方列强不断扩张势力范围的 19 世纪中叶，对于近代日本而言，模仿西方形成近代民族国家是日本维持国家存活的最重要手段，因此，西化是日本继续做日本的唯一道路。

事实上，日本解除了长达两百多年的"锁国"状态，从一介远东小国迅速成长为近代国家。开国不过半个多世纪就相继在甲午战争、日俄战争中取得胜利。甚至勉强加入第一次世界大战的战局，崛起为世界五大强国之一，成为第一个在国际政治舞台崭露头角的非西方国家。即使从欧美支配下的世界史的角度来看，也不得不承认日本崛起速度之惊人。

可是，尽管日俄战争以后日本貌似获得了"文明国"的地位，迎接日本的却是巴黎和会上人种平等提案的"失败"、美国制定排日移民法等，西方从人种上表现出对日本的排斥（本书第三章）。

从日本开国到1911年修改条约，以"文明国"之身获得西方承认、取得"对等"地位一直是日本这个国家的根本方针。按理说，在日俄战争中战胜西方列强意味着日本确实"实现"了这一方针。可是日本却未能得到西方这个最重要他者的承认，原因在于人种差异，而人种差异是无论怎样努力也无法抹消的。日本在"文明"与"人种"的交错和对抗中不断摸索自己的道路，其心性的谱系绝不可能从容安定。毕竟对于日本来说，开国以来，西化不仅仅是通过摄取西方文明来实现制度、组织、产业等的西化，而且担负着维护国家尊严、以"文明国"之身获得西方肯定的重要使命。

然而人种差异给了日本当头一棒。无论日本人怎样努力获得"文明"，也无法脱离亚洲，他们与东亚其他地区在人种上相同；无论日本人怎样努力获得"文明"，也无法克服他们与"西洋人"在人种上的异质性。

毋庸讳言，政治外交是在马基雅维利主义的作用下运转。在国际政治舞台上，虽然一部分种族偏见问题开始表面化，但是在很多情况下它只是一种外交辞令，被用于谈判，以及彰显自身的正当性。

事实上，1920 年代以来，国际政治愈发复杂。尽管日本与德国在种族主义上有分歧，二者却结为同盟。这种矛盾的行径表现出马基雅维利主义的倾向，而且该过程同样与人种问题割舍不开（本书第四章）。1945 年日本战败，联合国军占领日本，无数日本人都拥有了决定性的人种体验（本书第五章）。对于日本来说，西方和日本的异质性太多，是彻头彻尾的他者，其中最明显的差异就是人种差异和宗教差异。对此，精英阶层又是如何理解和"消化"的（本书第六章）？

近代日本的心性谱系就是把西方这个完全异质的他者视为自己最重要的他者，并努力谋求对方的肯定。正因如此，近代日本常常在西洋与东洋之间来回摇摆。

日俄战争以后，日本精英阶层萌生出人种上的孤独感与不安，这些都是近代日本不安心绪的投影。日本在东洋和西洋进退两难、无处安身，其自我界定充满了不确定性，这种"孤独寂寥之感"（德富苏峰）其后一直笼罩着日本。那么，近代日本的精英阶层是如何在两个他者之间寻找自己的，近代日本给自己找到了怎样的安身之处（本书终章）？

本书考察了近代日本人种自我认知的形成过程，同时试图揭示投影在该过程中有关日本人的自我认知。

第一章　模仿中的差异化：甲午战争以后

我从未因自己是黄种人而羞愧。①

内村鉴三《我是如何成为基督徒的》（1938）

一　内村鉴三与苏格兰牧羊犬

"不像日本人"

基督教思想家、传道者内村鉴三在容貌、体格、性格、个性方面都"不像日本人"。

野上弥生子②还是女学生的时候，上过内村鉴三的课。她是这样回忆内村鉴三的容貌的：

---

① 内村鑑三著、鈴木俊郎訳『余は如何にして基督信徒となりし乎』岩波文庫、1938、267－268頁。本句引自该书芬兰语版序文（1905）。内村鉴三最早用英语完成该作品，本打算在美国出版，未能如愿。1895年5月，该书初版在日本公开，语种为日语。同年11月，在美国友人的协助下，该书英文版得以在美国出版。

② 野上弥生子（1885～1985），日本作家，代表作有《海神号》《迷路》《秀吉和利休》等。她曾在明治女学校读书，当时内村鉴三在该校任教。——译者注

　　总之，那是一张令人一见难忘的脸。多年以后，我养了一只良种苏格兰牧羊犬，它让我立刻联想到内村先生的脸。我觉得他和卡莱尔①有些相像，有时会想，如果尼采的脸再瘦点，就像内村先生的堂兄了。②

专攻俄国文学的翻译家、文学家昇曙梦（直隆）③ 与野上弥生子持相同看法。

　　他在演讲时偶尔慷慨激昂，仿佛掀起一股热浪。每当此时，他那天生预言家抑或改革家的气质就会自然流露，与那不像日本人的西欧外貌融合，给人留下极深的印象。光这点就让人感受到巨大的魅力。④

志贺直哉曾长期师从内村鉴三，被内村鉴三戏称为"跟随我最久的狸猫"。他对内村鉴三的描述如下：

　　我喜欢先生那张好似精雕细琢过的浅黑色的脸，令人既

---

① 托马斯·卡莱尔（Thomas Carlyle），英国评论家、历史学家，代表作有《衣装哲学》《法国大革命》《论英雄、英雄崇拜和历史上的英雄业绩》等。日本明治时代以来，卡莱尔有不少著作被翻译为日语，内村鉴三曾在文章中表达对他的敬意。——译者注
② 野上彌生子「私が女学生時代に見た内村さん」鈴木俊郎編『回想の内村鑑三』岩波書店、1956、214頁。
③ 昇曙梦，本名直隆，翻译家、文学家。"曙梦"这个雅号取自内村鉴三译诗集《爱吟》。——译者注
④ 昇曙夢「内村先生の思い出」鈴木俊郎編『回想の内村鑑三』、218頁。

害怕又想亲近。他的鼻梁很高，眼眸仿佛被雕刻过一般，深邃而锐利，看起来有点像尼采和卡莱尔。正如贝多芬是欧洲第一好男子那般，我固执地认定，先生拥有全日本最美的脸。[1]

在众多弟子的记忆中，内村鉴三仿佛已被神化。而在开发了轻井泽星野温泉（著名的度假酒店公司星野集团）的星野家，第三代星野嘉助对晚年的内村鉴三则有不同的描述。

> 先生可能对弟子比较严格，对年少的我却像对待孩子一样温柔。先生身材魁梧，眉毛长长的，看起来有点凶，然而当他偶尔露出笑容时，他的金牙亮闪闪的，整个人比我想象得还容易接近。

星野温泉开发于 1904 年，大约一年之后，星野温泉旅馆开业。这家旅馆只有一栋房屋，岛崎藤村曾入住此处，和内村鉴三在轻井泽有过交流。内村鉴三初访星野温泉是在 1921 年的夏天。当时，其子内村祐之因为要参加第一高等学校的棒球部训练，于是和家人一同前往轻井泽。以此为契机，内村鉴三在星野温泉住了两个月。那时的他"喜欢把魁梧的身体全都浸到浴槽里"，还喜欢和土井晚翠等人在浴场闲聊。[2]

---

① 志賀直哉『大津順吉・和解・ある男、その姉の死』岩波文庫、1960、7 頁。
② 星野嘉助「内村鑑三先生と私」『内村鑑三全集』月報 18（『内村鑑三全集』第 19 巻、岩波書店、1982）2－3 頁。

总而言之，内村鉴三拥有"不像日本人"的风采。他有着远甚于常人的"健壮体格""魁梧身材"，个子比其长子祐之还要高 10 厘米左右。祐之是一位"肩膀很宽"的运动员，内村鉴三"和他相比，肩膀略窄，胸部较厚，腿比较长。因为个子高，年轻时曾有'Long''长胫彦'① 等外号"。既然"祐之身高约为 167、168 厘米"，那么鉴三的身高应该是 178 厘米左右。祐之的妻子美代子回想起已去世的公公时曾说："父亲的身材确实远远高过常人。"②

那个年代，日本成年男性的平均身高约为 160 厘米，内村鉴三比普通人高 20 厘米，简直是鹤立鸡群。③

再者，内村鉴三"性格极为爽快"，"是日本人当中少见的个性突出之人"。④ 而且他可以算是"最聪明的日本人之一"，"他的思维无比敏锐，脸型很容易使人联想到尼采，甚至更加棱角分明"。⑤

在崇拜内村鉴三的北一辉看来，"过去数年间，对我们来说，内村鉴三这四个字好像带着一股电力"。⑥ 这种"电力"在

---

① "彦"在日语中是对男子的美称，也指才德兼优的男性。"长胫彦"是指腿长的男子。——译者注
② 内村美代子「内村鑑三の日常生活（一）」『内村鑑三全集』月報 20（『内村鑑三全集』第 21 巻、岩波書店、1982）5 頁。
③ 文部省「学校保健統計調査」総務庁統計局『日本長期統計総覧』第 5 巻、日本統計協会、1987、124 頁。
④ 安部能成「内村先生のこと」『回想の内村鑑三』、44 頁。
⑤ 武者小路実篤「内村さんに就て」『回想の内村鑑三』、34 頁。
⑥ 北一輝「咄、非開戦を云ふ者」 『北一輝著作集』Ⅲ、みすず書房、1972、88 頁。

做礼拜的时候充分发散出来。如果说植村正久的说教虽有"滋味",包含着"丰富人心的韵味",却令人"昏昏欲睡",那么内村鉴三则是"雄辩风格,论调尖锐",警句、讽刺信手拈来,"使听众从睡意中清醒过来",热血沸腾。①

英美文学研究者斋藤勇尚未信奉基督教时就曾"被先生激情澎湃、气势汹涌、充满信念的态度打动"。②

如此这般,在时人心中具有压倒性影响力和存在感的内村鉴三可谓"明治之光"。在其逝世后 20 年,与他同时代出生的德富苏峰将他评为"非常之天才",并回顾道,"上天给内村十分才能,给吾等四五分","内村这样的人能出现在明治时代简直是明治之光","他必将名垂青史"。③

虽然内村鉴三被称为天才,但是他的一生绝非一帆风顺,反而充满了苦恼与纠葛。

尽管他有着"不像日本人"的风采、强烈的性格、天才的资质,以及战斗气质和超凡的魅力,却因此招来了无意义的敌人和不必要的误解。

他把华族制度称为国家之"耻",并批评道:公卿华族"因贫困"而闻名;大名华族"因愚蠢"而闻名;新华族"因富于俗世智慧而闻名"。"依靠民脂民膏生活"的华族是既无"智识"

---

① 正宗白鳥「内村先生追憶」『回想の内村鑑三』、11 – 12 頁。
② 斎藤勇「内村鑑三氏　英語講演などの思出」『回想の内村鑑三』、240 頁。
③ 德富蘇峰「思い出」『回想の内村鑑三』、5、7 – 8 頁。

又无"深情"的"蚊族"①，日本不过是"把贵族之称号授予与粪块等同之人"。其言辞可谓毫不客气。②

内村的时评因为毫无忌惮获得了相当高的人气。另外，他的言辞与外貌杂糅在一起，给一些人留下了好战且具有攻击性的印象。

由于理想过高、未能付诸实践，他曾被批"言行不一"。在德富苏峰看来，正因为他是"那种天才"，言行不一乃是理所当然。对于世人的批评，与俗世相距甚远的内村逐一做出了激烈的回应。③ 继而因为"表现出和他人对立的倾向"，招致"社会及他人的否定，引发对罪孽深重的自我的否定"。④

家人和朋友曾因内村鉴三受了不少罪。德富苏峰却一语中的："传闻内村鉴三给朋友、亲戚添了不少麻烦，我却认为，他给自己添了最多的麻烦。"⑤

两个记号

风采、容貌、性格都极具冲击力，并且天资超凡，这样的内村鉴三无疑是"日本的局外人"。可是需要注意的是，内村鉴三毕竟是日本人，他的外貌要变成西式，甚至使人联想到卡莱尔、

---

① 日语的"华"和"蚊"发音相同，内村鉴三用谐音"蚊族"来讽刺"华族"。——译者注
② 内村鑑三「時の兆候」『内村鑑三全集』第 8 卷、岩波書店、1980、27 頁；内村鑑三「英和時事問答 12」『内村鑑三全集』第 7 卷、262－264 頁。
③ 德富蘇峰「思い出」『回想の内村鑑三』、7 頁。
④ 安倍能成「内村先生のこと」『回想の内村鑑三』、44 頁。
⑤ 德富蘇峰「思い出」『回想の内村鑑三』、4 頁。

尼采、苏格兰牧羊犬，至少需要在身上做两个记号。

这两个记号是洋装和胡须。这也是本章"模仿中的差异化"的主题。

内村鉴三周围的人们常说他很像"西方人"，不仅因为内村与生俱来的容貌和体格像"西方人"，还因为内村有意使自己的外貌西化。

如果不专门蓄须并坚持日常打理，就无法保持胡子的造型。更何况内村的胡须较为浓密，尤其需要认真打理。而且，要蓄好这么多胡须，按理说应该在吃饭、洗澡、洗脸等日常生活中多费些功夫。

然而自从1884年23岁的内村鉴三到达美国，他便开始终生蓄须。

在江户时代，"被降职的武士"会选择留胡子，将其作为"一种服丧"的形式，表示从身体上变得卑贱。[1] 明治维新以后，胡须变为文明的象征和精英的社会地位象征，因为这不仅意味着西方的权威化，而且胡须这个西化的象征还包含着对江户体制权威性的"否定"。[2]

内村鉴三1861年（万延二年）出生在一个高崎藩士的家庭。十年后，日本政府实行废藩置县。尽管武士身份瓦解了，内村仍强烈地认为自己属于旧武士阶层，他在札幌农学校读书时并

---

[1]　水谷三公『日本の近代13　官僚の風貌』中央公論新社、1999、11 頁。另外，该描述还参见ゴロウニン著、井上満訳『日本幽囚記』下、岩波文庫、1946、77 頁。

[2]　水谷三公『日本の近代13　官僚の風貌』、12 頁。

未蓄须。[1]

可是，他在阿默斯特学院（Amherst College）留学时却开始蓄须。1888 年回国后，他的胡须越发厚重。日本人的脸普遍显得比西方人年轻，因此，不少日本男性会在留学时蓄须。然而从内村不断加厚的胡须中可以看出，他从美国回到日本后，反而越发明显地表现出对胡须的执念。[2]

而且，纵观内村鉴三从留学时期到晚年的照片，可以看出回国后他的胡须越来越厚重。内村的外貌确实是日益"不像日本人"。

不仅如此，终其一生，他在公众面前都是身着洋装。

1930 年春，内村鉴三去世。大约 50 年后，其长媳内村美代子接受访谈，与编辑聊起了内村鉴三的衣、食、住、行。

当时，编辑的第一个问题是："照片上的内村先生一般穿着洋装，他在家里穿和服吗？"[3]

对于一个 1861 年出生的日本人抱有这种疑问，本身就很有意思。

---

[1]　盛冈藩士家庭的第三子新渡户稻造与美国女性结婚时，内村鉴三非常直白地表达了自己的反感，认为武士不该娶西方女性为妻。古屋安雄「新渡户稻造——武士道から平民道へ」『キリスト教と日本人』教文館、2005、120–121 頁。另外，在札幌农学校读书时，内村鉴三和新渡户稻造是竞争对手，都在争夺首席之位，内村鉴三表现出强烈的嫉妒心和对抗意识。或许是这个缘故，尽管他把武士道精神作为自己日常的行为指针，却从未提及新渡户稻造经由美国妻子润色过的英文著作《武士道》。

[2]　国際基督教大学図書館所蔵内村鑑三文庫デジタルアーカイブ，http://lib–archive.icu.ac.jp/uchimura/html/01–01.html，2012 年 7 月 29 日阅览。

[3]　内村美代子「内村鑑三の日常生活（一）」、4 頁。

图 1 – 1　内村鉴三（1912）

　　战后经济高速增长期以后，洋装才在日本国民中普及。也就是说，从明治时代到昭和初期，身穿洋装出现在日本公共场所的内村鉴三是一道特殊的风景。

　　内村美代子回忆，内村鉴三"在家穿和服"，在家附近散步时也身着和服，"正式外出时则换上洋装"，也就是"西服"。星野嘉助也说，除了做礼拜以外，内村先生"平时在别墅都身着和服"。[①]

----

① 　内村美代子「内村鑑三の日常生活（一）」、4 頁；星野嘉助「内村鑑三先生と私」、2 頁。

他留下的照片基本上是洋装打扮。晚年时家人曾在轻井泽和御殿场拍下他身穿浴衣散步和写作的情景，除了这几张照片以外，无论是在公共场合的照片还是集体照，无论是在农村还是被身着日式服装的人包围，他都是一袭洋装。在不少集体照中，大家都穿着日式服装，唯独内村鉴三身穿洋装，一种游离在外的存在感扑面而来。

既然内村鉴三在家里习惯日式着装，可以看出，和他对胡须的执念一样，他是在有意识地选择洋装。

为何内村鉴三如此执着于外貌的西化？

假如内村鉴三没有醒目的胡须、不是那么频繁地身着洋装，可能编辑不会第一个问题就问到他的衣着，野上弥生子不会看到苏格兰牧羊犬就联想到他，大家不会众口一词地描述他"不像日本人"的风采。

事实上，洋装和胡须这种外在的西化是探究内村鉴三在美国四年人种体验的重要钥匙，那些经历给他的人生带来了决定性的影响。

在内村鉴三第一部用英文出版的著作——《我是如何成为基督徒的》里，穿插了不少他在美国的人种体验。内村鉴三在该书1905年芬兰语版序文中写道："我从未因自己是黄种人而羞愧。"①

从内村鉴三1884年抵达美国到1888年回国，四年间有关"蒙古人种"，即黄种人的人种问题开始在美国激化。他的留美生活反映了当时的时代背景，可以将其定位为近代日本精英阶层

---

① 　内村鑑三著、鈴木俊郎訳『余は如何にして基督信徒となりし乎』、267、268 頁。

人种体验的初期阶段。

　　内村鉴三如此执着于外貌的西化，很有可能是因为他在美国受到了某种刺激。那么，他在美国到底遭遇了怎样的人种体验？"我从未因自己是黄种人而羞愧"这句话的背后，到底隐藏着怎样的时代背景？

　　19世纪下半叶日本人的人种体验对于后来日本人的人种自我认知的形成有着怎样的意义？本章试图对内村鉴三及同时代日本人在美国的人种体验进行考察，并解答上述问题。

二　与中国人的同化

"尽头"的终结

　　19世纪中叶，"全球主义"出现，近代日本的人种体验就是发端于这一时期。

　　起初在西方人眼中，新兴国美国位于极西之边陲。随着蒸汽船、铁路、电信等的发明，美国一跃成为"世界的中心"。和这一历史进程联动的就是全球化，即世界的"球形"化。并且随着美国的崛起，黄种人的相关人种问题开始出现。[1]

　　之所以这样讲，是因为19世纪中期以前，日本和美国分别位于东方和西方的尽头，两国之间隔着最遥远的距离。[2]

---

①　園田英弘『世界一周の誕生——グローバルリズムの起源』文春新書、2003、11 – 13頁。

②　園田英弘『世界一周の誕生——グローバルリズムの起源』、11 – 12頁。

　　然而，蒸汽船的进步带来了大量的劳动移民，美国工业化进展迅速，横贯大陆的铁路建成。在此情况下，美国成为名副其实的巨型大陆国家，其国土从大西洋沿岸延伸到太平洋沿岸。①

　　1852 年，美国国会在报告中指出："随着横贯大陆铁路的建成，合众国成为世界的中心。"确实，美国迎来了一个新的时代，完成了从极西边陲之国到"世界的中心"的转变。② 并且在这一时期，日本和美国成为中间仅隔太平洋的"邻国"。

　　黄种人的相关人种问题最早发端于爱尔兰劳动移民与中国劳动移民之间的人种倾轧。在那个年代，美国需要大量的劳动力，许多爱尔兰移民来到东海岸，中国移民则到了西海岸。

　　内村鉴三就是在那个年代从横滨出发，和大量的中国劳动移民一起横渡太平洋抵达美国，开启了近代日本的人种体验。

　　1840 年代中期，美洲黑奴日渐衰微，逐渐被中国劳动移民取代。事实上，1845 年以来，不少中国人因为诱拐、胁迫、欠债、赌博、饥饿等被卖给招工者或掮客，还有一些被卖的中国人是广东、福建等氏族间战争的俘虏。这种买卖契约移民做苦力的贸易其实就是奴隶贸易，在美国被称为"Pig Business"，在中国

---

① 1871 年末至 1873 年，岩仓使团环绕地球一周，途经太平洋、美国横贯大陆铁路等。久米邦武作为使节团的成员深感震撼，觉得自己正在经历"历史最大变化之浪潮"。在他出生前三百年，乃至自己将近一百岁的人生里发生过无数变化，但是与这段历史转折期"不可同日而语"。久米邦武『久米博士九十年回顧録』上、早稻田大学出版部、1934、2 - 3 頁。

② 该报告书的日译文转引自園田英弘『西洋化の構造』思文閣、1993、49 頁。

被称为"猪仔"买卖、"卖猪仔"。①

这类中国劳动移民遭受的是"猪"一般的待遇，上船之前要脱光衣服，胸口盖上各种印章或涂上油漆，标明此行的目的地。例如，"C"表示加利福尼亚，"P"表示秘鲁，"S"表示桑威奇群岛，即夏威夷。他们被一股脑塞进奴隶船，"数千人在航海途中就死掉了"。②

在美国，随着1848年西海岸掀起的淘金热以及横贯大陆铁路的修建，中国劳工成为优于爱尔兰劳工的存在。他们被大量输送到美国，并被称为"苦力"。

到了1852年，中国人约占加利福尼亚总人口的1/6。1870年，约有1200位铁路建设者的遗骨被送回中国，这些遗骨重达9吨。③

美国驻清朝公使熙华德（George Seward）曾写道，西部铁路

---

① リン・パン著、片柳和子訳『華人の歴史』みすず書房、1995、53、56頁。美国将这种奴隶贸易称为"Pig Business"。参见大森実『大陸横断鉄道』講談社、1986、234頁。有的契约移民合同一面是英文，另一面是中文，但是两面的内容不见得完全对应。リン・パン著、片柳和子訳『華人の歴史』、56頁。如此看来，高桥是清签下的"奴隶"合同可能也是这种类型。

② Wang Sing-Wu, *The Organisation of Chinese Emigration*, *1848 - 88*. San Francisco: Chinese Materials Center Inc., 1978, p. 72. 该内容转引自リン・パン著、片柳和子訳『華人の歴史』、55頁。另外，约瑟夫·康拉德在《台风》（1903）中也写道，当轮船遇上台风时，有船员提出"为了乘客的安全，应当改变航路"，然而船长得知乘船者是中国人后，却毫不忌惮地说："从未听说过苦力算是乘客。你居然把他们当成乘客！你是不是脑袋有问题？"ジョゼフ・コンラッド著、三宅幾三郎訳『颱風』新潮文庫、1951、37頁。

③ ハインツ・ゴルヴィッツアー著、瀬野文教訳『黄禍論とは何か』草思社、1999、24 - 25頁。

的枕木下埋的全是中国人的尸骨。[①]

幕府末年到明治中期，当日本人坐上开往美国的外国轮船时，会发现不少中国人也在同一艘船上。那时，每月有一艘外国轮船往返于香港与旧金山，途经上海和横滨。日本乘客上船后，首先映入眼帘并给他们带来巨大冲击的是船底拥挤异常的中国劳工。在长达 14～20 天的旅途中，这些中国劳工蜷缩在完全封闭的船内。在日本人的人种意识形成的过程中，想必这些中国劳工是不可忽视的存在。

1867 年 7 月，13 岁的高桥是清登上了科罗拉多号。这是一艘大约 700 吨的小型明轮船，分上等舱和下等舱，二者之间"天差地别"，"下等舱的人"不能自由出入上等舱。在下等舱，"光线昏暗，臭气熏人"，那种异样的臭气从船底向上飘荡，弥漫在空气中。据说，高桥是清的祖母把孙子送上船时，因为气味太臭，连船上提供的红茶都觉得难以下咽。而且，下等舱里有许多中国劳工蜗居在同一个大房间。他们睡的是布制吊床，分上、中、下三段绑在四根柱子上。早上八点是打扫卫生时间，这个时候高桥是清会被赶到甲板，因为室内要用辣椒来烟熏。

再者，高桥是清"被要求和支那人坐在一起吃饭"。下等舱的食物盛放在大大的铁皮桶里，与上等舱食堂的"美味佳肴"相比简直是"云泥之别"。

恰巧上等舱住着一位名叫富田的日本人，承其厚意，高桥是

---

① George F. Seward, *Chinese Immigration in Its Social and Economical Aspects*. New York：C. Scribner's Sons, 1881. 转引自若槻泰雄『排日の歴史』中公新書、1972、21 頁。

清得以在上等舱乘客去食堂吃饭的间隙，到富田的房间吃些点心和水果，如此才"免于食用支那人的下等食物"。不过，上厕所却是避不开的。"明轮船的地板上摆放着三四列约莫72升容量的大桶，桶上放着板子，人们跨在板子上大小便。过去一看，许多支那男女围在那里排便"，此情此景"实在令人难以忍受"。

高桥是清会趁着上等舱乘客去食堂吃饭的时候到上等厕所排便。其实高桥是清的卫生观念并不算强，当初他在横滨给一位英国银行家当佣人时，曾用平底锅烤老鼠吃。连他这种人都忍受不了下等舱的环境，以至于回国时专门花50美元购买船票，并拜托船员"不要把他分配到有支那人的房间"。此后他还养成了乘坐外国船只出国时必然"视察下等舱乘客情况的习惯"。①

这种船底挤满中国劳工的现象持续了一段时间，1872年岩仓使团乘坐的汽船同样如此。久米邦武记载，在"最下等舱"里，"支那人像架子上的蚕一样起卧"。②

又过了12年，也就是1884年，内村鉴三搭乘4000吨的汽帆船东京号（City of Tokyo）前往美国。当时共有11名日本人从横滨登船，其中小野英二郎和嘉永丰吉是筑后柳川立花藩的士族，两人从同志社退学，打算自费去美国游学。内村鉴三与小野英二郎、嘉永丰吉"同住在一间名为'欧洲三等舱'的白人用船舱"。③ 在这艘船上，同样有大约350名"支那苦力"。

从一楼沿梯子下来，就能看到中国苦力聚集在船尾。晕船者

①　上塚司編『高橋是清自伝』上、中公文庫、1976、39－41、70、304頁。
②　久米邦武『久米博士九十年回顧録』下、204頁。
③　鈴木俊郎『内村鑑三伝──米国留学まで』岩波書店、1986、458頁。

"像死人一样瘫着"，有精神者则"不分昼夜热火朝天地赌博"。"昏暗的油灯，腐臭的空气，恶心的大蒜味，喧闹的支那语"弥散于整个空间，"难怪（内村等人）尽管旅费紧张，却购买了楼上舱位的船票"。[①]

就在 1884 年，北京号（City of Peking）的上等舱乘客三岛弥太郎（后来担任日本银行总裁）也亲身体验了一回猛烈的"臭味"，因为下等舱住着他在农学校的七八名同学。下等舱待遇恶劣，乘客不能在甲板上自由行走，不能进入吸烟室和上等舱，寝室脏乱，"而且由于离支那人的房间很近，能闻到猛烈的臭味"。[②]

那个年代，日本精英阶层的西洋之旅是从看到大量中国劳工拥挤在船底开始的。在开往美国的轮船上，他们产生了对中国人的强烈厌恶之情，这就是他们美国之行的第一幕。

不仅如此，抵达美国之后，映入日本精英阶层眼帘的是爱尔兰劳动移民与中国劳动移民之间的人种倾轧。

"黄色大河"

19 世纪，大量欧洲移民涌入美国。其中，爱尔兰移民的数量尤其多。他们之所以背井离乡，是为了逃离爱尔兰大饥荒。1820 年代

[①]　小野俊一『留学生内村鑑三——未知のドキュメント若干』『中央公論』1951 年 2 月号、中央公論社、217 頁。

[②]　三島義温編『三島弥太郎の手紙』学生社、1994、28 - 29 頁。此外，上等舱的日本乘客还有九鬼隆一公使夫妇、摄津三田藩主九鬼隆义的次女（后来嫁给松方幸次郎）、银座六代目森村市左卫门的弟弟森村丰、川崎造船所老板川崎正藏的儿子，以及西园寺公望等人。

以后大约一百年间，有 500 多万爱尔兰移民移居美国。① 不少爱尔兰劳工从事造船业，推动了蒸汽船的迅速发展。例如 20 世纪初，全世界最大的蒸汽船泰坦尼克号曾尝试用最短的时间横渡大西洋。这艘巨轮由约翰·摩根（J. P. Morgan）出资打造，造船业发达的北爱尔兰约有四千人参与了建造。②

在开往美国东海岸、横渡大西洋的蒸汽船船底，坐着许多爱尔兰劳动移民。他们当中有不少人懂得基本的英语，因此在美国这片新天地，他们比其他欧洲移民更容易找到工作，也更容易融入美国社会。然而，由于他们信奉天主教，遭到了盎格鲁 - 撒克逊新教徒的强烈排斥。③ 举例而言，截至 1855 年，爱尔兰裔约

① http：//aboutusa. japan. usembassy. gov/j/jusaj - ejournal - immigrants1. html，2010 年 9 月 11 日阅览。

② 泰坦尼克号是一个阶级分明的封闭空间。一方面，许多暴发户住在极尽奢华的头等舱，他们在工业化进程中赚取了巨额的财富；另一方面，以大量爱尔兰移民为首的欧洲移民如同"家畜"一般住在最下等的三等舱。嶋田武夫对談「第一章　客船の歴史」『日本造船学会誌』第 865 号、日本造船学会、2002、3 - 4 頁。这艘号称"不会沉没的轮船"因撞到冰山而沉没。船长指挥出现失误、船舶公司比赛横渡大西洋的速度等是其中重要原因。此外，该船的一大卖点是向头等舱乘客提供无线电通信服务，因此操作员不得不优先处理头等舱乘客的私人通信文书，以致未能及时阅读冰山的相关信息。『進水 100 周年　豪華客船　タイタニック号展』、2011、13、30 頁。关于泰坦尼克号的沉没原因，可谓众说纷纭。不过，从这艘巨轮的竣工与沉没可以看到：新兴国美国的崛起与资本的庞大、大量的爱尔兰劳工与造船业的发展、使移民等人口流动成为可能的大型客船、引发头等舱乘客关注的电信服务、不得不优先服务头等舱的电信部操作员等，这些恰恰反映了该时期美国的迅速崛起，以及时代的光和影。

③ 1800 年，大约 200 万爱尔兰人掌握爱尔兰语和英语这两种语言，约占爱尔兰总人口的一半。到了 19 世纪末期，用英语讲话的爱尔兰人增加至 250 万人，用爱尔兰语讲话的爱尔兰人减少至 150 万人。Jeffrey L. Kallen，"The English Language in Ireland," *International Journal of Sociology of Language*，70（1988），pp. 127 - 142.

占波士顿总人口的 1/3，就是在这座城市，可以看到一些场所写着"爱尔兰人不得入内"①。如此种种，爱尔兰裔劳动移民在美国被盎格鲁－撒克逊人蔑视为底层白人。

另外，当时美国正在计划建设横贯大陆的铁路，铁路老板认为爱尔兰移民干不了这类重体力活，他们决定招纳廉价且吃苦耐劳的中国劳工。②

铁路老板对远道而来的中国劳动移民表示"欢迎"，并将搭载中国劳动移民的蒸汽船称为"黄色大河"。可是铁路竣工后，这些中国人成了多余的人。③

失业的中国劳工开始从事非熟练劳动、清洁、土木建设等工作，然而这些行业原本是爱尔兰移民的劳动市场。当爱尔兰裔的既得劳动权益被争夺时，他们开始掀起排华运动。比如南北战争后，加利福尼亚和西海岸经济变得不景气，不断发生抢劫、纵火、虐待、私刑、杀人等过激排华运动。那些惨状已成为美国的日常景观，马克·吐温就曾在其作品中进行了细致描述。④ 当时还出现了一些讽刺画，描绘了对中国人施加各种暴行后若无其事

① 渡辺靖『アフターアメリカ』慶應義塾大学出版会、2004、10 - 11 頁。1961 年，波士顿爱尔兰裔天主教徒约翰·肯尼迪（John Kennedy）当选美国总统。该事件引起的社会反响不亚于 2008 年奥巴马当选成为美国首位黑人总统。

② リン・パン著、片柳和子訳『華人の歴史』、65 頁。此外，关于美国的中国移民研究，参见貴堂嘉之『アメリカ合衆国と中国人移民——歴史の中の「移民国家」アメリカ』名古屋大学出版会、2012。

③ ハインツ・ゴルヴィッツアー著、瀬野文教訳『黄禍論とは何か』、23 - 24 頁。

④ 渋沢雅英『太平洋にかける橋』読売新聞社、1970、128 - 130 頁。

去教堂的白人。由此可知，在时人看来，排斥中国人是一种自我防卫措施。

毋庸讳言，世界各地都会围绕市场既得权益展开争夺。不过，在爱尔兰劳动移民对中国劳动移民的排斥行为中，人种差异加剧了他们对中国劳动移民的憎恨和厌恶。

1870年代，弗兰克·莱斯利（Frank Leslie）在其出版的《莱斯利新闻画报》（*Leslie's Illustrated Newspaper*）上定期刊载排华讽刺画。这些讽刺画描绘了中国劳工在美国从事各种行业的情景，并将他们称为"外来者"（the Coming Man）。画中的中国人都留着长辫，身穿中国服装，他们的肤色黄绿斑驳，是一种"脏脏的黄色，仿若印度人尸体的颜色"。[1] 这些中国人的服装和肤色明显异于白人，辫子被称为"猪尾巴"（pig tail），他们成为被排斥的他者，形象遭到丑化。从丑化中国人这一行为中，可以看出以爱尔兰裔为首的白人对中国人抱有的敌意、厌恶以及不安。

另外，中国人成为讽刺画的排斥对象同时意味着美国社会已认识到中国人口增长较快。

在此之前，美国统计局开展人口普查时仅将人种分为白人、黑人、黑白混血（Mulatto）。1870年太平洋铁路基本竣工时，中国人和美国原住民印第安人被纳入分类。大约20年后，也就是排日运动开始兴起的1890年，日裔也被纳入分类，可知人口增

---

① Payne Robert, *The White Rajahs of Sarawak*, Singapore. Oxford：Oxford University Press, 1986, p. 22. 转引自リン・パン著、片柳和子訳『華人の歴史』、44頁。

长与排斥运动具有联动性。[①]

事实上，美国人种排斥的焦点大致是从印第安人相继转移到黑人、中国人、日本人身上。

尽管美国非常需要中国劳工这类宝贵的劳动力，但是从1880年开始限制中国人自发前往美国；两年后，国会参众两院认定中国移民"不可能同化"到美国社会，批准通过排华法案；从1884年至1904年，美国8次修改排华法案，不论是熟练工种还是非熟练工种，全面禁止中国劳工进入美国。

内村鉴三和三岛弥太郎是在1884年来到美国的，此时排华法案正在推进。神奇的是，这一年也是日本赴美人数激增的一年。因为在前一年，日本修改征兵令，规定17岁以上40岁以下男子均有服兵役的义务，人们为了躲避服兵役选择去美国，结果引发了赴美热。[②]

另外，排华法案导致中国劳动移民减少，美国为了填补这一缺口，将视线转移到新的劳动力上。

在排华运动的影响下，中国劳动移民的减少与日本赴美人数的增加是联动的。日本青年无从知晓美国的情形，他们到达美国后填补了中国劳动移民的缺口，满足了美国社会的需求。并且，在排华运动高涨时期，内村鉴三等人所要面对的是，美国社会对以中国人为首的黄种人的憎恨与厌恶。

---

① 中條献『歴史のなかの人種』北樹出版、2004、36頁。
② 胡垣坤ほか編、村田雄二郎、貴堂嘉之訳『カミング・マン』平凡社、1997、10頁；鈴木俊郎『内村鑑三伝——米国留学まで』、435-436頁。

"支那人"这一蔑称

内村鉴三与三岛弥太郎的目的地是美国东部，他们在横渡太平洋的轮船上度过二十多个日夜后，还要在太平洋铁路上乘坐大约八天火车。

内村鉴三"不知道"坐火车比坐汽船"还要辛苦几倍"，抵达美国东部时已疲惫不堪。[①] 更令他"无语"的是，他在这条火车线路上数次被误认为是"支那人"。据其记述，"可是对方一旦知晓自己是日本人"，"就会客气许多"。[②]

高桥是清也曾写道，相比中国人，美国船长和船员对日本人"很有好感"。[③]

三岛弥太郎抵达费城后常常被误认为是"支那人"，遭到当地人的轻视与嘲笑。对此他感到极为不快和厌烦，"很遗憾总被叫成'支那人'"，在郊外"被人当面喊为'支那人、支那人'"，"被当成动物一样看待"，"当地支那人的待遇和狗差不多"。此外，三岛弥太郎的几位友人曾被人扔过雪球。当三岛生气地表明自己是日本人时，对方"大吃一惊，总算把自己当人看了"。

日常生活中常被误认为是"支那人"的经历已给三岛弥太郎带来太多不快，以至于旁人约三岛去马戏团看表演，他都会担心被人喊作"支那人"。而且他曾专门与美国女性同行，只是为

---

① 鈴木俊郎『内村鑑三伝——米国留学まで』、470 頁。
② 鈴木俊郎『内村鑑三伝——米国留学まで』、471 頁。
③ 上塚司編『高橋是清自伝』上巻、71 頁。

了避开这个"蔑称"。

因为在美国社会，"人们把女性当成神一样尊重，并竭力讨得对方欢心"。对于这个"把女性当成神一样尊重的国家"，三岛弥太郎虽然感到十分惊异，却有赖和女性同行才"不再被轻蔑地喊作'支那人'"、"不被恶语相加"，得以"昂首挺胸"地走路。

在三岛弥太郎已出版的日记中，既有个性笔锋写就的亲笔书信，也有亲人甄选出来翻译成现代文的段落。上述文字是三岛十几岁时的记录，尽管已被译成现代文，但仍能看出当时的他虽然语言表达有些幼稚，思维却很直率。

三岛弥太郎到达美国以后，因为被频繁认作中国人，遭遇了很多不好的事情，以至于变得厌恶中国，"对'支那'这个词语感到极为厌恶"，甚至"希望我国（日本）早点停止使用支那的文字"。在美国，"支那被视为低下好几等的国家"，因此，"日本不得不与支那人战斗"。如此这般，美国见闻促使日本人的脱亚意识生根发芽、日渐强烈。①

尽管表明自己是日本人后"能被当人看"，但内村鉴三等人被误认成中国人的次数实在太多。毋庸讳言，在白人看来，日本人和中国人的外貌实在太像了。内村鉴三等人虽然从心底想要远离中国，但他们和中国人在外貌上具有人种的同质性。而且充满讽刺意味的是，日本人把自己的外观西化后本应间接地实现与中国的差异化，结果反而越发显现出二者的人种同质性。

① 　三岛義温編『三島弥太郎の手紙』67–68、75–76、93、127–129頁。

洗衣房的"约翰"

那个年代，美国人往往会把马和中国人称作"约翰"（John）。① 对白人而言，中国人与日本人长得差不多，因此，内村鉴三等日本人有时会被和善的警官喊为"约翰"。

在美国的大街上，随处可见中国人不被当人对待的场景，内村鉴三也深知此事。有一次，内村鉴三登上一辆马车并正常支付了车费。这时，旁边"一位衣冠楚楚的绅士"找他借梳子，想要梳理自己的鬓发。

内村鉴三把梳子递了过去，"绅士"用完后没有道谢，而是讲了这样一句话。

"话说，约翰，你是在哪里的洗衣房工作?"②

当时有不少华人经营洗衣房。这一现象的起源可以追溯到19世纪下半叶，大量中国劳工在太平洋铁路建成后失业，转而成为厨师、洗衣工、仆人、理发师、杂货商、农民等。

---

① 马和亚裔为何被称作"约翰"? 可能原因之一在于，《圣经》里的"约拿单"（英文 Jonathan；希伯来语 Yonatan）是一个充满兄弟情义的名字，包含着"嘿，兄弟"的意蕴。感谢国际基督教大学名誉教授并木浩一为笔者提供这一信息。另外，约翰万次郎（本名中滨万次郎）名字中的"约翰"（John）取自救助他的轮船主的名称。其实，内村鉴三就读札幌农学校时期，选择表示兄弟情义的"约拿单"作为自己的教名，他在信中曾署名"John K. Uchimura"。笔者未能掌握亚裔被喊作"约翰"的资料性证据。不过，二战后有留美经历的龟井俊杰也曾被西方人称为"约翰"。龟井俊介『バスのアメリカ』冬树社、1979、20 頁。由此可见，这种现象可能广泛并且长期存在过。但是当笔者向几位二战后出生的美国教授咨询时，他们却表示从未听说有人把亚裔叫作"约翰"。

② 内村鑑三著、鈴木俊郎訳『余は如何にして基督信徒となりし乎』、121–122 頁。

其中，洗衣工是华人移民的代表性职业。1920 年，在美国的中国人当中，每十人就有三人从事洗衣房的工作，甚至于有的白人"只有在需要洗衣服的时候才会与中国人打交道"。[①]

时人提及华人，就会联想到洗衣工。正是因此，内村鉴三才被问及在哪家洗衣房工作。毋庸讳言，这句问话包含了侮辱之意。

彼时，美国马车不分等级。还梳子的"绅士"之所以出言不逊，可能是因为心存怨气——当时的交通工具不对座位划分等级，才导致不喜欢的人坐在自己面前。[②]

此外还有一些场合，日本人会被喊作"约翰"。一群年

---

① リン・パン著、片柳和子訳『華人の歴史』、66、131 頁。美国大学出版社出版了一部关于华裔洗衣工历史的学术书。另外，1880 年代，詹姆斯・布莱斯（James Bryce）在其美国游记中写道，纽约某高级俱乐部的服务员曾把洗衣袋交给中国大使。リン・パン著、片柳和子訳『華人の歴史』、131 頁。无独有偶，珍田舍巳 1890 年担任旧金山领事馆领事，四年后的 11 月卸任回国。在任期间，他曾被白人误认成"服务员"（boy）。珍田舍巳"身材矮小、不蓄须，坦率地说，确实不够风度翩翩"。在从阿拉米达岛到领事馆的上班途中，他认识了一个白人。这个白人一度以为他是服务员。某日，珍田舍巳身穿礼服、头戴礼帽登船，这个白人看见后说："嘿，查理，你今天怎么打扮得这么漂亮！话说，之前请你帮忙的事情办得怎样了？"菊池武德編『伯爵珍田捨巳伝』共盟閣、1938、294 頁。

② 英国铁路开通时最初实行三等级制，自此以后，交通工具开始对座位划分等级。1870 年，米德兰铁路公司实行二等级制。而在法国，19 世纪末以前实行四等级制，其后改为三等级制，1956 年变为二等级制。唯独美国不分等级，直到 19 世纪末，随着工业的迅速发展，豪华列车开始出现，美国的列车也开始划分座位等级。小島英俊『文豪たちの大陸横断鉄道』新潮新書、2008、128 – 129 頁。

轻的日本工程师为调查布鲁克林大桥，站在桥下讨论吊索的结构与张力。正当此时，"一位衣装整齐、戴着礼帽和眼镜的美国绅士"走近搭讪道："呀，约翰，这桥怎样？你们这些从支那来的人肯定觉得非常不可思议吧。"面对这个"无礼的提问"，其中一名日本人答道："你这个从爱尔兰过来的人肯定有同感喽。"绅士气急败坏地说："哪里的话，我可不是爱尔兰人。"紧接着日本人回答道："巧了，我们也不是支那人。"

从心理层面来看，这个一听到别人说自己是爱尔兰人就生气的"美国绅士"一方面"从嘲笑蒙古人种的过程中获得特殊的喜悦"，另一方面"对撒克逊人种的长子权尤其感到敏感"。[①]

也就是说，爱尔兰移民平时饱受盎格鲁－撒克逊人及新教徒的排斥，他们需要找一个发泄郁闷、排解不满的出口，中国移民恰巧进入他们的视野。

在当时的美国，爱尔兰移民是最底层的白人。尽管他们在人种上属于白人，但是从社会的角度来看，他们是最近似有色人种的白人。正因如此，爱尔兰移民与中国移民虽然人种不同，却在社会地位上最为接近。不过，中国劳动移民也叫嚣过"爱尔兰人滚开"，对爱尔兰劳动移民心存排斥，爱尔兰劳动移民的经济地位同样面临威胁。

---

① 内村鑑三著、鈴木俊郎訳『余は如何にして基督信徒となりし乎』、122頁。

社会地位不稳定的爱尔兰劳动移民不仅在经济层面遭到中国劳动移民的排斥，而且在社会和宗教层面遭到盎格鲁－撒克逊人及新教徒的排斥。作为最底层的白人，他们从心理上需要找到一个可以侮辱的他者。

可以说，中国人与爱尔兰人被歧视的历史中包含多层因素。在美国亚裔被普遍称作"约翰"的背后，爱尔兰移民的阴郁、不满以及不安不可能与之毫无关联。

辫子与 pig tail

不仅如此，马车上这位"看起来很聪明的绅士"接着又问内村鉴三什么时候剪的辫子。内村鉴三答道："我们从来不留辫子。"绅士有些吃惊："哎？我还以为所有支那人都留辫子。"①这回内村鉴三也不知如何是好了。穿洋装、剪短发的他确实没有辫子，可是这样一来，从他身上也看不出日本人的特征，他的形象与穿洋装、剪短发的中国人没有什么不同。

当时，仅有极少数的中国精英剪短头发、改穿洋装。许多中国劳动移民仍旧身穿中国服装、留着长辫。在讽刺画中，中国服装、辫子、浑浊的肤色是象征华人的三个元素。

对清朝而言，引入西方技术是为了获得实际利益，至于服装、发型等风俗的西化，许多人认为这不但毫无意义，而且有辱国家尊严。这种观念源于人们对中国文明的强烈自负与执念。

---

① 内村鑑三著、鈴木俊郎訳『余は如何にして基督信徒となりし乎』、122頁。

图 1-2 禁止留辫的讽刺画

资料来源：Louis Dalrymple，"The pigtail has got to go"，*Puck*，vol. XLIV，no. 1128，1898.

1876 年 2 月 14 日，北洋大臣李鸿章与日本驻华公使，即西化的
推动者森有礼长谈。李鸿章批评道，只引入西方技术也就罢了，
日本竟然把制服等风俗习惯也西化了。①

　　由于清朝反对断发的势力很强，容闳留学第一年一直留着辫
子，其后才选择断发（断发后，容闳也蓄起了胡须，样貌酷似
内村鉴三）。此后的中国留学生也一直把断发视为重大决定。后
来，有些中国留学生留学时剪掉辫子卖给假发店，回国时又去假
发店购买假辫子。②

　　辫子是清朝统治下民众的象征，该习俗被延续了下来，成为
中国文化的一部分。正因如此，清朝末年的断发体现出两种潮
流，一种是对清朝的政治抵抗意识（章炳麟），另一种是文明的
象征。③

　　英国也把留辫子的中国人称作"猪尾巴"，"猪"长期以来
都被用于称呼中国人。在澳大利亚和新西兰，中国人被称为
"蒙古的无赖"，也有"蝗虫"一说。而在美国，中国人被称为
"讨厌的害虫"，甚至有一个词组"中国佬的出路"（Chinaman's

---

①　劉香織『斷髮』朝日選書、1990、129 頁。

②　劉香織『斷髮』、137－138 頁。

③　太平军反抗清朝时选择不剃前额。详情参见菊池秀明『反乱と色——太
　　平軍の旗織と衣装』中国民衆史研究会編『老百姓の世界』第 5 号、研
　　文出版、1987、11－46 頁；吉沢誠一郎『愛国主義の創成』岩波書店、
　　2003、119－156 頁。另外，关于中国人种观的诸多详情，相关研究参见
　　坂元ひろ子『中国民族主義の神話——人種・身体・ジェンダー』岩波
　　書店、2004。

chance）表示"毫无可能"。①

日本人同样鄙视辫子，把辫子叫作"猪尾巴"。中国留日学生当中，孙中山曾于1895年在横滨断发，周作人1906年去日本之前专门在上海剪掉了辫子。②

在日俄战争后的"日本国时刻"（1905），就连讴歌国际主义的新渡户稻造也肆无忌惮地把中国人称作"四亿猪尾巴头"③。许多日本精英阶层和内村鉴三一样在亲身体验过西方生活后，承袭了西方人对中国人的负面看法，产生了对中国人的鄙视心理。④

可是，无论日本人怎样像西方人那样侮辱中国人，无论日本人怎样西化自己的外观，仍然无法逃离同属"蒙古人种"的命运。

三　蒙古人种

"蒙古病"

那么在当时的欧美，"蒙古人种"一词蕴藏着多深的偏见？

---

① リン・パン著、片柳和子訳『華人の歴史』、67、77頁。另外，该书第110页中"讨厌的害虫""中国佬的出路""毫无可能"这几个词转引自Robert Louis Stevenson，*The Amateur Emigrant*. New York：C. Scribner's Sons，1920，p. 30.

② 劉香織『断髪』、130、136 – 137頁。

③ "四亿猪尾巴头"，即四亿个扎着猪尾巴形状发辫的头。——译者注

④ 新渡戸稲造『随想録』丁未出版社、1907、63頁。

又是怎样演变成饱含偏见的社会词语的？

"蒙古人种"一词源自 1781 年布鲁门巴哈（Johann Friedrich Blumenbach）发表的人分五类说（Mongoloid，American Indian，Caucasoid，Ethiopian，Malay）。

1853～1855 年，戈宾诺（Joseph Arthur Comte de Gobineau）把人种分成三类（White，Black，Yellow），以此为代表，"黄色"的皮肤成为"蒙古人种"的特征。[①] 不过，据《牛津英语词典》第三版所述，1787 年，也门的原住民被叫作"Yellow Indian"，从此"yellow"开始含有人种语义；到了 1834 年，"yellow"的人种语义首次被用于"Mongolian"（蒙古的、蒙古人的、蒙古语的、蒙古人种的）。

19 世纪中叶以来，在英、美等国，"Mongolian"新添了"儿童先天性精神障碍'蒙古病'"这一语义。[②]

《牛津英语词典》第三版写道，1866 年，伦敦医院使用"蒙古型白痴"（The Mongolian type of idiocy）这一词组，"Mongolian"首次被用于描述唐氏综合征。1890 年，《心理科学杂志》（*Journal of Mental Science*）采用"蒙古智障"（Mongolian imbeciles）这一表述；1892 年，《心理医学词典》（*A Dictionary of Psychological Medicine*）用该词组来表示唐氏综

---

① "黄色"（yellow）被用于人种分类，源自 1853～1855 年戈宾诺把人类分成三大人种：白种、黑种、黄种。中條献『歴史のなかの人種』、54、57 頁。

② 劉香織『断髪』、110 頁。

合征。^① 而在 1866 年的伦敦医院报告书（*Clinical Lect. & Report*）中，多采用词组"典型的蒙古人"（typical Mongols）来描述先天智障。^②

布鲁门巴哈发表人分五类说时，"Mongoloid"只是自然人类学用于区分人种的一个名称而已。然而 19 世纪中叶以后，在英国和美国，"Mongolian"开始含有"先天性精神障碍""唐氏综合征"等语义。这与种族偏见不无关系。究其根源，该时期大量中国人来到美国，他们被视为"人性不合格的存在"。^③

特别需要指出的是，亚裔的身体特征之一是单眼皮，而单眼皮也是唐氏综合征的一项特征，于是两者被关联起来。在众多盎格鲁－撒克逊人眼中，单眼皮看起来仿佛上眼皮肿了一样，这是"堕落"者的象征。^④

也就是说，欧美对"蒙古人种"的种族偏见起源于他们对中国劳工的偏见，因此在 1880 年代美国排华运动顶峰时期，这种偏见尤其盛行。该时期欧美人的日本见闻札记同样反映了这一现象。尽管对"蒙古人种"的种族偏见起源于对中国人的偏见，

---

① http：//www. oed. com. ezp － prod1. hul. harvard. edu/view/Entry/121212？ redirected From＝Monogolian&print，2012 年 8 月 12 日阅览。

② http：//www. oed. com. ezp-prod1. hul. harvard. edu/view/Entry/121212？ rskey＝WphGBe&result＝1&isAdvanced＝true#eid36253450，2012 年 8 月 12 日阅览。

③ リン・パン著、片柳和子訳『華人の歴史』、110 頁。

④ http：//www. oed. com. ezp － prod1. hul. harvard. edu/view/Entry/121212？ rskey＝WphGBe&result＝1&isAdvanced＝true#eid36253450，2012 年 8 月 12 日阅览。

但是在 1880 年代，日本人也遭遇了这种偏见。①

脱亚的共时性

欧美对"Mongolian"的偏见发端于对中国劳工的偏见。虽

---

① 1878 年，49 岁的英国女性旅行作家伊莎贝拉·伯德（Isabella Bird）独自
一人来到日本。她在 1880 年的日本内地游记中表示，"蒙古系"日本人
的身体总体上给她以"堕落"的印象。『日本奥地紀行』平凡社、1973、
291 - 292 頁。德国医生埃尔温·贝尔兹（Erwin Bälz）长期居住在日本，
并且娶了一位日本妻子。他在 1885 年指出，"蒙古斑"是蒙古人种共同
的身体特征。小野友道「蒙古斑」『臨床科学』第 34 卷第 12 号、1998
年、1695 頁。再者，1875 年，15 岁的英国女性克拉拉·惠特尼（Clara
Whitney）来到日本，四个月后，她听说一位英国女性嫁给了日本男性，
于是写道："盎格鲁 - 撒克逊民族的一员居然与蒙古人建立亲密的关系，
实在太令人愤慨了。"语句中流露出人种的厌恶感。日记原文还写道，比
起和"中国佬"（Chinaman）结婚，这样还算好些。克拉拉的种族偏见如
此露骨，却于 1886 年和胜海舟的三儿子梶梅太郎（胜海舟在长崎的小妾
生的儿子，小妾死后，胜海舟将这个孩子带回家，认作第三个儿子）结
婚。这是因为她是虔诚的基督徒，当时她已怀上梶梅太郎的孩子 6 个月。
该时期克拉拉的双亲已经去世，胜海舟是她唯一可以依靠的人，一直帮
忙维持惠特尼家的家计。婚后，梶梅太郎缺乏维持生计的能力，也是胜
海舟一直支持着克拉拉。因此，胜海舟去世以后，克拉拉选择离婚，并
把 6 个孩子带回美国。クララ·ホイットニー著、一又民子訳『クララの
明治日記』上、講談社、1976、11、52 頁。英文版 Clara's Diary：An
American Girl in Meiji Japan, pp. 22、54. 此外，1891 年，新渡户稻造与万
里子（Mary Patterson Elkinton）结婚时，万里子的双亲虽然和新渡户稻造
是同一宗派的基督徒，却反对女儿和他结婚，甚至没参加婚礼。不难想
象，反对理由与种族偏见有关。NHK「内村鑑三と新渡戸稲造」2012 年
8 月放映、对万里子子孙的采访。另外，1897 年，一个白人在大英博物馆
公然表露出对"东洋人"的蔑视，南方熊楠大怒，当场殴打了这个白人。
该事件同样与该时期对"蒙古人种"的偏见有关。南方熊楠「履歴書」
『南方熊楠全集』第 7 卷·書簡 I、平凡社、1971、18 頁。关于该时期西
方对日本人的人种认识，参见 Rotem Kowner, "Lighter than Yellow, but not
enough：Western discourse on the Japanese 'race', 1854 - 1904," The Historical
Journal, vol. 43, no. 1, 2000, pp. 103 - 131.

然内村鉴三认为自己属于"蒙古人种",然而令他困扰不已的是"蒙古人种"中国人面临种族偏见,而日本人同属"蒙古人种",因此同样成为被侮辱、被鄙视的对象。正因如此,尽管不得不和中国人同属一个人种,日本人对中国人的厌恶感可以说是越发强烈,甚至演变成日益强烈的脱亚意识。①

换言之,日本的脱亚意识与欧美日渐高涨的人种意识形成于同一时期。1885 年,西方对"蒙古人种"的种族偏见达到顶峰,福泽谕吉在《时事新报》上发表社论《脱亚论》。

毋庸讳言,早在鸦片战争后清朝走向衰落时,目睹此景的日本人就已产生脱亚意识。1867 年德川昭武一行赴法之际,涩泽荣一在上海亲眼看到"欧洲人使唤土人的架势与驱赶牛马无异,动辄棍棒加身",不禁深受冲击。②

1884~1885 年中法战争期间,《报知新闻》记者尾崎行雄目睹清朝街头的颓丧衰败。西方帝国主义扩张下清朝的衰退无疑使日本的脱亚意识越发坚定。

---

① 1890 年,《排斥蒙古人种法案》(Mongolian Exclusion Bill) 被提交到华盛顿的国会,日本人虽然没有被纳入该法案,可是"如果放任不管,日本人的命运也有可能受到牵连"。为此,日本公使馆"一方面游说两院议员,请他们搁置此事;另一方面,旧金山领事馆奉公使之命,宣扬日本人并不属于蒙古人种。在此期间,珍田舍已出任领事"。珍田舍已在报纸杂志、演讲场合等表示,"日本人与支那人非但人种不同,而且语源也不同,因此绝不属于蒙古人种",甚至提出,"日本人、朝鲜人等与波斯人、阿富汗人或是北印度人同属一个人种"。"该法案针对的是蒙古人种,日本这样做其实是为了重点辩驳自己的种族身份,不过,断定日本人与波斯人等同属一个人种确实相当大胆"。菊池武德編『伯爵珍田捨巳伝』、10 頁。

② 渋沢栄一「航西日記」渋沢青渊記念財団竜門社編『渋沢栄一伝記資料』第 1 巻、渋沢栄一伝記資料刊行会、1955、464 頁。

中国虽然可以算是"老大国"了，但是对于日本来说，这个国家还是大得过分。正如一切偏见和蔑视都源自恐惧那般，伴随脱亚意识滋生的鄙视中国心理与这一认知密不可分。1880年，岸田吟香在《朝野新闻》上表达了自己的恐惧。如果中国像日本一样觉醒并实现近代化，那么"神国日本再怎样"也难以相抗。① 1884年，朝鲜发生甲申政变，这场由开化党发动的流血政变在清朝的军事和外交镇压下以失败告终，福泽谕吉的脱亚论就是受此刺激应运而生。如果没有对中国的恐惧，日本的脱亚意识就不可能产生。②

不过与此同时，在与东亚相距甚远的美国，脱亚意识也正一步步形成。内村鉴三等人被频繁误认作中国人，以中国人为媒介，他们间接遭遇种族偏见，这就是他们在美国的人种体验。考虑到当时去美国的日本人后来大多进入精英阶层，这些人在美国遭受的"蒙古人种"待遇无疑会成为他们支持日本脱亚的一大动机。

也就是说，日本的脱亚意识并非单单产生于日本国内或是考察清朝之际，在太平洋彼岸的美国，该意识也正一步步酝酿，表现为共时形成的人种意识。可是，无论日本人怎样鄙视中国人，也无法逃避人种的同质性。

---

① 並木頼寿『日本人のアジア認識』山川出版社、2005、29‐30頁；「淡々社諸君ニ寄セシ書牘」『朝野新聞』1880年5月19日，转引自並木頼寿『日本人のアジア認識』、35頁。

② 並木頼寿『日本人のアジア認識』、39頁；橋川文三「福沢諭吉と岡倉天心」竹内好ほか編『近代日本と中国』上、朝日選書、1974、18‐19頁。

四　在日式服装与洋装的夹缝之间

"Jap"

赴美之前，内村鉴三着实囊中羞涩。他身为基督徒却选择了离婚，并且其父因武士阶层的解体而"失业"，导致他不得不背负起父亲的债务。1884 年去美国时，内村鉴三的全部家当仅有 7 枚银币和身上一套"日本制造的寒酸洋装"，而在当时，这 7 枚银币仅够维持 1 个月最低限度的生活开销。[①]

就是在这种情况下，内村鉴三决意去美国学习基督教精神，连他都惊讶于自己的轻率鲁莽。抵达费城后，他先经由熟人介绍，在宾夕法尼亚埃尔温弱智儿童培训学校（Pennsylvania Training School for Feeble-minded Children at Elwin）当了 8 个月的护理员。

然而这份工作带他走进的是一个难以名状的世界。每 10 名弱智儿童配备 1 名护理员，从穿衣吃饭到宿舍整理，乃至洗澡等内务都需护理员负责。

许多弱智儿童甚至连牙都刷不好，作为负责卫生和健康的护理员，需要逐一检查儿童的口腔。更有甚者，不少儿童"在床上大小便"，内村鉴三被命令从早到晚"清理这些最低劣的美国

---

① 内村鑑三「流竄録」『内村鑑三全集』第 3 卷、52、74 頁。

人的粪尿"。①

而且，按照院规和宗教信仰的规定，无论住院人员如何谩骂、踢打护理员，护理员都不能抵抗。内村鉴三就这样被"他国社会一群连舌头都不能灵活转动的废物"叫骂为"Jap"（小日本），却不得反抗。在这种情况下，他的精神压力很大，甚至怀疑"自己是不是也是白痴"。②

其后虽有美国人想为内村鉴三提供在美国的金钱资助，但他为了维护"大和男子"的体面，坚定地表示拒绝。如此一来，内村鉴三不得不忍受艰苦的学习生涯，甚至在新英格兰地区零下20度的寒冬，两年都"没有生火"。晚年的内村鉴三曾对弟子山县五十雄含泪倾诉，过去在美国，"我努力维护日本人的尊严，后来却被同胞谩骂，说我是'非国民''不敬汉'③，真是太过分了"。④

可悲的是，内村鉴三从来不知道中庸为何物，终其一生，他的身心都经历着不为人知的艰辛。因为他的父亲负债累累，他选择去札幌农学校当官费生；因为选择了札幌农学校，他决意赴美留学。⑤在他留学的阿默斯特学院，本科院系只教授一般的教养科目。而

① 内村鑑三「流竄録」、62 - 63 頁。

② 内村鑑三「流竄録」、63 頁。

③ 1891 年 1 月 9 日，时任第一高等中学教员的内村鉴三在《教育敕语》奉读仪式上未对明治天皇御笔行最敬礼（鞠躬 45 ~ 90 度），遭到师生、社会的强烈批判，史称"内村鉴三不敬事件"。——译者注

④ 山縣五十雄「眇たる内村鑑三」『回想の内村鑑三』、207 頁。

⑤ 札幌农学校首任校长威廉·克拉克（William Clark）信奉基督教，经常劝勉学生一起信奉。在他的影响下，札幌农学校第一期学生基本都信奉基督教。内村鉴三是该校第二期学生，他选择信教的背后不无第一期学生的压力。后来为了学习基督教精神，内村鉴三决意去美国留学。——译者注

在同一时期，他的好友宫部金吾以学术研究为目的前往哈佛大学留学，并且早已定好回国后出任教授之职。与宫部金吾相比，内村鉴三的未来充满了不确定性。

有宫部金吾这样一位好友自然无比欢喜，不过，好友的光芒四射更加显出他的暗淡凄凉。①

最终，在阿默斯特学院西利校长（Julius Hawley Seelye）的关照下，内村鉴三得以免费借住在一间阁楼，并且被免除了学费。至于饭费、生活费等则依靠他在埃尔温赚取的 8 个月护理员薪资及《日本魂》等杂志的稿酬来维持，勉强可以"喘口气"。②

从少年时代起就贫困度日，这一经历影响到内村鉴三后来的经济观。终其一生，他在公私方面的金钱管理都极其细致，甚至令周围人感到为难。长媳美代子回顾称："鉴三先生是一个深入骨髓体会过贫苦的人。"③

内村鉴三在美国的苦学之姿曾被拍到照片里。

当时，日本上流社会的子弟多在美国东部留学，他们当中有不少人借助纽约总领事等的人脉，选择了与日本人有渊源的学校和地区。在上流社会人际网络的庇护下，他们过着宽裕的美国留学生活。

细观马萨诸塞州日本留学生集体照也可发现，以三岛弥太

———————————

① 内村美代子「内村鑑三の日常生活（三）」『内村鑑三全集』月報 22（『内村鑑三全集』第 23 巻、岩波書店、1982）3 頁。

② 内村鑑三「流竄録」、71 頁；鈴木俊郎『内村鑑三伝——米国留学まで』、707 頁。

③ 内村美代子「内村鑑三の日常生活（三）」、3 頁。

郎、松方幸次郎为首的上流社会子弟在照相馆拍照时，身穿可能是在美国定制的华服，佩戴闪闪发光、象征精英身份的怀表。

另外，内村鉴三穿着眼看就要开线的"日本制"朴素衣衫，鞋子也快磨烂了，并且没有佩戴怀表等饰物。

松方幸次郎等上流子弟每当学校放假就会聚在一起，或是去九鬼隆一公使的宅邸享用高级日本料理，或是被频繁邀请参加总领事馆的活动。与此相比，内村鉴三一直没能得到日本社交网络的庇护，也与宽裕的资金无缘。也正因如此，作为一名日本基督徒，内村鉴三得以细致观察美国社会的一隅。而且，通过教会活动，内村鉴三目睹了白人优越主义，以及"有色人种"的卑躬屈膝。

"马戏团表演"

内村鉴三留学的目的是在美国学习基督教精神，因此对他而言，教会活动是最重要的课题之一。然而美国的教会成员希望他扮演的角色是日本基督徒这一"展示品"。

当不同人种的人出现在美国教堂时，他们会被要求"秀"（show）一下，在大家的面前演讲几分钟——来吧，告诉我们白人，你一个异教徒为何把耶稣基督当作救世主？

该现象并不仅限于内村鉴三生活的时代，而是非西方的基督徒参加西方社会教会活动时的常有之事，相当于教会中的一种"马戏团表演"。本书第六章提到的远藤周作也将该现象称为"马戏团表演"，并对"秀""马戏团"等利用方式感到强烈的违和。

内村鉴三等"异教徒样品"在西方人面前仿若"马戏团驯兽师驯服的犀牛",他们被要求做一个简短的演讲,解释自己为何成为基督徒,毕竟,"明明之前还在向木、石鞠躬致敬,如今却和白人一样向他们的神祷告"。因为接下来还有"某位知名神学博士"讲话,他们的演讲时间必然被限制在15分钟以内。换言之,"异教徒"的演讲不过是填补空闲时间的点缀。

生活拮据的内村鉴三试图开解自己。一方面,可以通过演讲赚点生活费;另一方面,既然承蒙对方的关照,对方喜欢看"秀",那就尽量满足。然而从那些"白人"基督徒"善意"的目光,以及对非西方"异教徒"的慈爱眼神中,他不可能感觉不到其中潜藏的白人优越意识。

还有一种现象更令他难以忍受,即"有色人"基督徒为了迎合白人优越主义而卑躬屈膝。

当"马戏团表演"的邀约来临时,那些"异教徒"欣然同意。在内村鉴三眼中,他们就像"喜欢被观看和豢养的犀牛","欣喜地遵从这些人的指令,丢人现眼地描述自己为何放弃动物身份,像人类一样开始生活"。就像"讲故事"一样,解说"我是如何成为基督徒的"。

一次,内村鉴三在教堂见到"一个身穿土著服装的印度青年用巴利语唱赞美诗,借此募得捐款"。他批判道,这和"驯化过的猩猩靠表演挣钱"没有什么区别。

在内村鉴三看来,"有色人"基督徒身穿"土著服装"跳民族舞蹈是为了迎合白人优越主义。他们夸张地表露自己的土著文化和精神,卑躬屈膝地将"自己为何放弃动物身份,像人类一样开始生活"展示得一览无余。对于把本国文化用于"马戏团"表演，他们甚至不以为耻。①

不过，对教会相关人员来说，"马戏团表演"是一个向教会成员展示传教成果的绝佳可视媒体。

赴美学习基督教的基督徒内村鉴三曾把此类"马戏团表演"写进《我是如何成为基督徒的》的序文。对他而言，这是一种颇具象征意味的美国体验。不过需要注意的是，内村鉴三存在着自我矛盾。

既然内村鉴三对身穿"土著服装"演讲的"有色人"投以轻视的目光，那么如后文所述，身穿日式服装演讲的他与穿"土著服装"的"有色人"没有什么不同。毋庸讳言，日式服装也是"土著服装"，内村鉴三和他们都是"有色人"。

"大和魂"

内村鉴三在被美国人招待的场合，"屡屡身穿日本服饰以娱众人"②。1885 年前后，埃尔温弱智儿童培训学校的克林院长曾带内村鉴三去华盛顿参加"全国慈善矫正会议"。他为内村鉴三安排了演说时间，并要求内村身穿和服参会。

当内村鉴三身穿日式服装来到"全国慈善矫正会议"的会场时，现场聚集了大约 400 名"该国知名绅士、贵妇"。晚上 10 点前后，内村鉴三被介绍给众人，并登台发表题为《大和魂的

---

① 内村鑑三著、鈴木俊郎訳『余は如何にして基督信徒となりし乎』、160 – 162 頁。
② 『内村鑑三全集』第 36 卷、岩波書店、1983、124 頁。

特质》的演说。

内村鉴三的演说赢得了满堂喝彩，下台时许多女性都和他握手，"祝贺演说取得成功"。"呜呼，日本开国以来，立于华盛顿中央，解说大和魂乃何物"，一身日式服装的内村不禁心神恍惚。①

抵达美国以来，内村鉴三饱受辛劳，美国华盛顿演说的成功足以使他备感兴奋、仔细回味。对他来说，自己的志向使命终于在这一瞬间成为现实。此刻，他身上的日式服装是"大和魂"的象征，并为他的英文演说增添了决定性的影响力。可是，听从克林院长指示身穿日式服装的他，与教堂里身穿民族服装（"土著服装"）的他，其实站在同一立场上。

在阿默斯特学院的毕业典礼上，他也穿着和式裙裤（"袴"）。这条裙裤是从三岛弥太郎那里借来的，三岛和他同时期留学同一地区，留学学校是阿默斯特农科大学。

内村鉴三少年时代在有马学校读书时就已结识三岛弥太郎，留学时期又与三岛在同一地区。三岛弥太郎后来成为日本银行总裁，在其去世后，内村鉴三仍清晰地记得31年前，"你把最上等的日式服装借给没有礼服的我，让我得以参加阿默斯特学院的毕业典礼"②。

三岛弥太郎的父亲是警视总监三岛通庸。与经济困窘的内村鉴三相比，三岛弥太郎不仅获得了官费留学的机会，而且频繁收

① 『内村鑑三全集』第 36 卷、167 頁。
② 『内村鑑三全集』第 33 卷、81 頁。

到家里寄来的钱财、生活费、物品等，过着资金充裕的留学生活。对于内村鉴三的经济状况，三岛弥太郎颇为同情。

据说，三岛弥太郎"最上等的和式裙裤"相当昂贵。这不仅是因为三岛弥太郎有钱，还因为他在美国留学时非常注重日本的体面，无论是给西方人看的日本照片，还是赠答礼品、谢函等都准备得颇为细致，以期给西方人留下良好的日本印象。

并且，内村鉴三一袭和式外褂、裙裤，其中蕴含的"大和魂"确实给美国人留下了深刻的印象。友人斯卓德牧师对内村鉴三在毕业典礼上的装扮记忆犹新，当内村的弟子天达文子留学时拿着内村的介绍信前来造访时，斯卓德牧师回忆道："内村从阿默斯特学院毕业时穿着日本的和服，给我留下了很深的印象。"

另外，内村鉴三还送给斯卓德一只白色的日式短布袜。天达文子来访时，这只袜子已"因年深日久不再挺括"，但能看出斯卓德确实有在精心保管。[1]

三岛弥太郎曾在日记里纠结如何处理自己的和服，是把和服卖了，还是作为"特产"送给他人。而且为了不被美国人看轻，他专门要求日本的家人用绢布制作日式短布袜。由此可见，当时的日本留学生或许有赠送外国人和服、小物件的习惯。

留美期间，内村鉴三但凡有机会都会身穿日式服装出席各种场合，可是笔者未能查到他在美国的和服照。

他充分认识到在美国穿日式服装的效果，并多次身穿日式服

---

① 天達文子「十字架にすがる幼児」『回想の内村鑑三』、276 頁。

装。就是这样的他，回国之后，在公共场合至少一次都没选择穿日式服装。

内村鉴三在美国身穿日式服装发表演说，到底是在弘扬日本国威，还是仅仅进行"马戏团表演"？其差异到底在何处？①

是杂耍表演，还是弘扬国威？

事实上，早在内村鉴三访美之前，日本为了以"文明国"之身获得西方认可，已把着装问题视为极紧迫的国家问题。

比如，岩仓使团特命全权大使岩仓具视1871年（明治四年十一月十二日）从横滨出发时，"身穿和式外褂、裙裤，头上扎着公家特有的发型"。1872年1月15日，即抵达旧金山的第二天，他"身穿紫色小直衣发表演说"，其后也一直穿着日式服装，"根据不同的场合，选择穿小直衣或和式外褂、裙裤等"。

岩仓使团最具代表性和象征性的照片是在旧金山拍摄的。照片上，岩仓具视身穿和式裙裤，头上扎着公家特有的发型，被伊

---

① 有岛武郎是内村鉴三的爱徒，并被内村认定为后继之人。1905年，有岛武郎与弟弟有岛生马周游欧洲之际，试图通过意大利友人的介绍获得谒见梵蒂冈教皇的机会。在与梵蒂冈进行了漫长的交涉之后，终于到了最后阶段，教廷下达命令，要求他们"身穿和服谒见"。有岛武郎对此颇为愤慨，他打断牵线者的粉饰之词，亲自去梵蒂冈宫推掉了谒见的机会。当时，有岛武郎在游记中写道："我们不以身穿和服为耻，但是他们命令我们身穿和服参见，对于此种居心，我们深以为耻。"有岛武郎「旅する心」『有岛武郎全集』第6卷、筑摩書房、1981、78頁。内村鉴三留美之后过了大约20年，有岛武郎在与梵蒂冈教廷就谒见程序进行交涉时遭遇了和内村鉴三相似的"马戏团表演"要求。有岛武郎的愤慨可以说是对东方主义的反抗，而在内村鉴三身上却没看到这种愤慨。

藤博文、大久保利通等四位身穿洋装的副使簇拥在中央。这些洋装是副使们出发前在横滨的"西洋店"专门购置的。

据刑部芳则言，由于使团出发前"来不及定制西式礼服"，岩仓使团决定"在谒见总统、皇帝等上位者之际"，"身穿传统的小直衣、狩衣、直垂等"，其他时间则"可任意选穿洋装"。①

从横滨港出发后，三个月以内（其中用了一个月左右横渡太平洋），岩仓具视一直穿着日式服装。他的日式服装在美国各地引来了好奇的目光。

对于出身公家的岩仓具视而言，日式服装象征着公家的文化威信。鉴于他们的美国考察之旅是为了修改条约，可以毫不夸张地说，这种着装从心理上意味着弘扬日本国威。可是在美国人看来，岩仓具视不过是一个身穿稀奇民族服装的人，他们向岩仓具视投注的目光与看"马戏团表演"没有什么不同。②

岩仓使团的出访目的之一是为修改条约做预备交涉，采取各种形式证明日本为"文明国"正是其使命。

---

① 刑部芳则『洋服・散髪・脱刀——服制の明治維新』講談社メチエ、2010、48–51頁。

② 金子堅太郎曾随岩仓使团出行，他在自传中写道，1872年1月24日，使团一行抵达芝加哥，当时正在美国留学的岩仓具定及其随行人员前来迎接岩仓具视。可是，"当他看到顶冠束带的父亲时，不禁大吃一惊，劝告道，如果不剪掉头发换上洋装，会被美国人当作日本的杂耍表演来嘲笑。可是右大臣（岩仓具视）拒绝道，不能擅改象征官侯地位的正装。此后无论是一路向东考察，还是住在旅馆，父子两人都拒绝由儿子担任父亲的翻译。抵达华盛顿后，右大臣终于剪短了头发，新制了洋装"。高瀬暢彦編『金子堅太郎自叙伝』第一集、日本大学精神文化研究所研究叢書11、創文社、2003、75頁。

当时，森有礼是使节团的少辨务使①，他认为岩仓具视的日式着装象征着未能完全"文明化"的旧体制的日本，因此拜托岩仓具视正在留学的两个儿子——岩仓具定、岩仓具经，请他们说服岩仓具视改穿洋装。使团抵达旧金山后过了大约两个月，1872 年 3 月 14 日（明治五年二月六日），岩仓具视身穿小礼服出席晚宴，11 天后在芝加哥，他终于剪掉了自己的发髻。② 也就是说，这一刻，岩仓具视为了在美国彰显日本的"文明化"，脱掉了象征公家文化威信的直衣，舍弃了自己的发髻。

后来，成功推动岩仓具视穿洋装、剪发髻的森有礼把岩仓身穿直衣的照片和断发易服的照片并排摆放在驻美公使馆的会客厅，将其作为"旧日本"和"新日本"的象征，向来客展示日本"近代化"的样子。③

森有礼在明治初期主张废止日语、采用英语，对他来说，这两张照片是证明日本"近代化"的绝佳媒介。

岩仓具视换下公家特有的日式着装，剪断发髻，改穿洋装。虽然在森有礼的解读中，这种变化如实反映了日本变成"文明国"的过程。然而不应忘记的是，岩仓具视本是下级公家出身，一步一步稳扎稳打走近政治权力的中枢，想要构建出以华族制度为首、以天皇为顶点的文化威信。作为一名明治维新时期的政治

---

① "辨务使"是日本 1870 年设置的"公使"之职，分大、中、少三等。——译者注
② 刑部芳则『洋服・散髪・脱刀、服制の明治維新』、51 頁。
③ 犬塚孝明・石黒敬章『明治の若き群像、森有礼旧蔵アルバム』平凡社、2006、78 頁。

家，他的国家自尊心非常真挚。同时，正是为了国家自尊心，他才在芝加哥剪断发髻、改穿洋装。这种自我矛盾是如此令人心生悲凉。

最重要的是，尽管岩仓具视的日式着装与西式着装呈现出相反的外观，但其内心深处都是强烈的国家自尊心。

在岩仓具视看来，明治天皇是日本"荣誉之渊源"。其实，1872~1873年，明治天皇就换上了洋装、剪短了头发，并且蓄起了胡须。

1872年夏，明治天皇尚有一幅顶冠束带的肖像画留存于世。翌年秋，照片中的他已经断发蓄须，穿上了西式军装。[①]明治天皇断发易服与岩仓具视在美国断发易服几乎发生在同一时期。

明治天皇站在日本权威的顶点，其断发易服本身就表明他为了维持近代日本的持续存在决意西化。同一时期，岩仓具视在美国断发易服，意味着仅仅依靠"文化威信"[②]才站住脚的公家选择将其文化威信西化。

公职人员的服装是可供选择的媒介。可是，面对西方列强的扩张，日本不可避免地认识到并选择了外在的西化。在围绕"文明""人种"的较量中，其自我矛盾越发凸显。并且，内村鉴三回国之前得到了视察"土著人学校"的机会。经由这场视察，近代日本扭曲的自我认知明确显现出来。

---

① 多木浩二『天皇の肖像』岩波新書、1988、116‒122頁。

② 園田英弘『西洋化の構造』、191頁。

"日本的天职"

1888 年前后，内村鉴三即将回国。费城富豪、名流、慈善家莫里斯请他前往宾夕法尼亚州视察普拉特大尉管理的"土著人教育事业"，旅费和当晚的住宿费由莫里斯承担。那天晚上，在饭后的祈祷会上，内村鉴三要对与会者施以教诲。映入他眼帘的是"酷似"日本人外貌的"土著人"，即美国原住民。

这所学校的教职人员"全是一流能干的白皙人种"，所有学生则"颧骨突出、头发浓黑、眼形就像巴旦木，总觉得酷似我国同胞"。对于美国原住民与日本人外貌上的酷似，内村鉴三大为吃惊。

从佛罗里达半岛到落基山脉，再到阿拉斯加，六百余名学生来自美国各地，皆为少数民族。他们聚集在一起，"现在正代表所有铜色人种，努力听我用不地道的英语演说"。对于离开日本已有四年、"极少见到同胞"的内村鉴三来说，这些"土著人"正是与日本人"类似之民"。

比较"日本人种"与"美国土著人"，"这两个人种的容貌、骨骼都甚为类似"，内村鉴三从这点出发，推断道："日美两人种可能是相距不远的亲戚。"

与此同时，他论述道，二者作为"非白人"，都对"开明"感到强烈的共鸣，并一致想要走向"开明"，只要"美国土著人是与日本人类似之民"，"开明"并不遥远。

当时，美国人"但凡见到铜色人种，几乎都会将其与禽兽等同"，"对于引领这些人走向文明之论，他们嗤之以鼻，反而宣扬灭绝这些人的好处"。在此风潮之中，内村鉴三阐明"美国土著人"与日本人的"类似性"，并且"不以为耻"，得到了普拉特大尉的盛赞。

内村本人在进行了长达两个小时的演说后"心满意足"。其长时间的演说包含一个中心思想，不是别的，正是对"日本的位置、希望、天职"的确认。

"美国土著人"都"苦于白皙人种横行霸道，忍受其掠夺，成为其贪欲的牺牲品，如今被其驱逐，以致流离失所，住在山野林泽之中"。他们饱经苦难，令人哀怜，"上天有正义之神"，且"日本奋起拯救亚洲之时，亦是抬起汝等头颅之时，我今日与汝等接触，已深知我的责任愈发重大"。

日本"拯救"亚洲之时，也是日本拯救"汝等"之时。内村鉴三在六百余名酷似日本人的"土著人"面前，感觉到"我的责任愈发重大"。而且，"我用两个多小时的时间进行演说，阐述了日本的位置、希望、天职，心满意足地走下了讲坛"。[①]

对于内村鉴三而言，苦学之后、回国之前的这场讴歌"日本的位置、希望、天职"及其"责任"的演说赋予他强烈的使命感与恍惚感。

现在，日本不仅要"拯救"亚洲，还要拯救"土著人"。引领这些外貌酷似我们"蒙古人种"的，除了日本，别无他选。

从内村鉴三带回日本的两张学生集体照中也能管窥他的使命感。

---

① 　内村鑑三「流竄録」、97 - 98 頁。

一张照片是"土著人"刚被送到学校时的模样，另一张则是入学后的模样。他们入学后，学校"立即给他们修剪杂草般凌乱的头发，让他们穿上文明人的衣服，严禁他们使用土语，教授他们适合的职业技能，努力使他们过上清洁、有序的人生"。这张入学后的照片"用实际案例证明"他们得到了怎样的"改善"。[①] 内村鉴三一方面惊讶于"土著人"与日本人在身体上的相似性；另一方面，他的内心在二者之间画了一条名叫"文明"的明确界线。在内村鉴三看来，外貌酷似日本人的"土著人"固然是日本人的"同胞"，不过，日本人是"文明"的大哥。

断发、易服、蓄须的内村鉴三激情澎湃地阐述着"土著人"的"开明"之路，乃至"日本的位置、希望、天职"。日本应"拯救"这些"土著人"，因为他们与亚洲人一样长期"苦于白皙人种横行霸道"，这种自我认知开始在他心里生根发芽。可是作为"土著人"的大哥，日本人绝不该是身穿和式裙裤、直衣的形象，而应是已被西化的日本人，让"土著人""穿上文明人的衣服"。

两张照片

如前文所述，森有礼"成功"促使执着于公家服装及发型的岩仓具视在美国断发易服。并且，他把这一"成功"视为日本"近代化"的象征，将岩仓具视穿日式服装、扎发髻的照片

---

① 内村鑑三「流竄録」、100頁。

与穿洋装、剪掉发髻的照片光明正大地摆放在驻美公使馆的会客厅作为装饰。

另外，内村鉴三访问美国东海岸的"土著人"学校后带走了两张象征"土著人"走上"开明"之路的照片，并从中发掘到"日本的天职"。

虽然都是照片，不过，一张拍摄的是天皇直属之臣岩仓具视，另一张拍摄的则是"土著人"学校的学生。从拍摄对象的社会属性来讲，不能将二者相提并论。但是从本质上讲，二者都用肉眼可见的方式呈现"蒙古人种"的西化，它们在这一点是相通的。

摆放岩仓具视两张照片的森有礼与视察"土著人"学校的内村鉴三怀着同样的感慨，因为他们都深信，西化才是通往"文明化"的唯一道路。

不过，在明治初期岩仓具视和森有礼的时代，人种观念暂时还没渗透进来。那时只存在一个单一的方向，即只存在一条以西方为范式的"文明"界线，日本只要获得"文明"、体验"文明"就好。

可是大约十年后，内村鉴三断发、易服、蓄须，将外观西化，他在美国这片土地上看到了"文明化"过程中凸显出来的人种界线，即以盎格鲁－撒克逊为中心的西洋与日本存在人种上的异质性，以中国人为首的东洋与日本存在人种上的同质性。

与西洋存在人种上的异质性，与东洋存在人种上的同质性，二者在本质上具有相同的意思。可是在近代日本的自我认知当中，二者既不能并存，也不能统合。因为"人种"这个可视的媒介无论如何也不能融入近代日本瞄准的"文明"这一概念。换言之，近代日本瞄准的"文明"在西洋，因此，"文明国"日本就该与清朝这个"东洋老大国"诀别，脱离东亚的中华秩序。

尽管如此，在走向"文明"的过程中，一个问题越发凸显，那就是日本与本该诀别、本该脱离的亚洲存在人种上的同质性。

与森有礼摆放两张照片的行为一样，身在美国的内村鉴三自身也有意地在日式服装与洋装之间做出选择。数年前的岩仓具视为了使日本人之为日本人，有意识地选择日式服装和洋装。与此相似，内村鉴三的两种装扮蕴含相同的国家自尊心。

洋装、胡须等外观的西化在日本国内成了文明的象征、精英的特征。可是在美国，充满讽刺意味的是，人们看到的是作为"蒙古人种"的日本人，日本人外观的西化反而导致他们和中国人同化，而中国人是被鄙视的群体。

因此，内村鉴三为了弘扬国威，特意在集会上身穿日式服装。他希望通过日式服装，用可见的方式告知世人，他是一名日本人。然而在"英美传教士"眼中，内村鉴三不过是一个穿着民族服装的"黄种人""蒙古人"，他们对"黄种人"的态度不含丝毫"尊敬、向往、爱慕"。①

即便如此，他仍在著作芬兰语版里写道，"我从未因自己是黄种人而羞愧"，这是因为他认为芬兰人和日本人同属"图兰人

---

① 内村鑑三「フィンランド語版序文」（1905 年）内村鑑三著、鈴木俊郎訳『余は如何にして基督信徒となりし乎』、237 頁。

种"，每当自己被盎格鲁－撒克逊人藐视时，他都强调日本人与
芬兰人都是"图兰人种"，因此并不劣等。[①]

美国人对"蒙古人种"的偏见源自对中国人的偏见，内村
鉴三是早期遭遇这类种族偏见的日本人。他在日式服装与洋装之
间摇摆的自我认知反映了一个多元世界的形成过程。这个多元世
界开始于内村鉴三访美时期，在"文明"的坐标轴上，"人种"
这一可视的媒介开始交错。并且，在"文明"与"人种"的对
抗中，近代日本开始形成扭曲的自我认知。

他站在大哥的立场上面对"土著人"，在这些走向"开明"
的"土著人"面前，他强烈地感觉到了"日本的位置、希望、
天职"。日本不仅要"拯救亚洲"，还要在世界范围内成为那些
"苦于白皙人种横行霸道"的有色人种的大哥。他的内心充满着
使命感和信念感，相信日本能把这些有色人种从西方帝国主义的
支配中解放出来。因为这才是日本这个非"白皙人种"的"文
明国"应有的姿态，这才是最适合日本的定位。

然而，"文明"与"人种"的对抗绝不会让此后日本的自我
界定稳固下来。这场对抗反而使后来的非西方"文明国"日本
越发陷入人种的两难困境。

内村鉴三回国后，至少在公众场合从来不穿日式服装。他的
日式服装在回国之时就被封印，也是从这一刻起，"不像日本
人"的洋装打扮成为内村鉴三的外貌特征。

---

① 图兰人种（Turanian）被普遍认为是高加索人种与蒙古人种之间的过渡型
人种。ブリタニカ国际大百科事典。

可是，内村鉴三的著作里确实镌刻着近代日本扭曲的自我认知谱系。毫无疑问，人种体验可以说是占据了内村鉴三美国体验的核心。

无论内村鉴三怎样用讽刺的笔墨描述这些体验，也无法封印他在日式服装与洋装间摇摆时痛彻心扉的悲哀。

这是明治初期日本精英阶层不得不面对的西化的悲哀，也是其后众多精英阶层不得不时常体验的悲哀。

可以说，内村鉴三的美国体验正处于近代日本通过身体媒介遭遇自我矛盾的初期阶段。

此后的日本未能避开"文明"与"人种"的对抗，无论内村鉴三本人愿意与否，他都是把这一对抗过程具体化的先驱般的存在。

第二章　"一等强国"的荣耀与不安：日俄战争以后

三四郎简直看得目不转睛。他想，这些人确实有理由趾高气扬，如果自己去了西方，站在他们当中肯定会感到自卑吧。……"啊，真漂亮！"他小声嘀咕，打了个哈欠。……〔旁边的男子也〕说："洋人就是长得好看！"三四郎没说什么，只是应了一声，露出一抹微笑。于是，胡须男接着说，"我们真可怜啊"，"脸长成这样，身体还这么弱，虽说日俄战争赢了，日本成了一等强国，可还是不行啊！"①

夏目漱石《三四郎》（1908）

一　不能诉之于口的悲伤

夏目漱石的外表

1902 年（明治三十五年），夏目漱石从英国留学归来，出任东京帝国大学英文系讲师，可以说，"作为当时的知识分子阶

---

① 夏目漱石『三四郎』岩波文庫、1990、第 64 刷改版、22 頁。

层，他已实现最高级别的出人头地"。①

出任讲师那年，夏目漱石 35 岁，从他的服装、举止也能看出他内心隐秘的喜悦，以及与之不相上下的斗志和紧张。夏目漱石身穿高领洋装，留着凯撒胡，"踩着擦得锃亮的尖头高跟羔羊皮鞋，迈着充满节奏感的步伐走进教室"。②

他一站到讲台就用手绢"擦拭"胡子，"一小时擦了几十次"，并且"频繁地旋转袖口"，最后还对大家说，"我可以按照诸君的希望，用英语讲话"。

不知从何时起，学生们开始说他是"装腔作势卖弄学问的绅士"，考虑到他当时的经济状况，他对外貌的重视确实显得有些过头。③

在此之前，夏目漱石靠官费熬过了一贫如洗的留学生活。回国之时"家徒四壁"，就连住宿费都要找朋友周转。④ 据夏目漱石长女笔子说，虽然父亲有份正式的教师工作，可是他成为著名小说家后仍没有买房的经济实力，一辈子都在租房。当时，富裕阶层已开始逐渐普及电话，他家当然不可能有电话这种东西。笔子的母亲生孩子阵痛时都要靠夏目漱石出门喊产婆，有次因为时间来不及，夏目漱石不得不亲手接生了三女儿爱子。⑤

---

① 伊藤整『日本文壇史』第 8 卷、講談社、1966、119 頁。
② 亀井俊介「解説」夏目漱石『文学論』下卷、岩波文庫、2007、449 頁；伊藤整『日本文壇史』第 7 卷、講談社、1964、134 頁。
③ 金子健二『人間漱石』いちろ社、1948、4 – 6、20 頁。
④ 伊藤整『日本文壇史』第 8 卷、119 頁。
⑤ 1890 年，东京、横滨一带开始提供电话服务，1899 年全日本安装电话人数超过 1 万人。http://www.kogures.com/hitoshi/history/tushin – denwa/index.html，2012 年 12 月 10 日阅览。

另外，由于笔子的姨妈们都嫁到了富人家，笔子等兄弟姐妹往往会受到姨妈们的"怜悯和轻侮"。有一次，笔子和妹妹去姨妈家做客，姨妈说："你们肯定不会打电话吧。如果你们能把电话打出去，我就奖励你们，给你们买身新浴衣。"笔子因为害怕，没敢打电话。妹妹爱子太想要浴衣了，"全身冒汗，颤抖着"拨通了电话。

夏目家每隔两年生一个孩子，总共生了七个，连浴衣都做不起新的。笔子的母亲镜子每晚都在昏暗的灯光下忙到深夜，缝补一家九口的衣物，父亲漱石经常为生计发愁。①

尽管如此，在旁人看来，从伦敦回到东京帝国大学担任英文系讲师的夏目漱石已经实现了"最高级别的出人头地"，漱石童年时代的养父会找他"索要钱财"，投资失败、陷入窘境的岳父也会找他借钱，凡此种种，"一些亲戚惦记上了夏目的钱"。

为了把钱借给岳父，夏目漱石向兼职单位第一高等学校的同事及其他亲友借钱。"他把借来的钱转借给亲戚，为了填补亏空"，也在明治大学兼职授课。②

根据笔子的回顾和伊藤整的记述，再参考镜子的回忆录，可以推断，直到夏目漱石晚年，他们一家依然被迫过着贫困的生活。就是在这种条件下，夏目漱石仍很重视服装和外表，不得不说他的自我意识相当强烈。③

---

① 松岡筆子「お札と縁遠かった漱石」『文藝春秋編 巻頭随筆Ⅳ』文春文庫、1985、282－284頁。
② 伊藤整『日本文壇史』第8巻、119、132頁。
③ 夏目鏡子述、松岡讓筆録『漱石の思い出』文春文庫、1994、106－110、135頁。

从夏目漱石现在广为人知的几张照片中想必也能看出他的自我意识过剩。虽说当年精英阶层的照片都会进行修片，不过，仅仅对比摄影师几年间拍摄的照片，以及夏目漱石在自己家拍摄的照片，也能看出漱石强烈的自我意识。

特别是夏目漱石的身体特征之——脸上的麻子。他对此非常介意，修片时特意要求消除这些麻子。或许是这个缘故，当媒人把他的照片拿给镜子看时，专门提醒道："这张照片照得非常清晰，不过没有麻子哟！"据镜子回顾，"那种奇妙的语气萦绕在我和妹妹时子的脑海里"，以致相亲当场，我总是不自觉地将目光停留在麻子上。①

在夏目漱石的作品中，时常能看到描写麻子丑陋的句子。并且，他曾指出，西方上流社会没有人脸上长麻子。麻子对夏目漱石而言是如影随形的"伤痕"。可以说，因为长了麻子，他对外貌的自我意识才变得过剩。②

夏目漱石的自我意识如此过剩，当他从国外回来后，面对众人的艳羡、注目与期待，他不可能不加以回应。相应的，他的英国之旅也显得光鲜华丽。

然而，就如夏目漱石归国后的荣光与现实的落差那般，他的留学生活其实非常惨淡。

---

① 夏目鏡子述、松岡譲筆録『漱石の思い出』、21頁。

② 江藤淳指出，夏目漱石的麻子"对漱石来说，是根本性的存在论上的伤痕……甚至可以说，漱石的不幸就在于此——那样好看的脸上竟然有淡淡的麻子"。江藤淳的对谈「鴎外・漱石・荷風」『季刊芸術』第25号、平川祐弘『夏目漱石』講談社、1991、192–193頁。

对他来说，他在伦敦的两年是他人生中"最不愉快"、最"可悲"的两年。人人艳羡的大英帝国留学生活实际上充斥着孤独感，好像"变成了五百万粒油里的一滴水，过着朝不保夕的日子"。[1]

这种孤独感投射到了他与英国人的身体差异上。每当夏目漱石穿行在伦敦的街头，"见到的人都特别高"，因为西方人与自己相比实在太高了，他的心情总会变糟几分。总而言之不可否定的是，从外表来看，"对方就是好看"，下文就是他的原话。

> 自己的内心常常会感到相形见绌。对面来了一个比普通人矮上一截的人，本以为自己赢了，擦肩而过时却发现对方比自己高两寸。这回，我以为对面来了个脸色奇怪的一寸法师，却发现原来是镜子里的自己。[2]

在五百万盎格鲁–撒克逊人组成的英国社会，站着一个"脸色奇怪的一寸法师"[3]，这就是夏目漱石眼中正在留学的自己。英国人比自己高太多了，当他走在满是英国人的伦敦街头，"自己的内心常常会感到相形见绌"。并且如下文将述，夏目漱石在日本时从未注意过自己"脸色奇怪"。

---

① 夏目漱石『文学論』上卷、岩波文庫、2007、24 頁。
② 夏目漱石『倫敦消息』『明治文学全集 55　夏目漱石集』筑摩書房、1971、250 頁。
③ 一寸法师是日本民俗故事、童话中的人物，身高只有一寸。——译者注

我们黄色人——黄色人这个称呼都是客气了，全都是黄色。在日本的时候只是觉得不算白，姑且将之称为接近"人色"的一种颜色。可是在这个国家，我才悟到，不得不将之称为脱－离－人－类－的－退－避－三－舍－色。①

更甚者，在伦敦研究英国文学的自己不过是一个"初次进城的土老帽"，因为自己像"山里的猴子"一样"袖珍"矮小，而且面如"土色"，所以被西方人小看也是理所当然。②

特别是考虑到肤色，身在伦敦的自己仿佛"洗得干干净净的白衬衫上落下的一滴墨汁"。英国绅士作为"白衬衫"的"主人"，看到"堪比墨汁的我像乞丐一样"在街上徘徊，"不会感到平和、愉快"。毫无疑问，夏目漱石留学时产生的孤独感正是人种上的孤独感。

夏目漱石面对盎格鲁－撒克逊人时所产生的人种孤独感在其回国后仍残留在内心深处，因此，在其1908年的连载小说《三四郎》中，三四郎看到滨松站站台上美丽的洋人时简直目不转睛，心想，"洋人长得好看"，"确实有理由趾高气扬"，一旦日本人走进全是洋人的西方社会，肯定会感到自卑。

---

① 夏目漱石『倫敦消息』『明治文学全集 55　夏目漱石集』、250 頁。数年以后，夏目漱石对《伦敦消息》中关于人种自卑感的部分进行了修改，声称："如此这般，那时我不觉得黄色人不是个好名称。"对此，平川祐弘指出："这种人种感情是多么的敏感脆弱。"另外，此处描述的自卑感不仅是人种上的自卑，而且"在其背后还有文化上的隔绝感"。平川祐弘『夏目漱石——非西洋の苦闘』講談社、1991、24 頁。
② 夏目漱石『断片』『明治文学全集 55　夏目漱石集』、355 頁。

另外，日本人却很"可怜"，"脸长成这样，身体还这么弱，虽说日俄战争赢了，日本成了一等强国，可还是不行啊！"尽管日本已成为所谓的"一等强国"，可是看看日本人的身体，现实中的不匹配简直一目了然。这段话其实是在讲述日本人的日本认识与现实之间的落差。夏目漱石从容貌、体格等外观的落差中看到了日本人的日本认识与现实之间的落差，并且仿佛为了掩埋这个落差，他越发觉得身为黄种人的自己很丑。①

神经衰弱与人种意识

按理说，夏目漱石在国外留学应该光鲜无比，为何他却留下了很多不好的回忆，甚至以自己为丑？

日俄战争以后，日本崛起为"一等强国"，确实显得耀眼夺目。

即使从人种的观点来看，日本取得日俄战争的胜利已成为历史事实。尽管是经由议和取得胜利，日本人作为黄种人战胜俄国这一事实已足以颠覆已有的人种序列概念。从这点来看，日俄战争以后，日本作为唯一的非西方"一等强国"在西方列强支配的国际政治舞台崭露头角，可以说与夏目漱石一样，实现了"最高级别的出人头地"。

然而事实上，如夏目漱石所述，欠下巨款用以填补日俄战争军事费用的日本面临财政疲弊的现状——没有一个国家"像日本这样筹借巨款，穷得直哆嗦"，尽管如此，日本仍"试图跻身

---

① 夏目漱石『三四郎』、22 頁。

一等强国之列",就像一只想要和"牛"比赛的"青蛙"一样勉力支撑,甚至连"肚子都裂开了",此情此景委实"可悲"。

这并不仅仅是国力的问题。正如夏目漱石从他与盎格鲁－撒克逊人的身体差距中感受到自卑一般,日俄战争后的日本所面对的局面是,它将作为唯一的非西方国家,即唯一的"有色人种"国家,加入西方列强支配的国际政治。其"可悲"之处与其人种上的孤独感紧紧地重合在一起。

夏目漱石指出,既然受到"西方的压迫",日本变得"神经衰弱"也是理所当然,"不幸的是,精神之疲惫往往与身体之衰弱相伴",因此,明治以后的日本人身心都在逐步"衰弱"。不管从哪个角度都能看出,无论如何也比不过西方人的心态可以说是铸成了夏目漱石的人种意识。[1]

众所周知,夏目漱石自己就曾"神经衰弱"。1900 年,夏目漱石接到出国的命令。此时他已 33 岁,人到"中年"却要抛下妻子独自赶赴英国,自然有些不情愿。并且他的妻子在日本过得颇为拮据,既要养孩子,又要应付妊娠反应。因此,夏目漱石到达英国后,久未收到妻子的音信,渐渐发展为神经衰弱。与之相比,二十多岁的单身汉森鸥外完全是出于自己的意志前往德国,其留学动机和精神状况自然与夏目漱石不同。

夏目漱石的外孙女半藤末利子曾有机会从母亲笔子那里听到

---

① 夏目漱石『それから』『漱石全集』第 6 巻、岩波書店、1994、101 – 102 頁。

对夏目漱石的回忆。这段过去"实在太过惨淡"，特别是在夏目漱石"得了神经衰弱这种疾病以后"，"回国时的漱石与出发前判若两人"，"生活变得杀气腾腾"。夏目漱石的家暴行为相当可怕，"笔子自己也经常挨揍，她还时常看到披散着头发的镜子眼睛哭得红肿，从书房跑出来，疑似被扯住大半头发来回拖拽过"。① 夏目漱石从英国回来后性情大变，导致全家都过着悲惨的日子。从这点可以看出，漱石的"神经衰弱"相当严重。考虑到他的精神状况，我们不能将他关于人种美丑的言论视为普遍的观点。

更何况我们难以客观判断神经衰弱与漱石的人种孤独感有多大的关联。不过，漱石对肤色的相关描述是如此惟妙惟肖，考虑到人种认识是他去英国前后明显发生变化的认识之一，我们不可能完全否认神经衰弱与人种孤独感的关联性。事实上，不仅是夏目漱石，当时赴外国留学的日本精英阶层中有许多人都曾体会到人种孤独感。

并且，特别是在夏目漱石的时代，充斥着关于日本自我认知的不安，这与当时日本作为"一等强国"逐渐形成人种上的自我认知有着密切的关系。也就是说，这与近代日本作为非西方"一等强国"所面临的人种上的不安相互呼应。

尽管日本正在逐步构筑与西方列强对等的地位，但是西方与日本之间存在一条人种界线。这既是日本与西洋的人种异质性，也是日本与东洋的人种同质性。两者虽然意思相同，

---

① 夏目鏡子述、松岡讓筆錄『漱石の思い出』、459－460頁。

但是对于明治时代以来一直把修改不平等条约视为国家方针的日本来说，获得西方"文明国"的承认才是应该瞄准的终点。既然要成为与西方对等的"文明国"并获得西方的承认，那么，人种异质性这个与西洋之间宿命般的差异，以及与本该脱离的东洋之间的人种同质性，都成为"根本上不合时宜的问题"。

日俄战争后的日本作为非西方"一等强国"，应该如何解释、克服它与西方之间的人种差异？又该如何看待迎面而来的人种问题？这些都成为它需要应对的课题。换言之，日本应形成怎样的人种自我认知，才能在与西洋的人种异质性，以及与东洋的人种同质性之间的夹缝中，使摇摆不定的人种自我认知稳定下来？在日俄战争以后，乃至1911年条约改正开启的1910年代，日本迎来了一个需要不断摸索的时代。[1]

那么，在日本经由日俄战争成为"一等强国"前后，以夏目漱石为代表的留学精英阶层是如何从各种各样的身体差异中看待人种上的差异？此外，同一时期，排日问题也浮出水面，他们又是如何解释日本人与其他"东洋人"之间的人种同质性，并形成人种上的自我认知？

以日俄战争为契机，不只是夏目漱石，还有许多精英阶层都

---

① 眞嶋亜有「身体の＜西洋化＞を巡る情念の系譜——明治・大正期日本における＜一等国＞としての身体美の追求とその挫折」武藤浩史・樺沼範久編『運動＋（反）成長　身体医文化論Ⅱ』慶應義塾大学出版会、2003；眞嶋亜有「華麗なる＜有色人種＞という現実——明治期日本人エリートの洋装にみる洋行経験の光と影」伊藤守編『文化の実践、文化の研究』せりか書房、2004。

产生了一种倾向，即不喜欢日本人的身高、体格、容貌、肤色。此后，该倾向长期存在于精英阶层中，一直令人担忧。从这点来看，不知是幸运还是不幸，夏目漱石可谓直面日本人人种自卑感的代表性存在。

日俄战争以后前往西洋的日本精英阶层如何看待人种差异？他们是如何谈及身高、体格、容貌、肤色等身体的差异的？本章主要考察这两个问题。

并且，这一时期开始出现排日问题。在此社会背景下，又该如何看待排日问题、人种异质性、人种同质性？对于三者之间的相互关联性，本章也将进行考察。

二 讨厌自己的长相

虽然身高和体格无法证明能力的优劣，但它们都是肉眼可见的存在。19世纪下半叶以来，西方讽刺画中典型的日本人必然是个子矮小的瘦男人，可以说，它暗示了西方人眼中日本男性的典型形象。[1]

同样，有出国经验的日本精英阶层也认为身高、体格等身体差异是揭示人种差异的特征之一。那么当时日本男性的平均身高到底与西方人有多大的差距？

徘徊在伦敦街头的夏目漱石把自己称为"一寸法师"，他身高

---

[1] 飯倉章『黄禍論と日本人』中公新書、2013、19-33頁。

157 厘米，达到了当时日本成年男性的平均身高，并非特别矮小。[1]

另外，当时英国男性的平均身高为 167 厘米（美国男性为 171 厘米），与日本男性的平均身高有大约 10 厘米之差。[2]

另外，当时英美女性的平均身高约为 160 厘米，还有不少女性身高 170 厘米。吉野作造从 1910 年起在德国海德堡留学三年。他曾记录，德国女性的平均身高和自己差不多，而他自己身高是 165 厘米。也就是说，至少在当时，日本多数男性比西方女性还矮小。[3]

即使是在日本被称为“巨人”的剧作家中村吉藏，他在加利福尼亚时“似乎非常羡慕路人的高大体格”，当他看到欧美不少男女比自己高许多时，难掩惊讶之色。[4]

由于与西方男性的身高差距太过明显，当森次太郎这个在日本也算小个子的男人在纽约郊外看到“小人国”的展示棚时，不禁感到不安，担心“别人把自己当成小人国的一员”。[5] 一次，一位美国中年女性觉得森次太郎的脸既不像中国人，又不像日本人，问他到底是哪国人。森次太郎快活地说：“我是从天而降的人呀!”结果对方回应道，难怪“我没见过像您这

①　巌谷小波『新洋行土産』上巻、博文館、1910、288 – 289 頁。
②　Carl Mosk, *Making Health Work: human growth in modern Japan.* Berkeley: University of California Press, 1996, p. 19.
③　杉村廣太郎『大英遊記』有楽社、1908、181 頁；尾崎護『吉野作造と中国』中央公論新社、2008、32 頁。
④　中村吉蔵『欧米印象記』春秋社、1910、28 頁。
⑤　森次太郎『欧米書生旅行』博文館、1906、88 頁。

样小的人"。[1]

在日本，停车场的乘车位置都会摆放梯凳，可是由于西方男女身高大部分超过160厘米，西方没有摆放这种梯凳。于是，出国在外的日本人"每逢停车都要把梯凳摆在车门附近，这种不便唯有腿短的日本人知道，高大的国民才不会觉得不方便"。并且在日本，他们根本想象不到会在国外受这种罪。[2]

日本男性与西方男性存在较大的身高差异，也会受到西方女性的轻视。而且，日常生活的方方面面也会让他们深刻感受到个矮的不便。夏目漱石在伦敦之所以觉得自己仿佛变成了"一寸法师"，并非出自职业作家的夸张描述，而是直白地表达了他的亲身感受。

男性从本能上不喜欢被别人小看，毕竟身高差距是事关自尊心的问题。就连日本人之间也会互相比较身高，当150厘米高的儿玉源太郎和约163厘米高的后藤新平合影时，儿玉源太郎专门搬了个箱子站在上面，以便掩饰身高的差距。[3]

警视总监三岛通庸身高大约为150厘米，德富苏峰曾言："三岛通庸以五尺之身铸就政府之长城。"三岛通庸的儿子弥太郎同样身材矮小。早年，三岛通庸想送儿子出国留学，考虑到美国学校"有人歧视体形差"的日本人，他特意和纽约总领事高桥新吉商谈，拜托高桥把儿子推荐到高桥的母校西费城中学，以

---

① 森次太郎『欧米書生旅行』、134 頁。

② 朝日新聞記者編『欧米遊覧記』大阪朝日新聞、1910、92 頁。

③ 北岡伸一『後藤新平：外交とヴィジョン』中央公論社、1988、59 - 60 頁。

避免遭到歧视。

弥太郎或多或少遗传了父亲的心病。在他十几岁正长个的时候，"个子矮小"已在他的心田播下了烦恼的种子。后来去马萨诸塞农科大学读书时，校园里的自己仿佛"小人岛的小人"，与美国人站在一起"就像小孩和爸爸一样"，因此，他感到颇为自卑。一天晚上，他想在寄宿家庭点亮煤气灯，然而"可悲的是"他的手够不到煤气灯。这时，寄宿家庭的姐姐过来了，"她轻松地把灯点亮"，开玩笑说"你再长高一点吧"，弥太郎的脸顿时变得通红。①

如本书第一章所述，在同一时期同一地区留学的内村鉴三（178 厘米）在日本国内常因"不像日本人"的风采得到众人的赞叹。由此也可看出，那个年代，身材高大的日本人确实非常稀少。众多日本精英在西方游历或留学时，都痛感自己身材矮小，并持续感受到来自西方人外观的压迫感。

日本乃安居之地

反过来讲，对身材矮小的西方人来说，日本可以使他们从外观的压迫感中解放出来。明治时期，当来访的外国人看到日本住宅就像"玩偶之家"一样小巧，并且所有东西都很小巧时，不由得大吃一惊。英国作家约瑟夫·吉卜林（Joseph Kipling）常因个矮而自卑，当他携妻子访日时，内心一片安宁，不用再为身高

---

① 三島義温編『三島弥太郎の手紙』学生社、1994、48、121 – 122、153 頁。

差距烦心。他在文中写道：

> 小个子到了日本就会感到安心。因为不会再被别人从高
> 处俯视，也不用仰着头看女人，这才是男人看女人最正确、
> 最合适的姿势。①

在吉卜林的日本见闻记里，常能看到他描述警察、旅馆老
板、人力车雇主及街上的日本人是如何矮小。可以说，正因为他
为自己的身高而自卑，才不厌其烦地描述这些场景。

此外，德国医生埃尔温·贝尔兹长年住在日本，妻子是日本
人。他每次来日本都感慨日本男女的矮小。② 或许是因为贝尔兹
具备人类学素养的缘故，他会在所到之处观察人们的容貌及其他
身体特征，并做相关记录。关于自己的容貌、体格，他写道，
"身形不怎么风雅而且微胖，面部轮廓有欠端正，五官也不够精
雕细琢"，"会有女人愿意让我这种人做她的丈夫吗？至少从肉
体来看，我确实缺乏这方面的魅力。或许世上还有更丑的男人，
可是，连我都不喜欢自己平淡的长相、矮胖的身材。如果我是女
人，恐怕会选别的男人"。③ 担心自身容貌会影响到结婚的贝尔

---

① ラドヤード・キプリング著、加納孝代訳『キプリングの日本発見』中
　央公論新社、2002、73-74 頁。

② 引自1901年9月3日的贝尔兹日记。トク・ベルツ編、エルヴィン・ベ
　ルツ著、菅沼龍太郎訳『ベルツの日記』第一部下、岩波文庫、1952、
　41 頁。

③ 若林操子監修、池上弘子訳『ベルツ日本再訪　草津・ビーティヒハイ
　ム遺稿／日記篇』東海大学出版会、2000、683 頁。

兹选择与日本女性结婚，二者不可能毫无关系。

同样，法国讽刺漫画家毕戈（Georges Ferdinand Bigot）曾和一个比他小 17 岁的日本女性结婚，并打算在日本永住，结果是很快就离婚回国。他的身高为 160 厘米，与日本人的平均身高差不多。[1] 与盎格鲁－撒克逊人及北欧人相比，法国人的平均身高并不算高，尽管如此，也远远高于日本人的平均身高，毕戈在法国人当中可以算是矮个。[2]

拉夫卡迪奥·赫恩（Lafcadio Hearn，日文姓名是小泉八云）非常喜欢日本，40 岁时与日本女性再婚，甚至归化为日本人。很多人认为他的动机之一与其身体特征有关。

赫恩身高约为 154 厘米，习惯"驼着背轻盈地走路"，父亲是爱尔兰人，母亲是希腊人，而他自己的肤色则是浅黑色。他的左眼几乎丧失了视力，右眼"鼓起，并且近视得非常厉害"。[3]

赫恩没有留下从正面拍摄的照片。照片里的他或是眼睛朝下，好像闭了起来，或是留给摄影师一个侧面。即使是和妻子、家人的照片也一贯如此。摄影师乃至身边人给他拍照时，会顾及他的身体特征。因此在他和妻子的合影中，妻子是坐着的，而他则直立一旁，尽可能不使人们注意到他的矮小。

吉卜林和赫恩因为身材矮小，常常在西方社会生出一种孤独感。对他们而言，日本有许多比他们还矮小的人，真是一块

---

① 清水勲『ビゴーが見た明治ニッポン』講談社、2006、20 頁。

② Mosk, *Making Health Work*, p. 19.

③ 山本夏彦「日本文壇史」『ダメの人』中央公論社、1994、93 頁。

"安居之地"。①

特别需要注意的是，吉卜林出生于英国统治下的印度孟买，赫恩出生于英国占领的莱夫卡斯岛。他们都是在英国社会价值体系的影响下成长，体格问题可能牵扯到不少社会压力。

因为在英国这个尊重体育精神的阶级社会，体格与阶级相互关联，矮小瘦弱的人不可能成为英军的士官。英军中的士官、下士官、士兵之间存在堪称"体格隔绝"的"决定性差异"。会田雄次（175厘米、64千克）在二战后当过英军俘虏。据他说，英军中的下士官和士兵很少有人比自己高，大多身材矮小，体格"健壮者"不多，所有人都很"瘦弱"。与之相比，士官都是182厘米以上的"壮汉"，"几乎所有人都虎背熊腰，远远胜过我们"，再没有比和他们接触时更加痛感"日本人体格弱小"的时候。会田雄次在日本人当中算是高个，可是在英国士官面前，连他都觉得自己不过是个"细高个"。不仅如此，高大的英国士官举手投足之间"自信满满"，即使翻阅低俗杂志，他们的姿势也显得分外威严。

会田雄次指出，英军成员的体格与其阶级相符，只有学历但是矮小瘦弱的"白面书生"等不可能身居社会上层。②

总而言之，既然身高体格与自己的社会地位息息相关，那么

---

① 山本夏彦「日本文壇史」、94頁。此外，赫恩在东京帝国大学担任外教时得到的报酬是该大学日本教授的两倍，获得了日本社会的礼遇。尽管如此，他却让长子到美国东部接受教育，由此可以看出他对日本教育的评价。伊藤整『日本文壇史』第7卷、24頁。

② 会田雄次『アーロン収容所』中央公論社、1973、110－113頁。

吉卜林、赫恩等人的身体自卑感不可能与英国社会的价值体系毫无关联。因为他们的自卑心理牵扯到许多社会压力，在男女都比较矮小的日本，他们可能都自然而然地感到亲近和安心。①

相形见绌

矮小并不意味着"劣势地位"，可是，当日本精英阶层萌生"一等强国"意识和人种意识时，他们开始为身高差距感到不安。

也就是说，尽管日本在日俄战争中取得了胜利并上升为"一等强国"，然而看着自己矮小"瘦弱"的体格，他们很难宣称自己与西方列强处于对等的地位。② 虽然他们很想拥有"一等强国"意识，却感到不安，因为自己的外貌似乎与"一等强国"不相匹配。

如果在日本国内，他们无须直视身体上的差距，可是出国在外，他们却难以规避这一现实。

1908 年，东京、大阪的两家朝日新闻社联合举办"环游世界一周"的活动。野村美智③（当时 32 岁）是参加者之一。他们乘坐的汽船蒙古号从横滨出发，船上既有西方人，也有日

---

① 东京帝国大学英文科的外国教员大多是天主教徒，可是赫恩不信奉基督教，故而难以融入其中。不仅如此，他还受到德国教师拉斐尔·冯·科伯（Raphael von Koeber）宗教层面的排斥，因此认定基督教的"强迫观念"格外强烈。伊藤整『日本文坛史』第 7 卷、24 頁。由此可以推测，宗教上的孤独感与赫恩的亲日倾向不无关系。

② 石橋湛山「国民の体格と姿勢」『石橋湛山全集』第 1 卷、東洋経済新報社、1971、426 頁。

③ 日文名是"野村みち"。——译者注

本人，二者的体格差距尤其刺眼。"我以往从未关注日本人的体格，可是在与外国人打交道的过程中，日本人就显得相形见绌，这种场景实在令人唏嘘。"这位日本女人出国后突然发现，原来日本男人的体格是如此"相形见绌"，她不禁感到非常忧虑。

并且，船上的西方男人还问她"是否知道日本人为何身体发育得不好"。野村用日常听到的一种解释回答道，因为"日本人从小的起居坐卧习惯对腿脚发育有害"①。也是在这一时期，关于日本人体格的问题意识渗透到日本国内的社会认识当中。时任东京市市长尾崎行雄同样认为，席地而坐的生活习惯是日本人长不高的重要原因，"为了人种改良，为了国民竞争，应改掉席地而坐之弊病"。

在日本国内，人们最多从知识、信息、问题意识等层面看待体格改良的必要性，然而出国以后，该"弊病"开始作为现实问题持续不断地出现在他们面前。②

1904 年，塚原政次以文部省留学生的身份去德国、美国留学，开展为期四年的心理学研究。后来他在《新公论》上发表归国杂感《日本人的短身躯和脸色》，文章内容紧扣题目，开篇就说，"日本人的身体真的很小"，接着力陈"日本人的短身躯和脸色"非常容易成为洋人的鄙视对象，而且也是日本人自卑的主要原因，具体内容如下。

---

① 野村みち『世界一周日記』（非売品）1908、7-9 頁。
② 尾崎行雄「現代風俗些談」『新公論』第 6 巻第 9 号、1905 年 9 月、8 頁。

大家都知道日本人基本上都是小个子。由于去欧美的日本人"长得太小","完全无法相比",西方人对日本人说话时总是低着头,日本人则不得不抬着头讲话。

因为这个缘故,日本人面对西方人总有一种"被压制的感觉"。就连和当地大学一年级学生交谈的时候,由于对方人高马大,纵使己方更有学问知识,对方也"不禁表现出轻蔑的态度",结果,日本人不但从物理上被小看,精神上也仿佛被鄙视了。人在海外,"可能是出于妒忌心理",总会不由自主地注意到"身体特别小"这一现实。①

既然日本人都是小个子,那么日本就有可能给人以国力较弱的印象。毫无疑问,它反映了日本人对祖国认知上的不安,作为非西方新兴国的国民,他们的不安仿佛与人种上的不安相互呼应,并通过身体这一媒介浮出水面。②

特别是常与欧美高官打交道的日本外交官,因为他们常常置身于镁光灯下,他们的体格就成为背负日本国威的可视媒介,备受众人瞩目。

小村寿太郎身高156厘米,在日本国内被称为"老鼠公使"。1898年,在他作为驻美公使赴美之际,西乡从道对他说:"小村先生,你的身体较小。要是混在人高马大的外国人之间,

---

① 塚原政次「日本人の短軀と顔色」『新公論』第 6 巻第 9 号、1905 年 9 月、23 頁。

② 1905 年的《新公论》甚至刊载了欧美诸国首相的身高差距。国力与国家地位、身体特征的相互关系已成为人们的关注对象。「時代人物と身長」『新公論』第 5 巻第 6 号、1905 年 6 月、22 頁。

可能会被当成小孩。"小村答道："日本虽小，但很强大。"① 可是，在日俄战争后的朴次茅斯谈判上，小村寿太郎担任全权代表。据小村的秘书官本多熊太郎回忆，当身高156厘米的小村寿太郎与身高182厘米以上的俄国全权代表维特出现在谈判会议上时，那种"对比"受到万人关注。公职人员的身高差距仿佛将国力差距以可视化的方式呈现出来，因此其寓意远远超出身高的范畴。②

1911年，日本成功修改了幕府末年与欧美各国缔结的不平等条约，当时的外务大臣就是小村寿太郎，其丰功伟绩对近代日本来说意义重大，可知能力与身高自然是毫无关系。然而，获取与西方对等的地位一直以来都是日本的国家方针，对公职人员身高的关注可能反映了日本精英阶层的集体意识。

另外，埴原正直在华盛顿的驻期较长，并且擅长外语。1922年12月，年仅46岁的他担任驻美大使。他的个子也比较矮，在美国被人称为"little honey"（小宝贝）。

埴原正直在高等小学校读书时也是班里个子最矮的学生。同年级同学回忆他时，也是先想起他的小个子和优秀。于是，与美国人相比，二者的身高差距就更大了。有一次，时任书记官的埴原正直应邀参加纽约的一场晚宴。晚宴上，他被塔夫脱总统（William Howard Taft）叫作"honey"（宝贝），二人一同走入会场时，塔夫脱笑着对等候采访的媒体说，我们两人简直是美日国

---

① 黒木勇吉『小村寿太郎』講談社、1968、197頁。
② 本多熊太郎『魂の外交』千倉書房、1938、191－192頁。

土面积的象征，该言论被《纽约时报》刊载。

不论公职人员本人是否在意，他们的身高确实受到了周围人的关注。正如塔夫脱所言，代表日本的驻美大使身材矮小，而日本的国土面积也就和加利福尼亚州差不多大，这种对比确实具有象征意味。1924 年，美国制定排日移民法，以此为契机，埴原正直奉命回国。回国前，布朗大学授予埴原正直名誉博士学位。仪式上，埴原身穿黑色上等羊毛长袍发表演说，这件长袍是美国人的服装式样，为了适应埴原的身高，专门把布料"折到背上"①。

自惭形秽

1916 年，充子遵从父亲饭田义一的意见，与埴原正直结婚。六年后，充子作为大使夫人随行，由于父亲病情恶化，她在华盛顿仅仅停留了不到一年的时间。一次，充子应邀参加晚宴。这场晚宴要求女性身穿低胸连衣裙，颜色最好为白色。充子晚年时曾向孙女讲述当时的情形，她笑着说："因为我的皮肤是黄色，就做了件黄色的裙子。那时的我穿着那身裙子真丑啊。"②

---

① "Mr. Hanihara, Envoy of Japan, 58, Dead," *The New York Times*, December 20, 1934；チャオ埴原三鈴ほか『「排日移民法」と闘った外交官』藤原書店、2011、120、390 頁。

② チャオ埴原三鈴ほか『「排日移民法」と闘った外交官』、203 頁。另外，由于埴原夫妇没有孩子，妹妹也是终身未婚无子女，最终，弟弟弓次郎的三个儿子——义郎、卓子、和郎继承了埴原本家的家业。文中是义郎的女儿。チャオ埴原三鈴ほか『「排日移民法」と闘った外交官』、387 頁。

当时的充子不仅认识到自己的"肤色是黄色"，与周围的盎格鲁－撒克逊人不同，而且觉得自己的肤色很丑。

充子不怎么习惯西方的文化。她在日本甚至没穿过高跟鞋，当她确定自己即将访美后，连忙让女佣扶着自己的双臂，在院子里练习穿高跟鞋走路。她之所以觉得自己丑，其中一个因素在于，作为一名非西方人突然要把自己的外观"西化"，这种行为让她感到痛苦与困惑，而这所有的一切又都归结为对人种的不安。毕竟，日本很晚才加入由西方人支配的外交世界，众多日本男女都非常希望自己被西方接纳，于是，人种的不安或多或少成为他们共同的情绪。

事实上，日俄战争后已经有人提出，日本外交官应对外貌加以重视。特别是外交官夫人，不但外语不好，而且长相也拿不出手，显得比较瘦弱。让这种女人与外交官随行，外交官恐怕会有"自惭形秽"之感。然而，日本男性以日本女性为丑的心态不过是反映了日本男性的不安，他们其实是对自己的外貌不满意。① 此外，正如野村美智对日本男性抱有同样的印象那般，出国在外的日本精英阶层，无论是男性还是女性，都不喜欢

① 「外交官の夫人として日本夫人の短所」『新公論』第 13 卷第 2 号、1908年 2 月、15 頁。1922 年，外交官石射猪太郎外驻墨西哥，对于当时的公使夫妇，他评价道："古谷公使毕业于美国芝加哥大学，不仅英语娴熟，而且也是法语之大家。他思维缜密、经验丰富，是一位成熟的外交官。美中不足的是，他的身体不够健康。此外，公使夫人作为一名外交官夫人才貌双全，纵使与欧美人为伍也毫不逊色。"由此可见，并非所有的日本外交官都比他国外交官"逊色"。不过，文中专门描述这对外交官夫妇的优秀，可知出色的外交官终归还是少数。石射猪太郎『外交官の一生』中央公論社、1986、121 頁。

异性同胞的长相。[①]

总而言之，日本人在西方人面前的自惭形秽正是人种上的不安。他们无法改变身高、体格等身体特征，面对大块头的人类会产生一种"被压制的感觉"，这种生理感觉可以说是动物的本能。[②] 毕竟，这也属于视觉的范畴，不以语言为媒介。

没有出国经历的石桥湛山曾公开表示，自己面对西方从未感到自卑。尽管如此，他也无法否认体格上的自卑感，其言论如下：

> 日本人面对外国人时，仪态不佳会使其产生贫弱之国国民的心态，不仅会招致外国人的侮辱，自己也会有自惭形秽之感。

瘦小的日本人看起来很"贫弱"，所以不仅会被西方人

---

① 矢野勝司「在米日本婦人の姿勢」『新公論』第 6 卷第 9 号、1905 年 9 月、18－19 頁。另外，石射猪太郎曾在天津任领事。1920 年前后，他的后任龟井"美貌与艳名"兼备，曾被誉为"西有雪洲，东有龟井"。龟井驻在华盛顿时，一次在币原喜重郎夫妇举办的晚宴上，美国的女士对龟井的美貌赞不绝口，"她们的表情写满了对日本竟有如此美男子的震惊"，纷纷打听"那位美男子到底是谁"。石射猪太郎『外交官の一生』78、91 頁。文中，石射猪太郎没写龟井的全名，由此可见，在日本外交官及旅居外国的日本男性当中，鲜有龟井这样的美男子。

② 夏目漱石「思ひ出す事など」1911 年 4 月、『現代日本文学大系 17　夏目漱石集 1』筑摩書房、1968、339 頁。夏目漱石在伦敦街头看到来来往往的英国人都比自己高大，产生了强烈的孤独感。有一回，在日本御殿场等车时，他看到旁边一位"腰围粗到不知几尺的高大洋人"在写明信片，"好奇心简直难以遏制"。由此可见，人高马大的西方人常常令他瞠目。

"侮辱"，就连日本人自己也会觉得自惭形秽。虽然体格不能决定一切，1912 年（明治四十五年）的石桥湛山仍然为日本国民的体格和仪态感到忧心，认为改良体格和仪态是一个重要事项，他指出，"这种自惭形秽心理与国民之元气关系重大"。因为在他看来，体格和外貌对人们的心理具有相当大的影响力。①

石桥身高 160～162 厘米，体重 75～80 千克。② 然而，正如日本在日俄战争中获胜后日本人"自信"绝不"劣于白人"那般，石桥开始"盼望在体格仪态上堂堂正正胜过对方，一扫黄白人种之间的所有鸿沟"。③ 即使是面对西方毫不自卑的石桥湛山，也不得不承认体格差距这个显而易见的人种劣势。

总而言之，近代日本精英阶层从身高、体格等可见的差异着眼，认识到人种的差异。在此过程中产生的身体上的自卑感演变成人种上的自卑感，进而形成精英阶层的人种意识。并且，这种自卑感同时是日本产生"一等强国"自我认知后随之而生的不安。

---

① 石橋湛山「国民の体格と姿勢」『石橋湛山全集』第 1 卷、426 頁。
② 石橋湛山的身高和体重信息没有留下明确的记录，主要根据石橋湛山孙子（石橋湛山纪念财团理事长）的回忆。并且，根据石橋湛山纪念财团提供的信息，"很多人觉得石橋湛山虽然身体不怎么高大，却给人以高大的印象"。财团への問い合わせに対する回答：2012 年 12 月。确实，小坂善太郎曾用"健壮的身躯"来形容石橋湛山的体格。在他的记忆里，石橋湛山伟岸的身姿在战败后"为阴郁的国民感情注入了一线光明"。小坂善太郎「信念の人」『石橋湛山全集』月報 2（『石橋湛山全集』第 14 卷、1970）1 頁。
③ 石橋湛山「国民の体格と姿勢」、426 頁。

"猴子脸"

近代日本精英阶层不仅觉得自己的身高、体格与"一等强国"不般配，而且对自己的容貌也不满意。日俄战争胜利后大约过了三年，即夏目漱石发表《三四郎》的1908年，诗人、评论家大町桂月以《很遗憾日本人面貌粗陋》为题发表文章，并感慨如下：

> 日俄战争以后，虽然日本已成为"世界一等"强国，可是"唯有面貌""甚为粗陋"，"到底"不能与"白皙人种"相提并论。男女外貌皆无威严，日本男性多是"怪模怪样的脸"，日本女性中"虽有胖脸美人，却没有女神级别的美人"。本来日本人"整体脸型就不好看"，而且"有一个特别严重的缺点"，就是"基本没什么表情"，缺乏表情的脸蛋实在令人叹息，"哎，日本人的脸就是猴子脸"。①

确实，法国讽刺漫画家毕戈笔下的日本人不仅长着一张门牙前突的"猴子脸"，而且眼睛细小、鼻孔外翻，他正踩着一双脚跟悬空的木屐，弯腰驼背，想要加入西方列强（图2-1）。与夏目漱石的印象相同，在大町桂月看来，日本人的脸与"一等强国"极不相称，"反而近似于猴子脸"。

---

① 大町桂月「日本人の面は残念ながらお粗末なり」『新公論』第23卷第2号、1908年2月、21-22頁。

— Tiens voilà Monsieur Sodeska !! Que désirez vous Monsieur Sodeska ???...........
— Je désire faire partie de votre Club , dozo ô négaimasse ....

图2-1 毕戈《列强俱乐部》(1897)

另外，"西方人的脸非常生动，令人赏心悦目"。如果把动物有无表情视为衡量优劣的尺度，那么，与"表情最丰富的"西方人相比，面无表情的日本人就逊色多了，仿佛在揭示人类与猿猴的差距。①

考虑到日俄战争后的经济情况，虽说阴郁的容貌反映的是社会现象，不过在这一时期，日本人厌恶自己长相的倾向尤其显著。不管怎样，"日本人当中"很多人"一脸苦相"，坐电车时"常能目睹到许多忧郁的面孔"。②

---

① 大町桂月『家庭と学生』日高有倫堂、1905、161 頁。

② 白露生「日本人には消極的な顔面多し」『新公論』第10 卷第1 号、1907 年1 月、13 頁。转引自『実業之日本』第9 卷第20 号。

新渡户稻造也指出，尽管崇尚"面无表情"是日本的审美倾向，然而在日本美术作品中，"男性美的典范"是"长鼻小眼、眼角困倦地下垂、嘴巴窄小、缺乏决断力"，日本女性也"恰如人偶一般，缺乏生气"，日本人的肖像"就像没有注入感情的画作一样欠缺生命力"。①

　　一方面，日本人"面无表情"、一脸"阴郁"；另一方面，美国人的面孔却非常"明快"。这种鲜明的对比就是该时期日本访美人士的普遍认知。

　　田村直臣也表达过自己的忧虑。在他看来，"美国的美女在世界排名第一第二"，而"日本的美人总是一脸悲苦"，"面容"缺乏"意志"。② 不仅如此，历史学家、思想家、翻译家木村鹰太郎也指出，日本人面部扁平、缺乏表情，这与缺乏"活动"有关，如果没有人生阅历、社会交际、工作经验，一味"安居享乐"，面部表情自然会消失，"变成'缺乏表现力'、没有精神的面孔"。他认为，社交等积极活动常常需要人们做出表情，正是因为日本人缺乏此类活动，他们的面部才如此扁平。③

　　可是，他们无论用何种理由进行解释，都一致认为日本人的容貌比不上西方人。众所皆知，喜怒不形于色原本是"东洋的美德"④。同时，美国人之所以身体语言过剩，是因为美国这个

　　①　新渡戸稲造「日本人は凡べて表情が足りぬ」『随想録』丁未出版社、1907、115 頁。
　　②　田村直臣『米国の婦人』秀英舎、1889、14 – 15 頁。
　　③　木村鷹太郎『真善美』美の巻、文禄堂、1907、94 頁。
　　④　大町桂月『家庭と学生』、261、262 頁。

多元移民国家需要这种文化。

既然身体语言蕴含不同的文化类型，表情也不过是体现了文化的差异。然而，与表情这类文化层面的问题相比，眼、鼻等样貌乃至肤色，即人种的差异才是日本精英阶层自惭形秽、感到优劣之差的决定性因素。

"劣等人种"

安部矶雄 1891 年赴美国哈特福德神学院自费留学，1894 年毕业回国，担任同志社大学、早稻田大学教授。他指出，日本人不是因为"白色、黄色等"人种因素，而是因为"骨骼、姿势、容貌等"身体问题才体格不佳。只要对体格、容貌等进行改善，那么"脸稍微黑点也无所谓"。

特别是日本人的容貌之所以看起来比较粗陋，是因为日本男性的"品味"有问题。他们只喜欢"艺伎风"，"觉得有癔症的妇女才是美人"，导致"我国国民的体格愈发衰弱"。如今那些不够活跃、"脸色苍白"的日本都市妇女"实在是患癔症"的典型，她们既没有"健康"的体魄，也缺乏"生气"，"只有忧郁的情绪"。

另外，欧美女性积极锻炼身体，她们"高大、强壮、红润、快活"。倘若日本女性也锻炼身体，想必"个子会长高、仪态会变好、肌肉变紧致、皮肤有光泽、举止变活泼，脸色也变得红润起来"。

总之，安部矶雄认为，日本人的身体劣势不是由于人种这一先天因素，完全是因为受到品味取向的影响，只要进行"适当运动"等后天的努力，那就只剩下"稍微黑点"这个问题，而且该问题也是能够克服的。不过，安部矶雄并未否定盎格鲁－撒克逊人的人种优越性，他指出，如果盎格鲁－撒克逊女性进一步加强体育锻炼，那么"毫无疑问，她们会成为更加强大的人种"。①

大约同一时期，20 岁出头的二代目伊藤忠兵卫在英国留学了两年。② 伊藤身高大约 180 厘米，体重约为 75 千克，在日本人当中相当高大。他和一位英国女性交往甚密，"本有机会和貌美如花、知书达礼、喜欢运动的良家千金结为夫妇"，可是想到自己的老母亲还在日本，最终痛下决心斩断情丝。后来，伊藤虽然与母亲相中的日本女性结婚，但在晚年时回顾道："我依然认为，无论从知性还是体格上考量，盎格鲁－撒克逊妇女都最为优秀、伟大。"终其一生，他都认为日本人不如盎格鲁－撒克逊人。③

那么，日本人是否真的比英美人差？

1913 年 5 月，大隈重信在《新日本》上刊载《日本民族是优等人种还是劣等人种》一文。他指出，"对比白人种和有色人种的体力，怎么看都觉得我们比较差"，并论述了日本人处于劣势的理由。

---

① 安部磯雄『婦人の理想』北文館、1910、231－233、244、246－247 頁。
② 二代目伊藤忠兵卫是初代伊藤忠兵卫的次子，父亲去世后袭名"伊藤忠兵卫"，成为伊藤忠财阀的第二代家主，为"伊藤忠商事""丸红"等综合商社的发展奠定了基础。二代目伊藤忠兵卫 1909～1910 年留学英国，1911 年结婚。——译者注
③ 『私の履歴書 経済人 1』日本経済新聞社、1980、384 頁。

首先，肤色很差。白人未必都很美丽，但是他们的皮肤普遍比我们有光泽。至于容貌、仪态、举止动作等，日本人也都比不上他们。日本人习惯点头哈腰、无故发笑。看起来真的很谄媚、不够自然。并且在仪态方面，本应站直向前看，却每每低头弯腰。……此外，个子也很矮。虽然日本人当中也有身高六尺或将近七尺的巨人，个别人体重也能达到三四十贯，[①] 但是平均下来怎么也比不上白人。[②]

另外，关于身高，大隈重信特别指出，"尽管同为东洋人，中国北部人种大多是高个，比如北京一带的人们平均身高约为五尺四五寸到五六寸"，与此相比，越往南，人们的个子越矮，"到了日本，个子就非常矮了。因此，日本人的体重肯定也不够重，我们也不得不认定日本人的体力较弱"。再者，大隈重信相信，身高越高、体格越大，人就越优秀。他想起一位医学家"人的脑力与其脑容量和重量成正比例"的观点，悲观地阐述道：

即使观察历史也可以发现，日本人在世界上没有什么伟大的发明。也没出现著名哲学家、宗教家、文学家、艺术家等。他们没有发明什么得到世界认可的重要器械。参照这一

---

① 明治时代，1 尺约为 30.303 厘米，1 贯等于 3.75 千克。——译者注
② 最早出自大隈重信「日本民族は優等人種か劣等人種か」『新日本』第 3 卷第 5 号、1913 年 5 月 1 日。本书转引自《经世论续编》刊载的同主旨评论性文章。大隈重信『経世論続編』富山房、1913。

历史事实，我不禁怀疑，日本人是否真的是比白人种低上一等的民族。那样的话，恐怕没有什么补救之策吧。

日本未曾产生与西方文明相当的成果，大隈重信将其主要原因投射到人种差异上，讨论人种的优劣。也就是说，由于日本乃至东洋未能产生类似西方的文明，大隈重信在面对西方文明时感到自卑，这种自卑感与身体的自卑感重合在一起，表现为人种的自卑感。尤其需要指出的是，大隈重信认为，对"文明"的"消化"才是近代日本的伟业，因此，他不得不把日本这个"文明"的模仿者放到劣于西方的位置上。也正因此，他才忧心忡忡地说，日本人"是否真的是比白人种低上一等的民族"。①

同一时期，《太阳》杂志1913年5月1日号也刊载了大隈重信的长篇论述。他在长达八页的篇幅中讨论了加利福尼亚州排日问题中的人种问题，他同样从身体差异的角度出发，分析了人种差异等诸多问题。

大隈重信认为，"种族偏见中产生的人种问题"是"由白皙人种与其他有色人种之间的优劣决定"。对他而言，肉眼可见的身体上的明显差异仿佛昭告着西方人的优越性，以及与之相对的日本人的劣势。

与白人相比，在外貌方面，"无论长短、大小、轻重，日本人全方位输给对方。而当讨论身体是否健全发育这个问题时，日本人同样处于劣势"。

---

① 大隈重信『経世論続編』、67–68、70頁。

那么，日本人的身体为何如此劣等？

　　总之，遗传和境遇导致日本人普遍发育得不够自然，显得身体很不匀称。至于姿势，也很不好。这是因为被上面的压力所压制，演变成无谓地低头步行，进而引发忧郁、卑屈，更有甚者容易陷入悲观厌世的情绪。……这种病态思想与发育不健全的身体相结合，自然沦为卑屈、劣等的民族。

"境遇"（历史上形成的日本社会构造、气候等）与"遗传"塑造了日本人"发育不健全的身体"，于是日本人"自然沦为卑屈、劣等的民族"。"至于姿势，也很不好"，是因为"上面的压力"这一社会性体质导致大家都低头、"忧郁"、"卑屈"乃至"悲观厌世"。换言之，在大隈重信看来，日本社会的体质和价值观、社会规范等都导致"这种病态思想与发育不健全的身体相结合，自然沦为卑屈、劣等的民族"。①

　　另外，"英美人"经常昂首阔步，他们的身体"发育健全"，因此神色中"总感觉带着威严"，"性格也看起来极为快活"。

　　关于这一点，无论日本人多么"为祖国骄傲"，也没法说出"日本人比英美人优秀"等言论。不过，这"绝不是因为我们原本的资质比他们劣等，而是因为习惯、境遇等在漫长的岁月里把我们变成劣等"。因此，大隈重信指出："日本民族必须抵抗四

---

① 大隈重信「隈伯時感（其一五）」『太陽』1913 年 5 月号（第 19 卷第 6 号）、博文館、51－52、54 頁。

周的压迫，与优等民族持续竞争，锻炼自己，以开拓新的命运。"①

如何通过西化的生活方式、与"英美人"竞争等改良日本人的体格，使日本人摆脱身体的劣势？围绕体格改良这一问题，当时的人们满怀希望地从各个层面进行过观察和讨论。

大隈重信主张的摆脱身体劣势也是相同的产物。可是，大隈重信的身体论里埋藏着一种深切的情绪，虽然他在讨论身体的差异，但其本质是无法改变的人种差异。

身体的差异可以通过一定程度的努力来改变，人种的差异却是人力难以改变的。尽管大隈重信多番主张克服身体的差异，然而正是因为认识到人种这一无法改变的"命运"横亘在前，他才采用"开拓新的命运"这一表述。

"黄色之污名"

结果就是，无论怎样讨论身体的差异，其核心还是人种差异。对于日本精英阶层来说，生为"黄色人种"是一件心理上难以接受的事情。

经济学者、历史学家田口卯吉在《破黄祸论》（1904）中抱怨道，近来，欧美观光客的"日本人种"论总是给"大和民族"的"男子蒙上黄色之污名"。

虽然只有日本男子被冠以"黄色人种"的"污名"，但是，"我们日本男子的脸绝不是黄色"。日本男子的脸看起来像"黄

---

① 大隈重信「隈伯時感（其一五）」、54頁。

色"，只是"因为不怎么打扮"，毕竟武士道把外在的修饰视为"耻辱"。

日本男子的"面部肤色之所以不美"，不过是因为在"修饰"打扮上存在文化差异。只要好好"修饰"，在美国虽然比不过"上等人种盎格鲁－撒克逊人"，可是比起"葡萄牙人、西班牙人等""相对下等"的"拉丁人种"，肯定更能"博得妇人的喜爱"。①

此处的"修饰"是指服装等外在的打扮，后文还将围绕修饰论展开分析。如后文所述，这种"修饰"必然意味着外在的西化。

确实，当时的拉丁裔民族身材矮小、头发为黑色、肤色为浅黑色，有些人的长相和日本人颇为相似，日本人不会从他们身上感受到压迫感。② 与意大利人相比，西班牙人的"体格更差"，而且"袖珍"。③ 所以只要加以"修饰"，很有可能"把大和民族的容貌体格变得秀丽"。关于"提高大和民族品味的一两个方法"，田口卯吉进行了如下阐述。

第一，在欧美要人频繁访日的今天，日本人却懒于"修饰"自己，这是损坏"国民品味"的最大原因。"不修边幅"地走在繁华大街等行为是"对国民的侮辱"。作为"大日本帝国"的国民，日本人无论男女都应戴上帽子，这样不仅能"使面部肤色

---

① 田口卯吉『破黄祸論』経済雑誌社、1904、31－32、53頁。
② 田辺英次郎『世界一周記』梁江堂、1910、61－62頁；大橋新太郎『欧米小観』博文館、1901、46－47頁。
③ 塚田公太『外遊漫想 よしの髓』一橋出版社、1930、122頁。

变白许多", 而且能"提升品位"。

第二, 改良"肤色光泽"。田口卯吉认为, 外貌的"秀丽"可以有效推翻"黄色之污名", 倘若日本国民"都是秀丽男女", "肯定会得到世界的尊崇"。但如果"尽是像丧家犬一样的人", "自然"会招致"外国的侮辱"。

田口卯吉的论述听起来有些支离破碎, 但他并不是想告诉我们, 只要戴上帽子、把外貌变"秀丽"就能抹去"黄色人种"的特征。[①]

对于伴随"黄色人种"的种族偏见, 田口卯吉颇为不满。在他看来, 此类种族偏见其实源自美丑观念。其论述主旨并未与其他精英阶层的论调拉开距离。比如, 1905 年田口卯吉在史学会的演讲中对"黄色之污名"进行了如下总结:

> 因为相信了那些没文化的旅行者的游记, 世界上的学者给日本人种安上了诸如黄色人种等差评, 但是, 我们日本人不必承认自己是黄色人种。既然日本人种已经展示了自己的实力, 就不用担心世界的轻侮, 他们现在都说黄色人种很厉害。因此, 遇到那种场合, 我认为可以底气十足地告诉对方, 我们其实是某个地位高贵人士的私生子。世上貌丑之人本来就很多。话又说回来, 欧洲也有不少人长得很丑。(鼓掌喝彩)[②]

---

① 田口卯吉『破黄禍論』、53 – 55 頁。
② 田口卯吉『日本人種の研究』『鼎軒田口卯吉全集』第 2 巻、吉川弘文館、1990、514 頁。

对田口卯吉而言，"黄色人种"是"差评"，应该对此进行否认。

面对"黄色人种"这个自己无力改变的标签，田口卯吉感知到了一个不被承认的自己。这种感觉源自一种不安，而这种不安是因为太过在乎西方人对日本人的看法。这也是其他精英阶层所共有的不安，可以说，这是一种从美丑观念中认识到的人种上的不安。

"罪恶的黄色"

1903 年，25 岁的有岛武郎前往美国东海岸留学，在那里生活了大约四年。虽然当时美国社会已出现排日倾向，可是有岛武郎仪表堂堂，出身资本家阶级，而且富有的生活赋予他一种别样的忧郁。这种魅力使他留美期间被多位美国女性追求。

那个年代，在美国的日本人多被称作"Jap"。然而，当有岛武郎走在波士顿的大街上时，来往通行的美国人会交头接耳，讨论有岛武郎"是不是 Jap"，他们没想到一个"Jap"居然"长着一张漂亮的脸蛋"，高度评价有岛武郎的姿容。[1]

有岛武郎出身上层社会，家境富裕，相貌端庄，品味高雅，兼有一种别样的忧郁。终其一生，他都命犯桃花，无论在日本国内还是国外，都被众多女性追求，甚至曾被男性当作求爱的对象。例如，自从有岛武郎到学习院中等部上学以来，森本厚吉就一直关注、接近有岛武郎，并与他发展出亲密的关系。两人留学

---

[1] 有島武郎『迷路』『有島武郎全集』第 1 卷、新潮社、1929、364 頁。

期间还曾在巴尔的摩、华盛顿"共同生活"。

其后，两人的恋爱出现了问题，有岛武郎差点被森本厚吉"用短枪射杀"，以致神经衰弱。就连他在新罕布什尔州的农场劳动时，也曾被美国女性追求。[①] 此外，有岛武郎师从内村鉴三，他和内村鉴三一样，在美国的精神病院当过护理员。医院里也有女性对他主动展开追求。

有岛武郎属于不会拒绝他人好意的人，他是个浪漫主义者，表达爱意的方式也颇为抒情。对女性而言，他是一个很难让人狠心离开的对象。留美期间，有岛武郎所到之处都会被各种女性追求。举例而言，一个护理员的妻子P夫人曾出轨于他，两人的关系被P夫人的丈夫察觉，使他承受了不小的压力。最后，P夫人为了挽留有岛武郎，假装自己怀孕，这件事导致有岛武郎精神上非常苦恼。

就是这样一个曾被多名女性愚弄的有岛武郎，却写道，可能是因为自己长着一张"丑陋"的"黄色脸蛋"才获得美国女性的"怜悯"。据有岛武郎记述，当P夫人的丈夫质问两人的关系时，有岛武郎为了维护女方，宣称是自己主动诱惑了P夫人。一瞬间，P夫人丈夫的表情变得舒缓起来，与此同时又流露出"一种不甘，毕竟，他是败在了和黄猴子一般的劣等人种手下"。

毋庸讳言，这些臆想与事实相去甚远。然而有岛武郎却用这样的语句描述自己在美国被多名女性愚弄的经历。

而且，当有岛武郎从P夫人口中得知她怀孕的消息时，想到

---

① 尾西康充『『或る女』とアメリカ体験』岩波書店、2012、はじめに。

一个"有着一半黄色人种血统的孩子"即将出生，他悲观地仿佛已经能看到那个孩子的未来——孩子出生后肯定会成为众人"轻蔑与敌视的对象"。

接生婆"看到那个意想不到的混血儿降生"，恐怕会"惊讶地瞪大双眼"，而且对于"那个孩子的体格和相貌"，她想必会"产生卑鄙的好奇心，那眼神就像杂耍艺人看到了一寸法师一样"。那个"可怜的混血儿""头发是黑色的，又硬又直，眼睛则是蓝色的。他的肤色就像用白色和黄色揉在一起的灰浆一般，浑浊且毫无光泽。身体呈现出一种病态的干瘦"。因为这个缘故，他成长在一个被世人"轻蔑与敌视"的环境中。周围的人可能会"厌恶他"，给他安排的工作场所肯定不是什么好地方，比如"杂耍舞台、擦鞋铺、孤儿院的厨房、少年感化所的矫正室、监狱、火葬场等"。

有岛武郎为那个有着"黄色人种"血统的"私生子"叹息，因为那个孩子将在美国社会屡受挫折。可能比起人种上的自卑感，他的内心深处更多的是罪恶感，为"私生子"的出现而感到罪恶。[1] 姑且不论他的心境如何，他已经联想到一个有着黄种人血统的混血儿会在白人社会度过怎样悲剧的一生。

确实，在这个时期，美国已出现了从人种上排斥日本人的问题。

诗人佐佐木指月 1906 年为弘扬临济禅前往美国。1908 年，

---

① 有岛武郎『迷路』，330 - 333、385 - 386、393 - 394、443 - 445、455 - 457 页。

佐佐木指月再度访美。除了修缮佛像以外，他还写诗、撰文、出版了许多和美国相关的著作。在美国西海岸，他亲身经历过排日的浪潮，相关记录如下。①

首先，加利福尼亚州不仅禁止"黄白人种通婚"，而且"加利福尼亚州艺术院不给日本学生提供奖学金"。此外，在旧金山的大街上，电车不会专门为日本人停车。日本人为了搭上电车，不得不站在等电车的白人女性的后面，紧跟白人女性上车。

一次，佐佐木的朋友站在一位白人女性的后面等着上车。这位白人女性年纪比较大，怎么也登不上去。佐佐木的朋友不忍袖手旁观，于是从后面推了一把，帮助白人女性顺利登上电车。老妇人非常高兴，想要回头道谢，可是当她看到背后是日本人时，"老太太顿时变了脸色"，她喊道："啊，你是 Jap 吧？哎呀，快把你的手从我身上挪开。"周围的白人看到这个场景，同样投以冷淡的目光。诸如此类的事例数不胜数。②

该时期，外交官石射猪太郎外驻美国。由于美国报纸上总是刊载令人震惊的排日报道，他已经习惯于每天早上经受一轮"晨间打击"（morning shock）。③

有岛武郎的人种美丑观与他个人的罪恶感不无关联。虽说如

---

① "第二次世界大战期间，美国人要求佐佐木指月为表忠心向日章旗（今日本国旗）开枪，佐佐木指月拒绝了这一要求，于是被监禁起来，最终患病去世。"分銅惇作・田所周・三浦仁編『日本現代詩辞典』桜楓社、1986、200頁。

② 佐々木指月「排斥される日本人と排斥する亜米利加人」『中央公論』第35年11月号、1920年、説苑、12－13頁。

③ 石射猪太郎『外交官の一生』、172頁。

此，该观念也确实反映了当时美国社会的风气。

就连未曾遭受人种侮辱的有岛武郎都在文中说自己丑，由此可见，在日俄战争以后形成的精英阶层人种意识当中，产生了一种视一切身体差异为丑陋的倾向——身高、体格、容貌、肤色等，只要和西方人不同，那就是丑。并且，仿佛与日本精英阶层人种上的不安相呼应一般，排日浪潮一步步向精英阶层逼近。

三　被划归为"东洋人"

国家自尊心

1902 年，夏目漱石从英国回国，成为一名教员，容光焕发地站在东京帝国大学英文系的讲台上，准备开启他教授"英语文学"的生涯。同年，涩泽荣一横跨太平洋抵达美国旧金山，他在金门公园的海水浴场目睹了一块牌子，上面写着"日本人不得游泳"①。同行的日本人并未表现出对这块牌子的特别关注，可是涩泽荣一敏感地察觉到了危险的苗头。

事实上，三年以后，即 1905 年 5 月，日本刚在日俄战争中取得一场大胜，旧金山就成立了一个排斥日本人联盟，有数万名美国市民加入。排斥日本人联盟在各地设有支部，指导大家抵制日本人店铺的商品。排日运动的声势也日益壮大。《旧金山纪事

①　渋沢青淵記念財団竜門社編纂『渋沢栄一伝記資料』第 35 巻、渋沢栄一伝記資料刊行会、1961、362 頁。

报》（San Francisco Chronicle）上刊载了一篇排日报道，作者用"一帮茶色人"来称呼日本人。煽动性的排日运动轮番上演，政客也开始频繁讨论排日法案。[1]

加利福尼亚排斥日本人联盟成立后的第二年，即 1906 年 10 月，旧金山日本学童教育隔离事件爆发。

此前，日本学童可以就读美国学童所在的公立学校。然而，旧金山市教育委员会通过决议，要把日本学童从公立学校转到收容中国人、韩国人的东洋人学校（Oriental School）。旧金山日本学童教育隔离事件正是发端于此。大约半年前，也就是旧金山大地震（1906 年 4 月 18 日）发生之前，东洋人学校一直名叫"中国人小学"（Chinese Primary School），9 月 27 日才宣布改名。

这场旧金山日本学童教育隔离事件被视为排日运动的正式开端。对此，日本政府反应强烈，认为"禁止日本人就读公立学校，只允许日本人在支那人小学上学"这项规定"严重有损海外日本人的颜面"。[2]

其实，当地报纸 1905 年就刊载了一些煽动性报道，表现出反对日本学童与美国学童在相同学校上学的动向。报道声称，有的日本学童患有传染病、非常危险等，这些报道助长了歧视

---

① 渋沢雅英『太平洋にかける橋』読売新聞社、1970、133、153 頁。

② 1893 年 7 月 3 日，桑港在勤珍田領事より林外務次官宛「本邦人公立学校入学拒絶事件に関し具報の件」『日本外交文書』第 26 卷、1893 年、734 頁。其实在此之前也发生过拒绝日本学童就读公立学校的事件。1893 年 6 月，旧金山市学务局例会全场一致通过决议，禁止日本学童就读公立学校，"只允许他们在支那人小学就读"。可是由于珍田领事强烈反对，该决议被废止。菊池武徳編『伯爵珍田捨巳伝』共盟閣、1938、11 – 12 頁。

与偏见。①

再往前推，比如1900年3月，有传言称在旧金山发现了黑死病疫情即将暴发的迹象。紧接着旧金山市长宣布，只对中国人和日本人的居住区域实施严格的检疫，并对日本、中国的入港船舶加强检疫力度。②

如本书第一章所述，在美国西海岸，原本是中国劳工与东边过来想要发财的爱尔兰移民之间发生了严重的对立。随着同为"东洋人"的日裔移民逐渐增多，歧视的目光自然就转到了日裔移民身上。

加利福尼亚这片土地最早是由西班牙裔天主教徒开拓，对于爱尔兰裔天主教徒来说，他们在这里可以避免遭到类似美国东海岸的宗教歧视和偏见，比较容易实现社会地位的上升。换言之，加利福尼亚是爱尔兰裔天主教徒最早掌握政治主导权的地方，也是他们得以通过政治权力排斥东洋人的地方。③

在爱尔兰裔天主教徒眼中，中国人和日本人都是"东洋人"；可是对日本精英阶层而言，让他们接受与中国人同等的待遇是一件非常"屈辱"的事情。

1906年10月23日，旧金山上野季三郎领事给林董外相发电

---

① 賀川真理『サンフランシスコにおける日本人学童隔離問題』論創社、1999、119頁。

② 虽然"日本人和支那人都被强制打针"，但是后来发现，所谓的黑死病疫情其实是子虚乌有的谣传。川原次吉郎「米国に於ける排日運動史の回顧（一）」『外交時報』702号、1934年3月1日、124頁。

③ 賀川真理『サンフランシスコにおける日本人学童隔離問題』、19－33頁。

报。他在电报里写道，给予日本人与"东洋人"同等待遇是"种族偏见"，"损害了日本国民的品格"。① 可是，如果说把日本人视为"东洋人"是对日本人"品格"的"损害"，那么，日本人到底应该被如何看待？

三年后的 1909 年，日本驻波特兰领事沼野安太郎向小村寿太郎外相提交了意见书，相关内容为，"日本人的'国家自尊心'原本就非常强烈，一贯主张并努力争取和白人种拥有同等社会地位（social equality）"，而且日本人理应与西洋人享受"同一"待遇，也就是说，"不该对日本人和其他有色人种同等看待"。②

他们认为，把日本人视为"有色人种"无异于歧视日本人、损害日本人的品格，这是一个有损日本国威与国家自尊心的问题。

仅仅几十个日本学童被迫转入东洋人学校，按理说，该事件与政治外交的实际利益毫不相关。然而，日本政府高官却表现出强烈的抵制，这是因为他们很不情愿被当作"东洋人""有色人种"看待。

无法掩埋的缝隙

1906 年 10 月 25 日，日本政府向美国提出抗议，认为旧金山日本学童教育隔离事件严重损害了日本的国家自尊心。

---

① 『日本外交文書』第 39 卷第 2 冊、1906 年、423 頁。
② 『日本外交文書』第 42 卷第 2 冊、1909 年、667 頁。

看到日本异乎寻常的反应，西奥多·罗斯福（Theodore Roosevelt）察觉到日美之间有可能开战。翌日，他委派劳动长官前往加利福尼亚调查相关情况，同时命令海军长官详细分析日本海军的军事实力。

10月27日，罗斯福致信参议院议员，信中写道，"日本人自尊心强烈、敏感、好斗"，而且他们还沉浸在日俄战争胜利的喜悦当中，因此决不能掉以轻心。同一天，他对儿子说，"加利福尼亚的笨蛋们"正在开展排日运动，假如引发战争，美国所有市民都会沦为牺牲品，被日本视为敌国有违美国国家利益。①

当时，美国在远东的地位比较"脆弱"，倘若没有日本的合作，美国在中国的"门户开放"政策难以推进。加利福尼亚教育委员会这种行为可能会导致美国远东政策陷入严重的危机，这一后果正是美国总统想极力避免的。

为了防止美日关系恶化，罗斯福发表演讲，反对隔离日本学童。他在演讲中对日本的近代化赞不绝口，主张应公平对待日本人，给予日本人归化的权利。可是，没有资料显示这位以能言善辩著称的罗斯福总统曾采取了相应行动，试图给予日裔移民归化的权利。②

对于罗斯福总统的演讲，日本方面表示非常赞赏，认为他反应迅速，采取了"亲日"外交政策。罗斯福总统在演讲中声称，移民问题"只是劳工领域的问题"，其本质不是种族偏见。而日

---

① 渋沢雅英『太平洋にかける橋』、157 页。
② 簑原俊洋『排日移民法と日米関係』岩波書店、2002、25 页。

本政府相关人士轻易地认同了这一主张，未能察觉到潜藏在学童教育隔离事件深处的"种族主义"。①

罗斯福总统学过柔道，对日本文化很感兴趣。金子坚太郎曾在哈佛大学法学院与他有过几面之缘。然而，金子坚太郎将罗斯福的演讲誉为美国总统演讲的最高峰，罗斯福私下里却把金子坚太郎叫作"日本狐狸"（Japanese fox）。

另外，加利福尼亚的地方报纸却在社论里批判罗斯福，当地甚至出现了日美开战论，陷入了"单方面的集体歇斯底里"。②最终，罗斯福在两面夹击下找到了与日本妥协的点，即1907年的"绅士协定"，要求日本主动限制其国民移民美国。③

如此这般，旧金山日本学童教育隔离事件告一段落。然而自此以后，排日浪潮日渐高涨，日本劳工阶层开始在加利福尼亚遭受侮辱谩骂。

永井荷风访美期间曾在美国各地遇到这样的场景，清泽洌也记录过自己的相关经历，他于1907年访美之际，听到了美国人的"各种谩骂之声"。④ 1910年前后，在旧金山，甚至有人向日本人扔石子。⑤

可是，日本的政府高官却没去过日本人被侮辱谩骂的现场。

---

① 麻田贞雄『両大戦間の日米関係』東京大学出版会、1993、292頁。
② 簑原俊洋『排日移民法と日米関係』、22、26頁。
③ 渋沢雅英『太平洋にかける橋』、158頁。
④ 原文出自清泽洌写给老家的信，转引自北冈伸一『清沢洌——日米関係への洞察』中公新書、1987、19頁。永井荷風『あめりか物語』講談社、2000、107、111–118、138頁。
⑤ 中村吉藏『欧米印象記』、28頁。

因为他们想要渐渐地把排日问题当作阶级问题来处理，避免将其定义为种族问题，以回避问题的核心，即种族偏见这一本质。

"人格问题"

1908 年，东京、大阪的两家朝日新闻社联合举办"环游世界一周"活动。其原因在于，日俄战争以后，日本虽然与"世界一等强国为伍，开始和欧美列强进行对等的交际"，然而"许多"日本人"总是畏缩不前"，"还有不少人把周游海外当作特别麻烦的事情"。

可是，日本作为"一等强国"已经迎来了必须跨越海洋"隔阂"的时期。"我们不能总是这个不能做，那个不能做，所以本报社才发起了环游世界一周的活动。"

当时，陆军大臣寺内正毅向参加活动的成员提出要求。他强调，即将出国的精英应当尤其注意"人格问题"，不可在国外"做出有违人格、品性的丑态"。"日本对外输送了一些下等劳工，这些劳工即使留在国内也很有可能被众人排斥"，因为这个缘故，美国想要排斥日本人。本次"环游世界一周"团队访问欧美，"倘若连中流以上的日本人都被视作动物园里的猴子，那就糟糕了"。①

面对种族问题，寺内正毅的发言掺杂了两种情绪，既有作为精英的自负，又有作为日本人的不安。这种不安同时反映了他的强烈期盼——西方歧视的是"劳动移民"，而不是我们精英阶层，

---

① 石川周行编『世界一周画报』東京朝日新聞社、1908、2、20 頁。

不要歧视全体"日本人",最多歧视"下层""日本人"就行了。

确实,在美国当地的日裔劳动移民当中,很多人"把浴衣后面的布料提起来夹在腰带里",还有人头上包着布、哼着小曲散步。打扮成那副模样出门,连日本同胞看了都会觉得有问题,认为他们遭人排斥也是"合乎情理"。[①] 有岛武郎抵达西雅图时,正值排日浪潮高涨的 1903 年,"看到西雅图日本街日本劳工的状态后",他简直难掩"惊讶之色"。[②]

一些日本人连最简单的日语假名都不认识,却远渡重洋来到美国,对于这个现象,清泽洌的内心相当抗拒。[③] 日裔移民的生活质量很差,又要从事繁重的体力劳动,"在白色人种眼中,他们就像乞丐一样",难免会"被轻视"。[④]

由于大多数日裔移民是"没文化的劳工""不懂日本文化的农民等",日本人被美国人"视作劣等也是在情理之中"。总之,因为"样本太差",只要"劣等"日本人一直留在美国,"日美外交就没法顺利推进"。寺内正毅同样认为,要想获得美国人的认可,应该"只让上等日本人与美国人交往"。[⑤] 这些精英阶层都把排日问题视为阶级问题。

---

① 三並良「文化問題としての日米問題」『外交時報』第 477 号、1924 年 10 月 15 日、84 頁。

② 瀬沼茂樹「有島武郎未発表書簡四十六通(一)外遊時代」『国文学解釈と教材の研究』第 9 巻第 10 号、1964 年 8 月、166 頁。

③ 山本義彦編『清沢洌評論集』岩波文庫、2002、10 頁。

④ 藤井新一「米国排日原因の諸相(一)」『外交時報』第 470 号、1924 年 7 月 1 日、88 頁。

⑤ 根岸由太郎「日米民衆外交論」『外交時報』第 557 号、1928 年 2 月 15 日、41 頁。

既然认为排日的主要原因在于日裔移民"风纪"不佳，并且"劳工的风俗品性""异乎寻常"地影响到了"海外日本人的整体形象"，那就应该"让海外日本人打起十二分精神，对自己的品性、风俗加强注意"。①

如此这般，精英阶层列举了各种理由。对于美国的排日浪潮，石桥湛山回顾道：

> 过去，日裔移民因为举止粗俗在美国备受嫌弃。当然，美国人为了排斥日本人才找了这样一个借口。然而我们不得不承认，是因为我们自己有问题，才给了他们抱怨的机会。②

并且，1924 年 5 月，即排日移民法正式实施的两个月前，石桥湛山在时评《"外交技巧的问题"及其他》中指出，很多人把美国参议院和众议院批准通过排日移民法这件事视为日本政府在外交上的失败，可是只要这个法案诞生的根源是"所谓的 national bias——国民偏见"，以及"无缘无故的厌恶"，那就"不是用道理就能解决"的问题。其实日本人自己也抱有"国民偏见"。近代以前，日本对"支那人"以及"支那文明"抱有强烈的敬意。然而到了近代，由于"白人文明"飞速发展，"支那人"被视为"文明程度很低的国民"，故而饱受"国民偏见"之

---

① 安孫子久太郎「排日問題の真相及其の将来」『太陽』第 15 卷第 6 号、1909 年 5 月 1 日。

② 石橋湛山「小便談義」『石橋湛山全集』第 12 卷、東洋経済新報社、1972、533 頁。

苦。不论在哪个国家，遭受"国民偏见"之苦的都是人们眼中"文明程度很低的国民"。

事实上，在石桥湛山小时候，也就是甲午战争之前，许多中国行脚商人来到日本，他们被称作"南京人"，成为"市井轻视的对象"。甲午战争以后，日本国民之所以"尤其"对中国人"投以轻侮的目光"，也是因为那帮"南京人"的存在。故而石桥湛山认为，把日本"国民当中特别低劣的阶级送到国外，是导致全体国民被轻视的原因"。①

以寺内正毅为首的众多精英阶层通过歧视日裔移民、批判日裔移民的"风纪"，试图把排日问题当作阶级问题，而不是全体日本人的问题来看待。在石桥湛山看来，排日浪潮完全是由于日本政府自作孽，把"弃民"送到了美国。他建议把日裔移民撤回日本，这样就能有效缓和这一局面。

最后的堡垒

日美绅士协定签订后，日本政府开始鼓励人们移民南美。虽然明治时代以来，日本政府一贯鼓励日本国民移民海外，然而那是因为他们认为"弃民"政策有利于缓解不断严重的人口问题。②

也就是说，对于多数政治精英而言，移民就是"弃民"。当时的精英阶层非常直率地把移民看作"猴子一般"的存在，对

---

① 石橋湛山「「外交術の問題」ほか」『石橋湛山全集』第 5 卷、東洋経済新報社、1971、509 – 510 頁。
② 山田廸生『船にみる日本人移民史：笠戸丸からクルーズ客船へ』中央公論社、1998、69 頁。

他们表现出露骨的歧视，并加以区别对待。

因为这个缘故，日本高官的日裔移民观原本就已经充满了偏见。1908 年，二等书记官埴原正直视察日裔移民社会，虽然他把焦点集中在日本街尤其恶劣的区域，但是这场视察非常零碎。[1]

正如永井荷风在《美利坚物语》中描述的那样，日裔移民的贫民窟生活非常悲惨。不过，也有一些日裔移民成为实业家，取得了很大的成功。美国人对日裔移民的厌恶不仅源于贫民窟飘散的恶臭，还因为日本人能够通过节俭、勤劳等美国人也认同的美德，快速实现社会阶层的攀升。[2]

其实，1910 年加利福尼亚州议会曾命令州政府劳动局局长麦肯锡调查日裔移民的生活状态。事后，麦肯锡提交了一份调查报告。他在报告中高度评价了日裔移民开荒的显著成果与卓越贡献，并指出，日本农业劳动者拿着微薄的薪水，却非常优秀、勤劳，加利福尼亚农业的发展多亏了日裔移民的贡献，他们是"第一流的农业经营者"，即使是白人不屑开垦的土地，他们也能满怀热情地开垦。[3]

---

[1] 外務省編纂『日本外交文書 対米移民問題経過概要』外務省、1972、186 - 241 頁。

[2] 虽说如此，就连本应代表日本的日本驻华盛顿大使馆都在 1920 年前后的记录中写道："房屋破旧，附近甚至有寄宿屋、殡仪馆、妓馆等。"石射猪太郎『外交官の一生』、66 頁。

[3] 州议会强烈反对这一措辞，给予麦肯锡谴责处分，并且否决了他的报告。该时期，美国地方政治"相当随便"，有观点指出，旧金山市市长尤金·施密茨（Eugene Schmitz）当时涉嫌滥用权力实施违法行为，为了转移市民的注意力，他推动了旧金山日本学童教育隔离事件的爆发，开展了煽动性的排日运动。渋沢雅英『太平洋にかける橋』、229 - 230 頁。

可是，日本精英阶层却并不同情这些"弃民"，他们固执地认定，排日问题事关近代日本的国家尊严，却从未考虑过保障日本同胞的人权。精英阶层对"弃民"的轻侮非常露骨。比如，埴原正直认为，要解决移民问题，就该禁止"下级移民"前往美国，应该"尽量把日美两国国民的社会接触"限定在"双方的上流社会"。①

埴原正直的解决方法可谓阶级策略。他的设想不仅蕴含身为精英阶层的傲慢，而且带有一种悲壮感。毕竟，纵使美国的排日问题发端于"弃民"，其背后潜藏的种族问题正在一步步浮出水面，精英阶层已经预料到，总有一天这会成为整个日本的问题。日俄战争后，日本看似已经取得了"一等强国"的地位，然而种族问题却挡在他们面前，成为日本精英阶层难以直视的现实。他们找不到解决的方法，于是把对日裔移民的蔑视当作最后的堡垒，以保护自己的自尊心。

"相同的面部肤色"

同一时期，也就是 20 世纪初，迎来了一个新的时代——中国人和美国土著人等其他"黄色人种"也将自己的外观西化，连日本人都分不清他们到底是哪国人。

从日本人对旧金山日本学童教育隔离事件的反应可以看出，对精英阶层来说，把日本人划归为"东洋人"意味着对其自尊心的"损害"。可是到了 20 世纪初，许多"东洋人"都穿洋装、

---

① 外務省編纂『日本外交文書 対米移民問題経過概要』、241 頁。

剪短发。当大家都选择将自己的外观西化时，反而加深了日本人和其他"东洋人"的"同化"。正因如此，出国在外的精英阶层越发表现出对"东洋人"露骨的厌恶，甚至有些神经过敏，过分在意人种的区别对待。

1910年前后停靠旧金山的船舶里有许多"洋装绅士"。朝日新闻社记者描述，提到洋装的东洋人，"本来想着可能是日本人，结果全是支那人"，假如清朝不久之后颁布断发令，要求所有中国人断发易服，那么，以后出国在外必将迎来一个新时代，肯定会被别人问及，"你是日本人还是支那人"。①

森次太郎甚至记载过这样一件逸事。日俄战争以后，森次太郎去英国观光。英国哨兵问他："您是日本人还是支那人？"当森次太郎告知对方自己是日本人后，立刻得到亲切的接待。②

另外，1902年，关口八重吉作为文部省留学生被派往英美留学。据他说，日俄战争以前，美国人分不清剪了头发的中国人和日本人，然而日俄战争以后，"不但能够清楚区分两者，而且极大地改变了对日本人的待遇，选择优待日本人"。他强调，在美国，日本人作为"一等强国"之民享受优待，其待遇比中国人好。

可是，因为中国人和日本人有着"相同的面部肤色"，今后日本人"要想不被认成支那人"，"就得多加注意"。关口八重吉

---

① 朝日新聞記者編『欧米遊覧記』、74－75頁。
② 森次太郎『欧米書生旅行』、205頁。

为了不让西方人把自己认成中国人，看戏时会购买上等座，他很努力地将自己与中国人区分，"不知不觉间买了贵的商品，或是大量买入，做出不少打肿脸充胖子的行为"。将自己与中国人相区分，已成为事关日本人自我界定的问题。

并且，日本人出国在外应"努力"避免被误认为中国人，在国外一旦"被断定为黄色人，就会被白人投以轻视的目光"。而且在选酒店时，"稍不注意就会倒大霉"。因此，日本人出国时一定要努力避免被当作"黄色人"，以防遭到区别对待。①

从这一时期起，日本人与中国人的外观差异因为"西化"而越发缩小，以至于日本人开始强调与中国人相区分的必要性。当户川秋骨乘坐明尼苏达号横渡太平洋返航时，看到"断发易服"的中国人"眉清目秀，一点也不像支那人"，简直难掩惊讶之色。②此外，那些逃亡到美国的中国演讲者穿衣打扮完全西化，"看起来就像日本的绅士，怎么也不像支那人"。而且，会场里有许多短发中国人，"他们都剪短了头发，一眼看去就像日本人"。他们穿着时兴的洋装，看起来完全"不像支那人"，其中几个人甚至说着流利的英语。③

19世纪下半叶，断发易服可谓"文明"的象征，然而在20世纪初，外观的西化导致东洋人的区分标准越发模糊，连日本人

① 山根吾一编『最近渡米案内』欧米雑誌社、1906、78、79页；馬郡健次郎「欧羅巴案内」『近代欧米渡航案内記集成』第12卷、ゆまに書房、2000、13页。
② 戶川秋骨『欧米紀遊二万三千哩』服部書店、1908、410页。
③ 荻野萬之助『外遊三年』嵩山房、1907、18、24页。

自己都分不清楚遇到的人是哪国人。①

1913～1916 年，岛崎藤村在欧洲生活。他在巴黎的各种场所都被人问过到底"是日本人还是支那人"。起初，他没有注意到其中的侮辱意味，渐渐地他发现法国人公然打赌自己"是日本人还是支那人"。他记述道："这帮法国人以为我听不懂他们的语言，就在我眼皮底下讲着侮辱性的话语，此情此景实在让我恼火。"②

除了在巴黎受人轻视以外，日本人在法国还经常被别人看来看去。那种感觉特别丢脸、悲惨，使他不禁联想起东京神田一带的中国留学生，其实"那帮人也是从中国名门望族走出来的青年"。到了法国以后，岛崎藤村才终于意识到，让中国留学生遭到冷遇是一件多么错误的行为。"没有比花钱买罪受更讨厌的事情了"，甚至有日本人感慨："去了欧洲以后，我都搞不清楚自己到底是出人头地了，还是落魄了。"③

不仅如此，岛崎藤村还想起了一句话——中国排日运动的领

---

① 日本人对中国人的蔑视根深蒂固。1877 年，15 岁的稻畑胜太郎获得日本京都府的公费项目，前往法国里昂留学八年。1885 年回国后，他创设了稻畑产业。稻畑胜太郎在里昂的工作地点吃三明治时，几个工人嘲弄道："支那人居然吃面包，这也太奢侈了吧。"稻畑胜太郎非常生气，因为对方"把日本当作支那的属国"。他直接把嘲弄他的工人摔了出去。鹿岛茂『パリの日本人』新潮選書、2009、129、130 頁。血气方刚的稻畑胜太郎如此激愤，恰恰反映了中国是日本人难以摆脱的他者，摆脱中国的愿望支撑着近代日本的自我界定。
② 島崎藤村『仏蘭西だより』新潮社、1922、34 頁。
③ 島崎藤村『新生』第一部、『島崎藤村全集』第 6 卷、筑摩書房、1981、103－104 頁。

导层肯定是留学过日本的人。① 大约从 1900 年起，中国留学生不断增多，留学日本成为"代替科举的出人头地的手段"。这些留学日本的中国人原本都是"上流人士"，不久后，很多人都变成了反日派。由此可以推断，日本人对中国人的蔑视是多么频繁和露骨。② 令人始料未及的是，日本精英阶层在西方社会被白人欺侮，这与中国人在日本被欺侮的遭遇何其相似。

另外，1918～1920 年，外交官石射猪太郎外驻旧金山时期，也曾数次被误认作中国人。不过，他没有次次表现出强烈的反感，而是认为自己之所以被误认，"不仅是因为我的容貌，还因为中国人是白色人世界的黄色人代表。纵使我们盛气凌人地宣称我们是一等强国日本的国民，也不可能被当作黄色人的代表"。他知道，中国人在西方社会的存在感依然很强。

1918～1920 年，石射猪太郎在华盛顿担任三等书记官。这一时期，他经常在各种场所被误认作中国人。当时，石射猪太郎的英语老师名叫托马斯·布朗，是财务部的一名中年官员，同时在华盛顿郊外的浸礼会教堂兼任牧师。有一次，托马斯·布朗带领石射猪太郎前往该教堂的主日学校。大约 30 个孩子一齐盯向石射猪太郎，"面对这个突然出现而且很少见到的黄色面孔，他们感到惊讶"。于是，牧师问大家："你们认为这位客人是哪国人？"孩子们异口同声地答道："Chinese（中国人）。"③

---

① 島崎藤村『仏蘭西だより』、235 頁。
② 並木賴寿『日本人のアジア認識』山川出版社、2008、52－53 頁。
③ 石射猪太郎『外交官の一生』、86 頁。

1922 年，石射猪太郎外驻墨西哥。在一次旅行途中，一对品行高雅的美国人夫妇误把石射猪太郎当作中国人。为此，这对夫妇连声道歉。石射猪太郎礼貌地表示自己不介意，毕竟"就连日本人都分不清谁是支那人，谁是日本人"。他再次深切地感受到，"见到黄色面孔就以为是支那人，这种认知在白人的脑海里已经根深蒂固"。①

石射猪太郎出生于日本福岛县，从福岛中学考入东亚同文书院商务科，成为该校第五届学生。1906 年，石射猪太郎从学校毕业，其后入职南满洲铁道株式会社。没过几年，他就辞职不干，后来因"就业困难"选择参加外交官考试，成为从东亚同文书院出来的第一位外交官。石射猪太郎的人生经历很有"特色"，或许是这个缘故，他才得以将自己的观察视角从狭小的精英意识中解放出来，客观、心平气和地看待问题。因此，当被误认成中国人时，他没有额外表现出负面情绪。

另外，外驻华盛顿期间，由于石射猪太郎仅仅是三等书记官，没有资格与大使级别的高层人士展开交流或交涉，与各国大使馆、公使馆的人员也没有什么交集。不过，根据石射猪太郎的记述，他"倒是与中国公使馆的人员联欢过一两次。虽然两国关系不佳，但是人在海外，看到对方也是黄色面孔，一种亲近之情油然而生"。② 文字中充满了真情实感。石射猪太郎既不鄙视中国人，也不迎合白人。在当时的精英阶层中，他的人种认识可

---

① 石射猪太郎『外交官の一生』、137 頁。
② 石射猪太郎『外交官の一生』、89–90 頁。

谓非常稀有，很好地保持了与客观性的平衡。

换句话说，在那个时代的精英阶层里，像他这种对自我和他人有着均衡认知的人反而是个例外。

"我们的伙伴"

近代日本人在国外除了被误认成中国人以外，还曾被误认成"土著人"，而"土著人"也与日本人具有人种上的同质性。

末广铁肠是位一路从新闻记者上升到众议院议员的人物。一次，在横贯美国大陆的火车车厢里，有人问他是日本人还是印第安人，他简直不知所措。被欧美人认错，疑惑一下也就罢了。可是又有一次，他从科伦坡前往西贡（胡志明市旧称）途中，要求当地车夫把他送到日本人的妓院。结果，车夫载着他去了好几家贫民窟妓院，气得末广铁肠火冒三丈。车夫却说："你长得这么黑，看起来就像非洲混血，就算我把你领到上等妓院，那里的女郎也不可能看得上你。"末广铁肠大怒："你怎敢如此无礼，我可是了不起的日本人，皮肤黑是因为在印度洋晒的。"[1] 被白人认成"土著人"，疑惑一下也就罢了。可他没法容忍自己被"土著人"误认成"土著人"。由此可以管窥日本人关于"文明"与"人种"的别扭心理。

不过客观来看，"土著人"与日本人确实长得挺像。童话作家岩谷小波曾在 1909 年 8 月 19 日至 12 月 17 日期间，参加为期三个多月的访美实业团，考察北美各城市。涩泽荣一和松

---

① 末広鉄腸『唖之旅行 前、後、続編』高山堂、1891、26、116 – 117 頁。

方幸次郎也在这个团里。访问期间，岩谷小波惊讶地发现，原来"土著人"的外貌和日本人如此相像。"名为美洲印第安人的土著人"，"无论是肉色的皮肤，还是五官，怎么看都像我们的同胞，甚至和我们一样"。在加利福尼亚的一所"收容土著人"的学校，"土著人"为访美实业团吹奏了日本歌曲《君之代》。[①]"他们全都仿照美国人的打扮"，"所有人都穿着和白人一样的衣服，也就是所谓的洋装"，"乍一看去，简直就像我们的伙伴"。[②]

此外，以涩泽荣一夫人为首，共有5名女性参加了这个访美实业团。

这一时期，随同出国的日本女性可以选择穿日式服装或洋装，然而她们从一开始就约定，出国时"只穿日本的服装"。要想在漫长的航海之旅和长达数月的环球旅行中坚持一直身穿日式服装，需要付出很多努力。"最初有很多反对声"，认为与西方女性的服装相比，日式服装"看起来有些逊色"。还有人提出，至少应该允许旅行时身穿洋装。可是，随同的女性全都"看起来很有自信，所有洋装一概不穿，无论是在旅途中，还是在宴会上，出出进进一律身穿日本服装"。对此，岩谷小波赞不绝口，

---

① 1999年8月，日本通过《国旗国歌法》，《君之代》被定为日本国歌。——译者注

② 巖谷小波『新洋行土産』博文館、1910、上・224–225頁、下・150頁。另外，关于访美实业团的相关情况，参见涩泽纪念财团官网。http: //www. shibusawa. or. jp/eiichi/1909/about. html，2013年5月30日阅览。

认为这种"勇气"非常值得敬佩。[1]然而岩谷小波以及其他日本男性没有注意到的是，日本女性是因为抱有人种上的不安，才选择这种着装策略。

其实，访美实业团出访之前，东京、大阪的两家朝日新闻社曾联合举办"环游世界一周"活动。1908 年 3 月，该团乘坐蒙古号汽船，从横滨出发，开启了为期 96 天的环游世界之旅。团里有包括野村美智在内的 3 名女性，她们也自始至终身穿日式服装。

野村美智当年 32 岁，毕业于东洋英和女学校。1898 年，她与横滨实业家野村洋三结婚。恰好"环游世界一周"活动的发起人是她的亲戚，应其邀请，她决定随同参加，并把孩子们留在日本。[2]

对于服装问题，野村自己非常苦恼。据她所述："妾身形矮小，容颜丑陋，倘若身穿洋装，也只是徒留笑柄。"由于担心洋装会凸显她审美上的缺点，最终她决定只穿戴日式服装及饰品。这种选择与其说是为了弘扬国威，不如说是出于审美的考虑，充其量是自身的一种策略。

---

[1] 巖谷小波『新洋行土産』下、189 - 190 頁。由于日本女性的体格与洋装不相符，即使在 1920 年代仍有人感叹："遗憾的是，迄今为止没见过穿洋装特别好看的日本女人。"而且，当时在日本，人们能买到的洋装大多做工粗陋，日本社会出现了不少批评的声音，认为："那些洋装穿上身就像厨房打杂人员，穿着那种洋装在东京市中心漫步，简直是国家的耻辱。"山本もゝ代「婦人の洋装について」『女性日本人』第 4 巻第 1 号、1923年 1 月、91 - 92 頁。

[2] 野村みち『ある明治女性の世界一周日記——日本初の海外団体旅行』神奈川新聞社、2009。

作为"环游世界一周"团体中为数不多的女性，野村美智很清楚自己是怎样显眼的存在。她的丈夫是"武士商会"的创始人、横滨古董商野村洋三。身为野村洋三的妻子，她很擅长自我营销与宣传。她深知自己出访期间的衣装打扮具有怎样的意义和价值，并把这些情形记录在日记里。

她的非卖品著作《世界一周日记》里刊载了当时朝日新闻编辑局的记者杉村楚人冠（本名杉村广太郎）所写的序文。杉村写道，野村美智是"朝日世界一周会的会花"，在世界各地被人们竞相拍照。由此可见，野村充分认识到了自己作为女性的存在价值，并倾向于将其灵活运用。[①] 正因如此，她才能够客观地认识自己，知道在西方这个洋装的主战场，"身形矮小，容颜丑陋"的自己"倘若身穿洋装，也只是徒留笑柄"。既然"洋装"不可能帮她赢得西方人的"赞赏"，那就在出国期间一直身穿"日式服装"，以期获得存在感。这就是她定下的策略。

然而四年以前，也就是1904年，德国医生埃尔温·贝尔兹在日本强烈反对人们穿洋装。他告诉伊藤博文，洋装"不是为日本人的体格而制作"，而且紧身胸衣等服装不利于身体健康。伊藤博文却"大笑"道：

> 亲爱的贝尔兹医生，您不懂得高级政治的要求。或许您的主张都是真理，不过，证据比理论重要，如果日本的夫人团身穿日式服装出现在众人面前，可能会使他人联想到伽蓝

---

① 野村みち『世界一周日記』（非卖品）、3页。

洞的娃娃或古装人偶之类，那就失策了。①

据贝尔兹记述，伊藤博文唯独没有接受他的这条建议。而据岩谷小波回忆，对于日本女性出国期间的日式打扮，访美实业团同样出现了"很多反对声"。由此可知，当时的日本男性精英过度注重文明国的颜面，他们的服装观念可以说是源自这种价值观。

与之相反，野村美智却在环游世界期间一直身穿日式服装。她写道："然而，环游所到之处，妾之日本风博得欧美人士大加赞赏，出乎意料享有美誉。"野村确信自己的策略取得了"成功"。对于出国在外的日本女性来说，比起日式服装，没穿惯的洋装穿起来更加费时，有时甚至需要别人帮忙才能穿好，反而更加"不便"。为了效率、审美，乃至与西方女性抗衡、获得众人称赞，她"极力怂恿"女性出国期间"应该身穿日式服装"。②

在野村美智看来，尽管她在日本国内，或是日本人之间能够充分发挥自己作为女性的存在感，但是在服装、体格截然不同的西方，至少她自己比不过西方人，显得"身形矮小，容颜丑陋"，很有可能成为别人的"笑柄"。纵使她没有明确说出自己的观点，她也确实认识到了人种差异，并因此产生了人种上的自卑感。她对"土著人"的看法就是非常明显的证据。面对美国那些身穿"洋装"的"土著人"，她毫不犹豫地做出如下批判：

---

① エルヴィン・ベルツ著、浜辺正彦訳『ベルツの「日記」』岩波書店、1939、245 頁。
② 野村みち『世界一周日記』（非売品）、7－8 頁。

竟连土著印第安人婢女也随之效仿，肤色黝黑、相貌丑陋，身穿时兴服装，洋洋自得穿行于大街小巷。见之令人作呕。①

野村之所以如此露骨地表现出厌恶和轻蔑之情，难道不是因为那些女性的身体和自己相像？

毕竟，非白人女性身穿洋装的"丑"态也可能出现在自己身上。出国在外，她以自己的"民族性"为武器，想要获得审美上的赞誉。她的自我防卫心理同时掺杂了不安与安心。也正是出于这种本能的自我防卫心理，她才对"土著印第安人"的扮相表现出赤裸裸的厌恶。

野村对国外的观察如此细致入微，她应该已经充分意识到，那些令自己鄙视、"作呕"的"土著人"其实与身穿"民族服饰"意图博得西方认可的自己同为"有色人种"。

这一时期，日本人普遍把南边的人定义为"土著人"，并有轻视对方的倾向。1914 年 3 月至 7 月，东京大正博览会在上野公园召开，朝鲜馆、台湾馆、拓殖馆、南洋馆等场馆对"帝国日本"的发展进行了"展示"。其中，人气很旺的南洋馆"展示"了马来半岛的原住民，这些原住民被日本人称作"土著人"。②

---

① 野村みち『世界一周日記』（非売品）、2、103 – 104 頁。
② 酒井一臣『近代日本外交とアジア太平洋秩序』昭和堂、2009、81 – 85 頁。此外，中村淳对该时期的"土著人"开展过相关研究。中村淳「＜土人＞論——＜土人＞イメージの形成と展開」篠原徹編『近代日本の他者像と自画像』柏書房、2001、85 – 128 頁。

早川种三是日本著名实业家，后来担任"兴人"公司的破产管理人。[①] 1914 年，早川种三还在读中学五年级，为了参加校内演讲会，他写了一篇题为《黄人种和白人种》的稿子。演讲稿中提到，当时，早稻田棒球选手在远征马尼拉之际，某篇新闻报道上说："即使输给美国选手，也是没有办法的事情。但是绝不能输给南方的土著人。"对此，早川种三激情澎湃地批判道："说什么输给美国选手是没办法的事情，这种话真丧气，是对自己的极大侮辱。我们的自尊心应该加强。"[②]

在日本国内，人们完完全全把"土著人"当作他者，对其抱有心理上的距离感。可是西方社会却依然认为，"土著人"和日本人都是"有色人种"。

犬丸彻三是后来的东京帝国饭店（Imperial Hotel）社长。1910 年，他从东京高等商业学校（今一桥大学）毕业，然后在南满洲铁道株式会社经营的大和旅馆找了份服务生的工作。[③] 此后，他相继在上海的伯灵顿酒店和伦敦的克拉里奇酒店当过厨师，又在法国学会了如何制作海鲜料理。为了将"奢侈的研究"做到极致，1917 年 1 月，犬丸彻三远渡大西洋来到美国，开始在纽约的丽思卡尔顿酒店当厨师。

---

① 早川种三被誉为"公司重组之神"，二战后担任过多家大公司的破产管理人，主持重组事项。"兴人"公司主要生产、销售化学制品、树脂膜等，1975 年破产，据说是日本当时史上最大的破产。在早川种三的指挥下，"兴人"公司 1989 年完成重组，归入三菱集团旗下。——译者注
② 『私の履歴書　経済人 19』日本経済新聞社、1986、394 - 395 頁。
③ 犬丸彻三学习成绩较差，好不容易从学校毕业。因为这个缘故，他很难找到好工作，毕业后在长春的大和旅馆当服务员。——译者注

当了一阵子厨师后，他多次向管理层提出申请，要求调动到侍应生的岗位，可是未能如愿。因为，"当时欧美的酒店一般不让有色人种直接接待客人"。[1]

尽管日本人形成了"一等强国"国民的自我认知，然而现实却告诉他们，他们是与中国人、"土著人"外貌酷似的"有色人种"。

四　缺乏归属感

不幸

1904 年 1 月，日、俄两国即将开战，伊藤博文的心腹、官僚政治家兼东京日日新闻社社长伊东巳代治与德国医生埃尔温·贝尔兹进行了一场对话。贝尔兹将此事记到日记里，相关情形如下。

伊东巳代治对贝尔兹说，"毋庸讳言，我们的根本问题在于我们是黄色人种"，倘若我们是"和你们一样的白人"，"全世界"肯定"不会吝于"给日本"欢呼和声援"。[2] 1939 年，滨边正彦将该部分内容翻译为，"黄色的皮肤是我们与生俱来的不幸"。[3]

从伊东巳代治的言语中，贝尔兹察觉到日本有成为"东洋

---

[1]　『私の履歴書　経済人 4』日本経済新聞社、1980、410 頁。

[2]　トク・ベルツ編、エルヴィン・ベルツ著、菅沼龍太郎訳『ベルツの日記』第一部下、岩波文庫、1952、1904 年 1 月 19 日の条。

[3]　エルヴィン・ベルツ著、浜辺正彦訳『ベルツの「日記」』、251 頁。

盟主"的野心。"日本人盼望成为黄色人种的指导者","多数日本人的脑海忘不掉东洋盟主这个地位",这就是贝尔兹的解读。①

可是,日本人真的从一开始就盼望成为"黄色人种的指导者"吗?

恰如伊东巳代治所述,日本人因为"黄色人种"这个身份而感到强烈的不快和不安。对他来说,身为"黄色人种"是"与生俱来的不幸",许多精英阶层不愿接受却又不得不接受这个身份。或许应该这样说,"黄色人种的指导者""东亚盟主"等"日本人的脑海"里"忘不掉"的自我界定,反而是日本人面对"黄色人种"这个不愿接受的宿命,苦苦挣扎后得出的自我界定。

日俄开战后没多久,1904 年 4 月,对于西方人"把日本人和其他东洋人视为同一类"这件事,德富苏峰表现出强烈的抵抗心理。因为在他看来,所谓的"东洋的或亚洲的",不过是"无意义的文字",人们看待日本时就应只看到日本。② 可是,日本位于亚洲,日本人是与周边其他国家的人肤色相同的"黄色人种",现在却要声称日本人与"东洋人"不是"同一类",这种逻辑又该如何阐述?

位于亚洲,却否认自己是亚洲人;身为"黄色人种",却不愿被视为"黄色人种",这种精神构造正是脱亚入欧的精神产物。日俄战争以后,日本作为"一等强国"在国际政治舞台上

---

① トク・ベルツ編、エルヴィン・ベルツ著、菅沼龍太郎訳『ベルツの日記』第一部下、161 – 162 頁。
② 徳富蘇峰「日曜講壇」『国民新聞』1904 年 4 月 24 日、五面。

崭露头角，"黄色人种"与"白皙人种"之间的人种对立浮出水面，成为难以避免的问题。伴随这一变化，这种扭曲的精神构造开始表面化。

"大暗礁"

事实上，日俄战争虽然被视为"西洋对东洋""基督教国对异教国"的战争，其中，"白人对黄人"这一人种对立最为明确且清晰可见。[1] 日本在日俄战争中的胜利是一个划时期的转折点，意味着在西方列强支配的国际政治当中，新加入了日本这个非西方国家。与此同时，还使人预感到"黄、白两人种之间的冲突"。[2]

从人种的观点来看，日本不属于西洋。它该如何克服对西方世界"缺乏归属感"这一问题？同时又该如何否定自己的人种属于东洋？在人种、文明、地缘政治学的坐标轴，日本又该将自身置于何种位置？这是日俄战争后的日本需要直面的问题。

对日本人来说，人种问题是"不易解决的、现代特有的重大问题"，严重阻碍了日本的前进方向，而且没有根本的解决方法，"只要不把白色、黑色或黄色人种全都混血同化，就终归没有解决的希望"。[3]

此外，人种意识"并非理性问题"，它与"人种相互间的生

---

① 島田三郎「三条の弁惑」『太陽』第 10 卷第 10 号、1904 年 7 月 1 日。

② 「太平洋上の黄禍」『太陽』第 14 卷第 3 号、1908 年 2 月 15 日。

③ 浮田和民「米国に於ける排日問題」『太陽』第 15 卷第 4 号、1909 年 3 月 1 日。

理，或性的好恶感"，以及美丑观等"不合理的主要因素"密切相关。① 人们人种意识的形成源自"感情而非道理上的问题"，因为那种感情"深植在人种差异里"，所以"没有什么问题像人种问题这样复杂难解"。人种问题"确实是阻挡我们通往世界文明之路的大暗礁"。②

既然人种问题根本上"全是感情问题"，那就很难消除人们对"黄色面孔、身材矮小的人"的厌烦与憎恶。③

除非找到改变人种差异、人种感情的方法，否则，非西洋的"一等强国"日本就只能在东洋与西洋的夹缝间摇摆不定。

新命运的开拓

在此过程中，一个新的蓝图开始兴起，那就是把日本作为东西文明融和之地。

以脱亚入欧为国家方针的日本无法在以往的东西二元论中找到自己的定位。一方面，日本在人种上不属于西洋；另一方面，它又否定自己属于东洋。对日本而言，东西文明融和之地这一定位巧妙地实现了两立。然而反过来看，正是因为既不属于东洋，也不属于西洋，这种摇摆不定才导致新蓝图的出现。

"东西文明融和之地"的主要提倡者是大隈重信。如前文所述，大隈重信一直以来都非常关心人种的优劣问题。他叹息日本

① 橋川文三『黄禍物語』岩波現代文庫、2000、58–59頁。
② 石橋湛山「我れに移民の要無し」『石橋湛山全集』第 1 卷、354–355 頁。
③ 石橋湛山「「加州の排日運動」ほか『石橋湛山全集』第 3 卷、506 頁。

人的身体劣于西方人，主张"日本民族必须抵抗四方压迫，与优等民族持续竞争，锻炼自身，实现新命运的开拓"。①

大隈重信认为，一旦人种对立变得难以回避，日本恐怕没有胜算，而且，日本这个非西方的"一等强国"将会因人种差异招致西方的偏见与排斥，蒙受各种损失，甚至动摇地位。为此他才提出，无论如何也要跨过人种差异的"命运"，努力实现"新命运的开拓"。

在大隈重信眼中，"人种反感"乃是阻碍日俄战争后日本前途的"大困难"。② 正因如此，他才一面竭力避免使日本与西方的人种摩擦问题浮出水面，一面提出东西文明融和的概念，以使非西方的"一等强国"日本找到稳定的定位，不再摇摆。

"遗憾的是，在有色人种当中，除了我们日本人，没有一个国家的人民能充分了解东西文明，具备同化彼我长短处的条件。"日本位于"东西文明的接触点"，"已站在代表东洋文明向东洋介绍西洋文明的位置上"，这才是"新日本"的使命和"天职"。他指出："日本作为东洋的先觉者和代表者，有责任指导亚洲劣等文明国家，推动它们走向文明。"③ 为了避免将人种差异暴露在台前，大隈重信把可以通过努力获得的"文明"放到了台前。这种倾向可谓时代潮流，不仅出现在大隈重信身上，还出现在很多人身上。

比如，当时最具人气的杂志《太阳》上刊载了一篇题为

---

① 大隈重信「隈伯時感（其一五）」、54 頁。
② 大隈重信『経世論』冨山房、1912、10 頁。
③ 大隈重信『経世論』、10、24、38 頁。

《太平洋上的黄祸》的未署名文章。文章指出，"黄祸"起源于中国劳动移民，他们之所以在美国遭到排斥，与其说是因为人种问题，不如说是因为他们"顽固保守"的"思想、品格、生活水平"，关于这一点，日本人则"将东洋醇化的文明和最新的西洋文明相调和，日渐进步"。纵观全文，作者都在避免直视人种对立的潜在性。①

此外，文学批评家长谷川天溪强调，欧美"现在仍把黄色人种视为劣等人种、好战的人种"，然而日本人"意欲融和东西两洋文明，维护世界和平"。② 其言论也在回避人种的界线。

再者，德富苏峰认为，西方"误会"日本是"黄人当中最危险的人种"，这是因为日本"正在破除白皙人种以外人种皆为劣等动物这一迷信"，日本的使命是凭借其优越之处"撤去东西文明的壁垒，消除黄白人种的隔阂，扩大宇宙内共通文明的范围"。③

此处的"撤去东西文明的壁垒"意味着日本构筑出与西方列强对等的地位，并获得西方的承认。其本质与脱亚入欧论没有什么不同。不过，由于他的论述掺杂了人种问题，反而导致脱亚入欧论事实上不得不破裂。正因如此，日本才发掘出东西文明融

---

① 「太平洋上の黄禍」『太陽』第 14 巻第 3 号、1908 年 2 月 15 日、115 – 128 頁。

② 長谷川天溪「黄禍論とは何ぞや」『太陽』第 10 巻第 10 号、1904 年 7 月 1 日。

③ 原文出自德富蘇峰「日露戦争の副産物」（『国民新聞』1904 年 5 月 1 日）；德富蘇峰「東亜の日本と宇内の日本」（『国民新聞』1904 年 6 月 19 日）。以上内容转引自米原謙『德富蘇峰』、158 – 159 頁。

和之地这个新的落脚点。

1910 年代提倡的蓝图正是"从脱亚论变为回归亚洲这一过程的中间形态"。① 十数年后，该蓝图销声匿迹，这与日本"人种平等"提案在 1919 年巴黎和会上的失败，以及 1924 年美国排日移民法对人种的排斥密切相关（详见本书第三章）。

另外，东西文明融和之地这一蓝图本身就很暧昧。虽然该蓝图的提倡者声称人种差异不影响人们获得文明，但是想必他们已充分认识到，即使获得文明，也无法消灭、抹去人种的差异。不管怎样，东西文明融和之地这一蓝图不仅意味着日本在东洋与西洋的夹缝间摇摆不定的定位，而且反映了日本在"文明"与"人种"的夹缝间摇摆不定的局面。

纽带

新弗洛伊德学派精神分析学者卡伦·霍妮（Karen Horney）认为，自卑感源自缺乏归属感。② 没有什么事物比归属感更令人们安心。因为归属感能表明自己所在的位置，确认联系和"纽带"的存在。

换言之，缺乏归属感会使人感觉不到"纽带"的存在，进而引发不安。

德富苏峰曾写道，日俄战争以后，"日本尽管得以与欧美列强为伍，其实不过是只候鸟"，西方与日本之间根本没有可以称

---

① 米原謙『德富蘇峰』、159 頁。
② ホーナイ著、我妻洋他訳『ホーナイ全集』第 6 巻、誠信書房、1998、28 頁。

为"纽带"的联系。西方虽然没有无视日本的人，但也没有一个真正喜欢日本的人。在人种、宗教、风俗、习惯等几乎所有领域，西方与日本之间连一条"固有的纽带"都没有，"日本在广阔的世界里就是一个异客，难以抑制其孤独寂寥之感"。①

无论在人种还是宗教、风俗习惯等方面，日本都与西方性质相异，它想要获得西方世界的承认，却在西方世界找不到自己的归属感。等待日本的是归属感的欠缺，而人种的异质性则使日本人明确注意到这一点。

也就是说，日俄战争后日本在人种上的不安产生于身体这个可视的媒介，其实是对西方世界缺乏归属感。

缺乏归属感导致孤独与不安滋生，这是因为找不到自己的位置。于是优越感与自卑感缠绕蔓延，毕竟，孤独的阴影里是亟须获得他人认可的意识，当自我与他者明显有别时，就需要找到自尊心的存在依据。而且由于优越感与自卑感的存在，他们需要使自己的自尊心获得平衡，抹去、消除不稳定状态。然而正因如此，他们才荒谬地感到不安。总之可以这样说，优越感与自卑感的存在是为了保持自尊心的稳定，也是因为优越感与自卑感的存在，导致孤独与不安随之而生，连绵不绝。并且，当人们刚刚萌生出想要和重要的他者相对等的意识时，优越感与自卑感就产生了。

正如大正时代（1912～1926年）的大隈重信通过提倡"东西文明融和之地"来克服日本的人种孤立感那般，日本围绕人

---

① 德富蘇峰「世界の同情」『国民新聞』1905 年 6 月 18 日、一面。

种自我界定产生的摇摆与不安其实就是近代日本在东洋与西洋都没获得归属感的状态。

或许，这就是"一等强国"日本的现实。非西方的日本试图通过"西化"来获得西方这个最重要他者的承认，只顾着一路奔跑在近代化的道路上。他们虽然在日俄战争中大胜西方，却无法克服人种这个宿命般的差异。而且，对于既不属于东洋也不属于西洋的日本而言，"缺乏归属感"必然导致孤独、不安乃至忧郁的滋生。

孤独感

1908年，《世界一周画报》刊载了一幅图片，上面描述了一个长途航海的夜晚，"外国人等举办舞会"的场景。图片中的日本人从吸烟室向"兴致勃勃、疯狂舞蹈"的洋人望去，"很遗憾没有一个会员能加入进去"。[①]

日俄战争以后，刚以为可以活跃在"国际社会"的舞台，没想到就连出国航海之旅的"舞会"都"没有一个会员能加入进去"。那种"遗憾"是出国在外的精英共通的情感。

泷本二郎过去一直反对出国时身穿日式服装，他曾回顾了1920年代大西洋航海之旅的食堂景象。

> 在这条航路上，日本人很难坐上欧美人的饭桌，反而被召集到东洋人那边。他们的甲板椅子被集中到一个地方，饭

---

① 石川周行编『世界一周画报』、193頁。

桌也被集中到同一个地方。

在 1920 年代后半期的大西洋航海之旅中，食堂里吃饭的日本人连"欧美人的饭桌"都"很难坐上"，却"被召集到东洋人那边"。不仅在食堂，甲板的椅子也是这种安排。"虽然这种安排反而给予日本人各种便利，但是最初不可能不引发日本人的不快。"

无论是食堂还是甲板椅子，进行大西洋航海之旅的日本人都无法与"欧美人"坐在一起，反而被召集到"东洋人那边"。目睹这一现实的泷本二郎总结道：

> 离开日本时，脑海某处潜藏着一等国民的意识，甚至存在一种观念，以为英、美、德、法与我们同等，其他都是比我们劣等的国家。……我们日本人以为自己的国家是一等国、大强国，可是欧美人当中没有一个人这样想。①

1920 年代以后，日本人产生了一种认识，认为日本作为"世界五大强国"爬上了顶点，获得了与西方列强"对等""同等"的地位。与此同时，他们还产生了一种"观念"，认为"其他东洋"诸国皆为"劣等"。他们以为自己与"其他东洋人"不同，日本是"一等国""大强国"，然而"欧美人当中没有一个人"持相同见解。

人们开始认识到的人种界线和日本精英共有的"一等强国"

---

① 滝本二郎「米国旅行案内」欧米旅行案内社、1930、380 – 385 頁。

意识之间存在一条鸿沟。出国经历就是发现这条鸿沟，进而发现随之而生的不安的过程。并且最重要的是，近代初期的日本精英认为，实现"富国强兵"就能崛起为对等的"一等强国"是不言自明的事情，而西方世界之旅恰恰是该观念的瓦解之旅。

第三章 光鲜的 "有色人种" 这一现实

日本 "人种平等" 提案不被列国接受，黄白人种的区别对待依然残存，加州拒绝日裔移民。如此种种，足以令日本国民愤慨。①

《大东亚战争的远因》,《昭和天皇独白录》(1995)

一 "平等" 的背后：巴黎和会

大显身手的舞台

日俄战争以来，日本虽然一跃成为 "一等强国"，却总有些 "畏缩不前"。第一次世界大战后，各国代表齐聚巴黎和会，对日本而言，这场 1919 年的会议是 "日本首次参加的大规模国际会议"，也正因此，相应地产生了精神上的痛苦。② 首先，日本

---

① 寺崎英成、マリコ・テラサキ・ミラー「大東亜戦争の遠因」『昭和天皇独白録』文春文庫、1995、23 - 24 頁。

② 牧野伸顕『回顧録』下、中央公論社、1978、171 頁。另外，关于巴黎和会上日本提交 "人种平等" 提案的综合性研究，参见 Naoko Shimazu, *Japan, Race and Equality: The Racial Equality Proposal of 1919.* New York: Routledge, 1998.

全权代表的人选迟迟未能敲定。其后，西园寺公望接下重任，成为首席全权代表，却又以身体不适为由面露难色，直到出行前一个星期，成员名单才终于定下。

也难怪日本全权代表在会议之前就畏畏缩缩。毕竟，大约半个世纪以前的日本还只是远东一介小国，这次却得以和英、美、法、意并立为"五大强国"出席国际会议。

近卫文麿也参加了巴黎和会。据他说，"世界各国的政治家群星荟萃，此景极为壮观"，"如此之多的人才齐聚一堂，应是史上罕见"。此时的近卫文麿正值青年时期，仅是一名旁观者。与之相比，地位仅次于西园寺公望的次席代表牧野伸显是日本实际上的全权代表，其精神压力之大可想而知。[1]

1871 年，11 岁的牧野伸显作为留学生与父亲、兄长一起随岩仓使团出行，[2] 当时金子坚太郎也在使团的留学生之列。抵达美国后，牧野伸显就读费城初中，四年后回国，继而升入东京帝国大学。从履历来看，牧野伸显 11 ~ 15 岁在美国留学，应该具备一定程度的英语能力，然而他参加巴黎和会时已经 56 岁，还能记得多少少年时代学过的英语？

当时，牧野伸显是日本外相，曾有人探问他是否愿意出任全权代表，他却推说自己难以担当如此重任。后来他被任命为次席代表，于是决定倚重自己信任的驻英大使珍田舍巳，借助对方的

---

[1]　近衛文麿『戰後欧米見聞錄』中央公論社、1981、12 頁。

[2]　牧野伸显是日本明治维新三杰之一大久保利通的儿子，出生后没多久成为牧野吉之丞的养子。牧野吉之丞 1868 年战死，牧野伸显从此生活在大久保家。另外，大久保利通是岩仓使团的副使。——译者注

英语能力。

本书第二章分析旧金山排日问题时，也曾在脚注中谈到珍田舍巳。珍田舍巳曾在青森的基督教学校学习英语，"擅长语言"，进入外务省后以工作能力出色而闻名。① 其老家是日本青森，"一口东北腔广为人知，常常分不清翘舌音和平舌音"。② 随同他参加巴黎和会的木村锐市回顾，珍田舍巳"在外交舞台上往往使用东北方言"，然而"当他用英语演讲或进行外交谈判时，却能说出一口流利的英语，发音中完全听不出东北腔。他说日语时比较寡言，说英语时却相当雄辩"。③ 这样的珍田舍巳"是霞关数一数二的人物"，④ "皇太子访英之际曾统管扈从人员"。在牧野伸显看来，"无论把何种任务交给"珍田舍巳"都不用担心"，"他是一个值得信任的人"，也是"外交界最受欢迎的类型"。⑤

巴黎和会期间，牧野伸显与珍田舍巳两人成为实质上的全权代表。当时，珍田舍巳 62 岁，与牧野伸显都已步入"老年"，两人"为了工作呕心沥血"，"那种操劳简直是对老年人的虐待"。木村锐市高度评价两人的尽心尽力，认为他们"如此高龄

---

① 牧野伸顕『回顧録』下、95 頁。
② 青森县位于日本东北地区。日本的东北方言常常分不清假名"し"和"す"、"ち"和"つ"、"じ"和"ず"的发音区别，类似于中文翘舌音、平舌音不分。——译者注
③ 木村鋭市「巴里媾和会議と珍田伯」菊池武徳編『伯爵珍田捨巳伝』共盟閣、1938、232、233 頁。
④ 霞关位于日本东京都千代田区南部，日本中央各官厅多集中于此，可谓日本行政、司法之中心。此外，"霞关"还被用于代指日本外务省。——译者注
⑤ 牧野伸顕『回顧録』下、95 頁。

竟然能忍耐那么长时间，实在令人惊异"。①

即使在诸多外国全权代表眼中，牧野伸显和珍田舍巳也是日本全权代表中最出名的人物，美国代表之一爱德华·豪斯（Edward House）认为这两人"安静、不为外物所动，是不容小觑的人物"。这两人被美国人呼作"二帝"。

"遗憾的是"，牧野伸显"英语没那么好，无法充分表达自己的意思。珍田舍巳的英语虽然好些，但是面对不利问题表现得比较强硬"。②

事实上，牧野伸显在会上除了朗读事先准备好的演讲稿以外一直保持"沉默"，会场上的答辩环节全靠珍田舍巳应对。讨论"人种平等""委任统治"等问题时，牧野伸显为主力，珍田舍巳为副手。讨论山东问题时则调换过来，由珍田舍巳担当主力，牧野伸显从旁辅助。可能是因为对日本而言，山东问题关乎实际利益，极为重要。③

其实，日本政府曾对全权代表下达指令，只要不是与日本直接利害有关的问题（山东半岛及南太平洋诸岛的利权问题），就"顺应大势"，仿照英国行动，"不必多言"。④

---

① 木村鋭市「巴里媾和会議と珍田伯」、220 頁。
② マーガレット・マクミラン著、稲村美貴子訳『ピースメイカーズ』下、芙蓉書房、2007、53 頁。
③ 另外，关于巴黎和会上珍田舍巳的表现，木村锐市回忆道："面对外国一流的大政治家，这位身高大约五尺的日本矮个男人在唇枪舌剑中泰然自若，顽强地将自己的主张来回转换，不知不觉中又转回到自己的论述核心。笔者三十余年外交官生涯中头一次看到如此游刃有余的姿态，这真是弥足珍贵的情景。"木村鋭市「巴里媾和会議と珍田伯」、222、227 頁。
④ 細谷千博『日本外交の軌跡』NHKブックス、1993、52 頁。

当时，驻美特命全权大使石井菊次郎也学过一句外交官的座右铭——"多听少说"（to hear much and say little）。[1]

然而，日本全权代表在巴黎和会上的存在感实在太弱，甚至被称作"沉默的伙伴"（silent partner）。归根到底是因为他们缺乏语言能力，对欧洲问题这个会议中心议题的相关知识和情报掌握不足，而且作为"世界五大强国"中唯一的"有色""新来者"（new comer）和"迟来者"（late comer），他们一方面有争强好胜之心，另一方面又因此感到不安和孤单。

过去，外交场合的通用语言一直是法语，而在巴黎和会上，大家争论过是否要把英语作为通用语言。关于语言选择问题，英国首相劳合·乔治（David Lloyd George）觉得用法语讲话非常不方便，意大利外交部部长西德尼·桑尼诺（Sidney Sonnino）则说："感觉意大利被排除在外，视同劣等。"于是，劳合·乔治问道："那么日本怎么认为？"日本全权代表无论用英语还是法语"都难以跟上讨论进度，只能沉默以对"。[2]

结果，英语和法语成为会议语言，会议中的演说被依次翻译为英语和法语。英语演讲被译为法语，法语演讲被译为英语，反复翻译期间，"全场氛围渐渐懒散起来，大家纷纷交头接耳"。[3]

---

① 「事項五 巴里講和会議に於ける人種差別撤廃問題一件」『日本外交文書』第三冊上、1919、412 頁。

② マーガレット・マクミラン著、稲村美貴子訳『ピースメイカーズ』上、79 頁；Margaret MacMillan, *Paris 1919: six months that changed the world.* New York: Random House, 2002, p. 59.

③ 近衛文麿『戦後欧米見聞録』、13 頁。

不仅是日本，意大利全权代表维托里奥·奥兰多（Vittorio Orlando）也饱受外语之苦。据他所言，在四巨头会议上，"当其他三人用英语对话时，自己很难跟上谈话节奏"，而且，"威尔逊一直对我开充满恶意的玩笑，直到第六次我才反应过来"。意大利全权代表至少还能讲几句，而日本全权代表则极少发言。根据英国方面的记录，日本代表"主要从旁观看"，"他们的英语和法语都讲得结结巴巴"，即使被议长询问是否赞同，也只能用英语简单地回答"啊，好的"。[①]

日本作为"世界五大强国"中唯一"有色人种"国家的不安与作为国际政治新成员的不知所措是密不可分的。确实，在巴黎和会的各种场合，日本全权代表团都遭到了西方列强的蔑视。法国总理乔治·克里孟梭（Georges Clemenceau）在会上把日本全权代表叫作"little chap"（小家伙），并"用大家都能听到的音量窃窃私语"道："这些小家伙在讲什么？"（What's the little chap saying?）[②] 会议进行过程中，美国代表爱德华·豪斯上校的惯用手法是"绝对不让 Jap 讲话"。[③]

此外，日本作为"五大强国"之一，按理说应该有资格参加高级别会议。然而事实上，每日两次、有时周日也会召开的"四巨头会议"正如其名，只有英、美、法、意四国可以参加，

---

① マーガレット・マクミラン著、稲村美貴子訳『ピースメイカーズ』下、7、53 頁。

② マーガレット・マクミラン著、稲村美貴子訳『ピースメイカーズ』上、84 頁。

③ ポール・ゴードン・ローレン著、大蔵雄之助訳『国家と人種偏見』ティビーエス・ブリタニカ、1995、134 頁。

日本被排除在外。

其实，一战期间，英、美、法、意四国曾在凡尔赛召开军事会议。对它们来说，巴黎和会就在该会议的延长线上，它们从未考虑把日本纳入巨头会议。[1] 并且，尽管一战期间协约国要求日本加入欧洲战场，但是日本避免此事，只是把驱逐舰队派往地中海，并承担印度洋一带的海上任务，对于英、美、法、意的军事会议，日本"不如说是采取了敬而远之的方针"。[2] 因此，日本也在某种程度上客观认识到自己是旁观者般的存在。然而，出于对自我的认识，日本"即使为了面子也希望作为东洋的代表国家加入会议中枢"，正因如此，巴黎和会上的日本"是否享受大国待遇成了一个大问题"。[3]

日本全权代表作为外交界的新人，自有其争强之心和不安。仿佛与之呼应一般，总体看来，最高会议上的"日本人往往被他人无视"，或是"沦为他人嘲笑的对象"。西方列强之所以对日本全权代表采取侮辱性的态度，不仅是因为日本代表语言能力有限，而且因为人种上的轻侮之心。某次会上，乔治·克里孟梭对旁边的法国外交部部长大声说，明明世上有"金发女人"，"我们却要在这里和丑陋的日本人面对面"。

虽然五大强国之一的日本有着强烈的自负心理，但是现实中

① 关于一战期间日本的军事合作，参见菅原武志「アーサー・バルフォア と第一次世界大戦における日本の軍事支援問題」『国際政治』第168 号、2012 年、日本国際政治学会。
② 重光葵『外交回想録』中央公論新社、2011、64 頁。
③ 重光葵『外交回想録』、64 頁。

的日本人仍然被称作"小家伙""丑陋的日本人","依然被当作劣等"来对待。①

提倡废除种族歧视

在此氛围下，2月13日，即巴黎和会召开后的第二个月，牧野伸显发表演说，要求把废除种族歧视的条目添入《国际联盟盟约》。

纽约的日本人也曾请求日本全权代表把该条目添加到盟约中，他们希望不论人种、宗教有何差异，平等的权利都能得到保障。这些亲身经历排日浪潮的在美日本人热切期待废除种族歧视的条目能被写入《国际联盟盟约》。

不仅如此，日本国内也相当关注"人种平等"提案。从日本全权代表名单正式宣布到全权代表出发，整整一个星期，日本报纸都在连日报道本国全权代表团的相关情况。② 毕竟，近代日本开国以来一直以"文明国"为奋斗目标。作为战胜国列席世界首次"国际会议"，正是其宣示自身"文明国"地位的大好时机，这场会议就是日本的高光首秀。

其中，日本人对"人种平等"提案尤其关注。国际政治学者神川彦松指出，"白人"把"有色人""视为低一级的动物"，因此"一定要把即将召开的和平会议作为新纪元，从根本上破除这

---

① マーガレット・マクミラン著、稲村美貴子訳『ピースメイカーズ』下、52–53、70–71頁。

② 筒井清忠『近衛文麿——教養主義的ポピュリストの悲劇』岩波現代文庫、2009、36頁。

个沿革性的可怕蒙昧"。他认为，日本在巴黎和会上倡导"人种平等"提案正是打倒"白人"霸权、去除种族偏见的一大契机。①

另外，头山满、上泉德弥（预备海军中将）及田锅安之助（东亚同文会理事）把废除人种差别待遇视为国际联盟的"主要事项"，为此他们从 1919 年 1 月开始计划开展"国民运动"。②

2 月 5 日傍晚，政友会、宪政会、国民党、黑龙会等 37 家团体在筑地精养轩③联合举办"种族歧视废除大会"，出席会议者多达三百余人。④

---

① 神川彦松「人種問題解決の緊要」『外交時報』第 340 号、1919 年 1 月 1 日、32 – 34 頁。

② 「事項五 巴里講和会議に於ける人種差別撤廃問題一件」、437 頁。田锅安之助 1882 年进入海军军医学校学习，1887 年入职东京海军医院，1889 年前往上海，一度返回日本，1891 年再度去上海并创办诊所。1898 年，田锅安之助参与东亚同文会的创设策划，并成为常任理事。「列伝田鍋安之助君」『続対支回顧録』下、原書房、1973、268 – 319 頁。

③ 筑地精养轩是东京首家西洋料理店，常常出现在日本近代各种史料和文学作品中。——译者注

④ 《日本外交文书》上列举的出席者如下：主持人杉田定一（第 13 届众议院议长）、河野广中（第 11 届众议院议长）、岛田三郎（第 19 届众议院议长）、大木远吉（贵族院前议员）、津轻秀麿、小川平吉（众议院前议员，1910 年参与东亚同文书院的创设策划）、佐藤钢次郎（陆军中将）、上泉德弥（海军中将）、副岛义一（早稻田大学教授）、松田源治（政友会代表）、下冈忠治（朝鲜总督府政务总监）、大竹贯一（政治家）、内田良平（黑龙会会主）、五百木良三（政治运动家）、田锅安之助、田中弘之（宗教界代表）、安藤正纯（新闻界代表）、西村丹治郎（国民党代表）等。「事項五 巴里講和会議に於ける人種差別撤廃問題一件」、441 – 442 頁。另外，1924 年 7 月 1 日排日移民法实施之际，黑龙会同样发动抗议集会"国民对美会"，内田良平任干事，他控诉道，排日移民法相当于对整个国家的侮辱，同时是"对亚洲民族的压迫"，"对东亚大陆的和平构成威胁"。吉田廣元編『対米問題と国民の覚悟——奮起せる大国論集』万年社、1924、2 頁；是澤博昭『青い目の人形と近代日本——渋沢栄一とL・ギューリックの夢の行方』世織書房、2010、ii 頁。

可能是因为黑龙会参与了这场集会，并发动了社会各界，[①]
一种独特的热情被营造出来。从各界代表的演说中也能看出自始
至终的盛况。退伍陆军代表、陆军中将佐藤钢次郎高声演讲道：
"人种差别待遇的废除是理所当然，作为世界有色人种中的前
辈，我们日本人对该问题发声实属紧要。"[②]

1920 年，佐藤钢次郎出版《日美若有一战》。翌年，他
又出版了《被诅咒的日本》。他在书中指出，有能力反抗欧美
种族偏见的是日本。由此可知，他对种族偏见似乎相当
关注。[③]

对于种族偏见，诸如佐藤钢次郎的论调得到了各界参加者
的共鸣。宪政会代表岛田三郎声称："对不同人种的厌恶原本
出自白人的偏见，甲午战争后俄、德、法三国对我国的干涉清
楚地揭示了这一迷信。"在他看来，"废除人种差别待遇是不言
自明之理"。三国干涉还辽时凸显的种族偏见留下了不少遗恨，
他仿佛要把这些遗恨彻底雪除，呼吁"人种平等"提案的必
要性。[④]

田锅安之助称赞道，教育家、学者、宗教家、政治家、军人
等社会各界重量级人物对"人种平等"提案漂亮地达成一致，

① 櫻井良樹「解題」内田良平文書研究会編『黒龍会関係資料集一』柏書房、1992、Ⅸ頁。
② 「事項五　巴里講和会議に於ける人種差別撤廃問題一件」、441 頁。
③ 再者，佐藤钢次郎在其著作《明治神宫忏悔物语》中提到，白人在明治神宫忏悔，认为西方文明是错误的。片山杜秀『ゴジラと日の丸』文藝春秋、2010、333 頁。
④ 「事項五　巴里講和会議に於ける人種差別撤廃問題一件」、442 頁。

简直是"前所未有之事"，呼吁废除种族歧视的"这个声音在全体四亿支那人、三亿印度人之间回响，必将真正发展为世界的舆论"。他认为，日本的"人种平等"提案不仅对日本，而且对以印度、中国为首的亚洲具有重大意义。

并且，政友会有志代表松田源治指出，"自古以来，战争的一大原因是种族偏见，只要去除种族偏见，可望得到永久的和平"，"日本民族有必要代替其他不幸民族提倡此事"。关于日本所能担负的人种使命，他展开了宏大的论述。在他看来，自古以来，"其他不幸民族"，即"有色人种"饱受白人种族偏见的折磨与欺凌，日本正该成为拯救"有色人种"、引领他们走向"和平"的先导者。

最后，岛田三郎在闭幕致辞中讲道，"废除种族歧视是顺理成章之事，很多人都认为这是明明白白的问题，讨论起来没有什么意义"，可是"对于世界人类的平等待遇，英美等国人士总有些冷淡，而吾等竟然敢主张此事"。因为"世界人类平等"才是正义，日本正是基于这个理念才在巴黎和会上提交了"人种平等"提案。可以看出，其言论暗藏对抗英美的意识。

此外，"以往国际间的人种差别待遇不仅有悖于自由平等之大义，而且必会留下未来国际纷争的祸根，难道还要让其依旧存续下去吗？即使订立千百条盟约，不过是砂上楼阁，不可能获得普遍的世界和平"。换言之，倘若不能在这里认可人种平等，必然会给未来的国际政治留下"祸根"；倘若"人种平等"提案这次没有得到采纳，那么讴歌"世界和平"的和会等不过是"砂上楼阁"。最终，该大会全场一致通过决议，要求废除种族歧视。①

　　日本即将勇敢地登上国际政治舞台，在上面大显身手。以此为时代背景，种族歧视废除大会仿佛被热烈高涨的气氛所包围。这种氛围可能也与战时特需带来的经济繁荣有关。然而，出席这场会议的人当中，到底有多少日本人遭受过种族歧视，受到过种族歧视的折磨？

　　那些在日本国内高声呼吁废除种族歧视的人们其实位于社会上层，以政治、军事领导者为首。他们在日本国内享受的差别对待是"厚待"而非"薄待"，不可能被歧视到需要控诉不平等的地步。尽管如此，日本的精英阶层仍然如此热烈地、充满感情地呼吁废除种族歧视。

　　那么，到底是何种缘故导致这些与种族歧视无缘的人们从心底与巴黎和会上的"人种平等"提案产生共鸣？

牧野伸显的演说

　　与现实生活中是否经历过种族歧视无关，日本在"人种"和"文明"中的定位是国内众多精英阶层关注种族歧视的理由之一。

　　恰如佐藤钢次郎在《世界有色人种中的前辈》中所述，从

---

① 「人種的差別撤廃同盟大会」『大阪朝日新聞』1919 年 2 月 7 日。另外，所有演讲者的演讲内容都刊载在「人種的差別撤廃期成会運動記」『亜細亜時論』第 3 卷第 3 号、1919 年 3 月 8 日号；内田良平文書研究会編『黒龍会関係資料集七』柏書房、1992、139 - 147 頁。

人种的观点来看，日本作为"世界五大强国"中唯一的"有色人种"，毫无疑问处于"世界有色人种中的前辈"位置。换句话说，这是因为，日本作为五大强国之一列席巴黎和会意味着日本作为"世界有色人种中"唯一的"文明国"参与到国际政治当中。

前文多次提到，日本作为"文明国"得到西方认可是其签订不平等条约以来理应实现的最大目标。证明日本为"文明国"乃是近代日本的确切目的之一。

可是日俄战争前后，精英阶层开始认识到，"黄色人种"这一身份正在成为可能动摇日本"文明国"定位及其认可度的重要因素。特别是在西方列强支配下的国际政治领域，对日本这个唯一的非西方国家而言，人种差异一直是潜在的担忧事项。

因此，日本提交"人种平等"提案是为了自我防卫，其真正意图是使日本这个"有色人种"国家获得和西方对等的待遇。"人种平等"提案包含一种精神上的保证，力图使"文明"和"人种"坐标轴上摇摆不定的日本稳定下来，并确保其"文明国"的地位。

"种族歧视废除大会"在东京筑地精养轩召开之后大约过了一个星期，牧野伸显在国际联盟委员会发表演说。

牧野伸显在委员会上讲道，人种问题今后很有可能发展成严峻的问题，因此提议添加关于人种、宗教问题的条目。其演说内容如下。

国家间的平等是国际联盟的基本原则，在加入国际联盟之际，应该不论人种、国籍，承认法律或事实上的平等。所以，他想提议添加有关该宗旨的条目。他另外指出，所谓种族歧视，乃是法律和社会上现存的、不可否认的（undeniable）问题，种族歧视这一现实的存在值得讨论。

然而与此同时，他还指出，种族偏见与人们根深蒂固的感情有关，是一个敏感复杂的问题，应该受到密切的注意。

牧野伸显用英语读了这篇长长的演讲稿，最后，他对一战的战场情景进行了回顾——此前战争中，不同人种的人们在战壕、海上并肩作战、互相帮助。他们彼此之间抱有强烈的共鸣与谢意，这应该是前所未有的事情。在这样一个共同经历过苦难的时代，难道我们不应该承认人种平等的理念吗？①

反驳意见与原本的意图

日本发起的有关"人种平等"提案的演说"感动人心，是自由主义性质的公开表态"，然而"没有起到任何作用"。毕竟，英国掌控着印度这块殖民地，美国国内舆论对排日问题相当敏感，以英、美为首的西方大国存在各种各样的人种问题。他们异口同声地反驳道，"这个问题会引起很大的争议"，"不在讨论范围之内"，并且美国总统威尔逊（Thomas Woodrow Wilson）还声称："围绕种族偏见进行争吵是错误的。"②

---

① 「事項五　巴里講和會議に於ける人種差別撤廃問題一件」、436 – 437、449 頁。
② マーガレット・マクミラン著、稲村美貴子訳『ピースメイカーズ』下、67 – 68 頁。

尽管牧野伸显的演说得到了一部分人的支持，却遭到了西方列强的拒绝。

大约两个月后，日本提交了修正案。不过，"人种平等"初次提案被拒绝时就已引起轩然大波。

废除种族歧视的提案迟迟得不到有效进展，对此，时任驻美特命全权大使石井菊次郎深感遗憾。3 月 14 日，石井菊次郎在纽约的日本协会发表演讲称，如果无法把废除种族歧视的条目写入《国际联盟盟约》，日本就不打算加入国际联盟。

早已开始煽动排日运动的美国媒体自然不会忽视石井菊次郎的发言。石井菊次郎的演讲主旨被美国媒体迅速传播。《纽约先驱论坛报》（*New York Herald*）批评道，一旦添加废除种族歧视的条目，美国会有大量"日裔移民涌入"，这不仅事关劳动界，而且"关乎国家安危"。还有报道声称，有人建议，倘若废除种族歧视的条目得到批准，美国唯有退出国际联盟。

然而石井菊次郎发言的真正意图并非在于解决日裔移民问题。石井认为，日本"人种平等"提案的核心不过是"国民感情、自尊心的问题"，他"明确指出，不应将其与移民劳动问题相混淆"。后来，牧野伸显也接受了《纽约先驱论坛报》的采访。牧野伸显谈及石井菊次郎的发言时解释道，日本始终支持国际联盟的原理原则，只不过把人种、国家间的平等作为所应追求的理念，并不打算解决移民问题，也不打算把平等条目应用到移民问题上。①

---

① 「事項五　巴里講和会議に於ける人種差別撤廃問題一件」、478 頁。

《纽约先驱论坛报》将排日问题与移民问题关联起来无可厚非，毕竟，美国的排日问题发端于与移民有关的劳动问题。可是，日本诉求的人种平等与移民无关，而是关乎国民感情与自尊心的问题。牧野伸显的辩解反映了当时日本精英阶层直白的看法。因为对他们而言，人种问题的重要性完全在于西方社会对日本人的排斥会损害（精英阶层们所认知的）"颜面"，即日本的国家自尊心。至于正被西方人排斥的移民，这些人的人权不在精英阶层的考虑范围内。

石井菊次郎将"自尊心问题"与"移民劳动问题"分开考虑，其言论体现了其作为精英的直白意见，并且也是精英阶层的普遍意见。

原本精英阶层就存在一种倾向，试图把排日问题当作日裔移民的阶级问题。而且如前文所述，精英阶层自身对那些"弃民"，即日裔移民明显抱有歧视心理。

日本的精英阶层虽然高声呼吁人种平等，却不在意日裔移民现实中所遭受的种族歧视，声称只是在理念上追求人种平等。那么，欧美人是否能从日本精英阶层似是而非的言论中体会到他们的真正意图？

矛盾

与此同时，与西方列强一样，日本一方面呼吁着"平等"，另一方面却面对着与之矛盾的现实。例如，台湾、朝鲜殖民化过程中的歧视问题，1915 年 1 月的对华"二十一条"等，甚至在日本国内女性不具有参政权，即使是男性，其参政权也受到纳税条件的限制。①

　　而且，日本为了阻止人口膨胀，重点奖励地方、农村等区域的国民移居海外，于是移民作为"弃民"成为人口政策的一环。此外，日本还禁止中国劳动者入境。②

　　当中国大陆、台湾、朝鲜等遭到日本支配的人们看到日本"变得和白人一样，模仿白人压迫他们、鱼肉他们"时，他们感到非常愤慨。③ 1919 年的朝鲜"三一运动"和同年中国的五四运动都反映了这种心理。1918 年 12 月，即巴黎和会召开之前大约 1 个月，近卫文麿在《日本及日本人》上发表了题为《排除英美本位的和平主义》的文章。他在文章中批判道，英美的霸权政治"无非是把自己所谓的野心神圣化"。充满讽刺意味的是，这句话也可以用来描述日本面对亚洲时的姿态。④

　　一战后，"哪怕只是在名义上，不管怎样"，日本已经"与英、美、法、意比肩，站在了号令世界的高度"。然而实际上却虚有其名，"明明矮小体弱，偏偏还要加入坏孩子的团体，以欺侮他人为业"。于是"理所当然的，这个矮小体弱的孩子遭到了

────────────

① 关于女性参政权，1893 年新西兰女性率先拥有参与国家级政治的权利（只有选举权），其后澳大利亚（1902）、芬兰（1906）、挪威（1913）、丹麦及冰岛（1915）的女性相继获得该权利。1918 年，苏俄允许女性享有包括选举权、被选举权在内的参政权。受此影响，英国（1918）、美国（1920）也相继承认女性的参政权。「婦人参政権」社会科学辞典编集委员会编『社会科学総合辞典』新日本出版社、1992、572 頁。

② 石橋湛山「人種的差別撤廃要求の前に」『石橋湛山全集』第 3 卷、70 頁。

③ 石橋湛山「大日本主義の幻想」『石橋湛山全集』第 4 卷、24 頁。

④ 近衛文麿「英米本位の平和主義を排す」『日本及日本人』政教社、1918、24 頁。

坏孩子团体的嘲弄"。在石桥湛山看来，日本被西方列强轻侮也是没有办法的事情。[①]

虽然不可能存在没有歧视的社会，但是在国内外公然实施各种歧视性手段的同时，却又公然讴歌"平等"，这种做法实在太过矛盾。

可是，对支持"人种平等"提案的日本精英阶层来说，所谓的"平等"仅仅意味着日本在国际政治舞台享有和西方列强"平等"的待遇，尤其要把日本"有色人种"身份所带来的不利影响最小化，维持住"世界五大强国"之一的"颜面"和"体面"。

日本全权代表瞄准的目标看似抽象，却是他们亟须解决的问题。毕竟，明治时代以来，日本的国家方针一直是"脱亚入欧"，而日本作为"世界五大强国"之一参加巴黎和会象征着他们沿着"脱亚入欧"道路抵达了目的地。[②] 可是，脱亚入欧与日本身为"有色人种"的现实之间存在无论如何也无法背离的东西。也就是说，纵使日本在文明上成功实现了脱亚入欧，然而从人种的角度来看，脱亚入欧本身的逻辑就是失败的。

也正是因为这个缘故，日本政府才始终坚持抽象的主张，其"人种平等"提案不打算在实质上解决移民问题，仅仅止步于对"理念"的追求。

---

① 石橋湛山「袋叩きの日本」『石橋湛山全集』第 3 卷、86 – 88 頁。
② 中西寬「近衛文麿「英米本位の平和主義を排す」論文の背景——普遍主義への対応」『法学論叢』第 132 卷第 4 – 6 号、1993 年、239 頁。

反命题

另外，对日本以外的非西方国家来说，日本的"人种平等"提案意味着针对西方长年的霸权提出了一个值得瞩目的反命题。

当非西方的日本作为"世界五大强国"之一在国际政治舞台崭露头角时，从文明的视角来看，以英美为首的西方列强迎来了非西方的对抗；从人种的视角来看，白人霸者迎来了非白人的对抗。甚至可以说，有双重使命被托付到了日本这个国家身上。

近卫文麿在《排除英美本位的和平主义》中指出，"英美两国"从国际联盟"获益最多"，其他国家"不但得不到什么好处，而且经济只会愈发萎缩"，欧美主张的"民主主义、人道主义"相当虚伪，因此，日本应与之对抗，在巴黎和会上提出至少两点诉求并加以解决，即"排斥经济上的帝国主义，实施黄、白人无差别待遇"。特别需要指出的是，"黄人"就业遭到阻挠，房屋、耕地无法租借，即使只是在旅店住宿也"须提供白人保证人"等信息，这种"鄙视、排斥日本人乃至普通黄人"的行径值得"愤慨"。所以，现在正是"改正"英美"傲慢无礼的态度"，"基于正义人道的理念废除对黄人的入境限制、修改一切差别对待黄人的法令"的时候。他总结道：

> 想来，即将召开的和会是人类基于正义、人道改造世界的事业能否成功的一大试炼。我国竟敢不遵从英美本位的和

平主义，而是身体力行正义、人道真正的宗旨，真可谓正义之勇士，其荣光应在人类史上得到永远的讴歌。[①]

对于近卫文麿来说，通过对抗英美霸权，日本可能实现"一大试炼"，即"基于正义、人道改造世界"。自然而然的，这也意味着"更改""对黄人的差别待遇"，即与白人霸者展开人种上的对抗。

近卫文麿的论述带有宏大的使命感与恍惚感。1918年，上海英文报刊《密勒氏评论报》（亲中派美国人密勒创办）把近卫文麿的文章翻译成英文，并表达了反对意见。近卫文麿的文章发表于1918年12月，当月就被译成英文，由此可知，该文章发表之初就备受关注。甲午战争、日俄战争以后，日本的崛起势头越发明显，不少西方人感觉到人种对立的潜在危机，故而近卫文麿的主张具有一定的说服力。事实上，孙中山读到该文时大为感动，曾与近卫文麿在上海相见，并产生共鸣。印度的独立运动领袖也对文章中的反西方言论产生了共鸣。

其实，近卫文麿原本不在巴黎和会随行人员之列，是西园寺公望出于好意将其加到名单里。然而，西园寺公望对近卫文麿的这篇文章却"大加斥责"，认为该言论有碍欧美协调。[②]

在1919年这个时间节点，日英同盟是日本对外政策的基轴，

① 近衞文麿「英米本位の平和主義を排す」、25 – 26 頁。
② 岡義武『近衞文麿』岩波新書、1972、14 頁。

欧美协调作为国家方针占据着极为重要的地位。不仅是西园寺公望，其他欧美协调派精英阶层可能也持相同观点。他们眼中的近卫文麿虽有学识、素养，却缺乏现实主义的视角。在他们看来，这种任性、没有责任感的论述相当不安全。

另外，可能对外强硬派对近卫文麿的主张深有同感。姑且不论各方持何种立场，面对走上帝国主义扩张道路的西方列强，日本确实看似堂堂正正地提出了人种平等的诉求。纵使这种姿态的背后满是伪善，也需承认一个事实，即他们从心理上希望代表"有色人种"，展现出"正义勇士"的英姿。① 换言之，虽然在现实主义层面，欧美协调才是掌控日本国运的外交手段，但是，若要说众多精英阶层的内心深处都抱有对抗英美的意识，想必也不为过。尽管他们不像近卫文麿那样明确地公开自己的想法。

对"失败"的补偿

巴黎和会期间，日本全权代表为了把人种平等条目添入《国际联盟盟约》，对提案进行了多番修改，然而日本的努力还是以"失败"告终。

此前的议题都是采用多数表决的方式进行评议，日本提交的

---

① 日本国内舆论也表现出同样的反应。4 月 24 日，"废除种族歧视期成同盟会"第三届大会在东京帝国饭店召开，参会者多达两百余人。他们认为，欧美反对废除种族歧视的行为是对"正义、人道"的无视，并"全场一致"通过决议，宣称日本国民不会加入这样一个反对废除种族歧视的国际联盟。「事項五　巴里講和会議に於ける人種差別撤廃問題一件」、504 頁。

"人种平等"提案也采取了这一方式。共有 16 人出席会议，其中 11 票（意大利 2 人，法国 2 人，中国、希腊、塞尔维亚、葡萄牙、捷克斯洛伐克各 1 人，日本 2 人）表示赞同，达到多数同意。尽管如此，威尔逊总统却强硬地表示反对，声称像"人种平等"提案这样重要的问题必须全场意见一致才能通过，结果导致该提案被否决。

相比英美，澳大利亚的反对态度更为强烈。巴黎和会期间，澳大利亚不仅加入了国际联盟，而且否决了废除种族歧视的条目。澳大利亚总理比利·休斯（Billy Hughes）满载而归时赢得了国民的热烈欢迎，他在墨尔本发表演讲，高声讴歌"白澳主义"，宣称"澳大利亚安全了"（Australia is safe）。

1909 年，战争小说《澳大利亚的危机》（*The Australian Crisis*）在澳大利亚出版发行。书中写道，1910 年代，日本进犯澳大利亚北部领土，人种战争爆发。这本书的作者是弗兰克·福克斯（Frank Fox）。他的好朋友阿尔弗雷德·迪金（Alfred Deakin）是促成澳大利亚联邦成立的重要人物之一，在澳大利亚联邦成立的最初十年一直是该国政界的核心人物，故而福克斯这本讨论人种战争的小说同时对政界具有相当大的影响力。[1]

澳大利亚原本是英国流放罪犯的地方。18 世纪后半叶，许多英国殖民者和囚犯来到这片大陆，一边迫害原住民，一边将此地当作英国领地来开发，因此，澳大利亚作为"有色人种"圈

---

[1] ネヴィル・メイニー著、赤根谷達雄訳「「黄禍論」と「オーストラリアの危機」——オーストラリア外交政策史における日本：1905–1941」『国際政治』第 68 号、1981 年、6–8 頁。

的"白人国家",其自我认知与不安都非常强烈。① 澳大利亚殖民者具有浓厚的白人优越感,即所谓的"白澳主义"。它表现为几种感情的杂糅。一方面,被流放的无赖面对"有色人种"时,他们的自卑感变成了优越感;另一方面,侵略澳大利亚的"有色人种"圈时,他们产生了潜在的罪恶感,继而衍生出恐惧感。

20 世纪初,当日本开始上升为"来自北方的威胁"时,比利·休斯在演讲中指出,"我们只是有色人种大海中的一滴水",并且仅仅是"500 万人的白人集团",被"10 亿""有色人种"包围。要"保持""白澳主义"的"神圣",就要在 10 亿"有色人种"的包围下采取相应对策守护澳大利亚。②

因为有如上种种因素,加之巴黎和会后几个月就有大选,比利·休斯当然会斩钉截铁地反对日本的"人种平等"提案。

由于澳大利亚在一战期间为英国贡献良多,英国不可能不支持澳大利亚的反对意见。至于美国,因为加利福尼亚州对总统的攻击越发激烈,总统自然知道该如何抉择。

---

① 关于澳大利亚"白澳主义"等种族歧视的历史,参见藤川隆男『人種差別の世界史——白人性とは何か?』刀水書房、2011。

② *Sydney Morning Herald*, 15 August, 1916. ネヴィル・メイニー著、赤根谷達雄訳「「黄禍論」と「オーストラリアの危機」——オーストラリア外交政策史における日本:1905 – 1941」、12 頁。另外,巴黎和会上的日澳对立不仅涉及人种问题,而且关乎南太平洋诸岛的占领等实质性问题。最后,赤道以北的南太平洋诸岛为日本的委任统治地,赤道以南则为澳大利亚的委任统治地,该问题暂时得到解决。酒井一臣「「脱欧入亜」の同床異夢」——アジア・太平洋地域協力の予兆」大阪大学西洋史学会編『パブリック・ヒストリー』第 3 巻、大阪大学西洋史学会、2006、34 – 35 頁。并且,与南太平洋诸岛相关的日本及国际政治专业书籍,可参见等松春夫『日本帝国と委任統治——南洋群島をめぐる国際政治:1914 – 1947』名古屋大学出版会、2011。

不管怎样,在英美主导的国际政治舞台,要添加"人种平等"提案确实相当困难。而且,日本充其量不过是强调一种"理念",他们自己也认识到该提案缺乏现实性,含有矛盾之处。如前文所述,日本的"人种平等"提案不过是强调日本应在西方列强支配下的国际政治舞台上享有"平等"地位,也就是说,其意图仅仅是"获得与白人平等的待遇"。[1]

另外,日本在巴黎和会上继承了德国在山东半岛的权益。考虑到英美否决了"人种平等"提案、给予日本在中国的权益,可以说,山东问题的解决是对日本"人种平等"提案被拒的补偿。

换言之,一战后,日本为了"做好对华侵略竞争的准备",解决山东半岛权益这个"急迫的问题",还把"人种平等"提案当作"一个布局"。[2]

事实上,此前的议题都采用多数表决的方式审议,唯有日本的"人种平等"提案招致威尔逊的强硬反对,必须全场意见一致才能通过,最终该提案遭到否决,日本也没对结果提出异议。另外,日本全权代表强烈主张继承德国在山东半岛和南太平洋诸岛的权益。考虑到这一点,不能说"人种平等"提案与山东半

---

[1] 『日本外交文書』1924 年、第 1 冊、26 頁。

[2] 藤本博生「パリ講和会議と日本・中国」『史林』第 59 卷第 6 号、1976 年、71 頁。如下著作也就这一点展开了论述。Sean Brawley, *The White Peril: Foreign Relations and Asian Immigration to Australia and North America, 1919–1978*. Sydney: University of South Wales Press, 1995, pp. 8–29.

岛权益毫无关联。①

就连牧野伸显也在事后回顾，"像人种问题这种根本性问题"在巴黎和会上是"次要问题"。②牧野伸显将其称为"次要问题"可谓一语中的，日本全权代表充其量只是把"人种平等"提案作为"理念"来追求，他们通过主张这个"次要问题"，从而解决首要的现实利益问题，获得山东半岛的权益。

近卫文麿也是如此。4月28日，"人种平等"提案在第五次全体会议上最终遭到否决，然而近卫文麿却不置一词，尽管他曾干劲十足地宣扬日本的人种使命。

牧野伸显在最后一场关于"人种平等"提案的演说中指出，人种平等甚至无法作为理念获得承认，对此，他感到非常遗憾（poignant regret），日本接受"人种平等"提案被否决这一结果，今后将把提倡人种平等作为应尽的"义务"。③即使这只是外交辞令，考虑到日方利用该提案成功完成了现实利益上的交涉，那么，日本的"人种平等"提案本身虽然"失败"了，却在政治、外交上取得了"成功"。

---

① 1934年2月19日，朝日新闻社在东京帝国饭店召开外交座谈会，牧野伸显、秋月左都夫、林权助、松井庆四郎、石井菊次郎、币原喜重郎、芳泽谦吉、栗野慎一郎出席。酒席中，牧野伸显回忆道，关于巴黎和会上的"人种平等"提案，由于西方列强"都因"各国内部的"人种问题而苦恼"，当日本宣称不再坚持主张这个提案时，劳合·乔治来到牧野伸显的身边，一边说着"真的很抱歉"，一边与牧野握手，脸上浮现出放心的表情，看起来似乎"非常安心"。朝日新聞社編『日本外交秘録』朝日新聞社、1934、148－154頁。

② 牧野伸顕『回顧録』下、173頁。

③ 『日本外交文書』1919年、第3巻上巻、509頁。

如果只聚焦这一点，日本讴歌的"平等"理念本身具有一定的说服力，同时也缺乏说服力。可是，在与日方真实意图不同的另一个次元，约占全人类60%以上的"有色人种"确实有他们的诉求。[1]

以印度诗人、思想家泰戈尔为首的亚洲一批知识阶层从跻身世界五大强国的日本身上，看到了他们从西方列强支配下"解放"的可能性，他们不赞同日本的帝国主义扩张，但是在反西方的层面与日本产生了共鸣。[2] 并且，印度独立运动的先驱尼赫鲁也获得启发，想要把亚洲从欧洲的支配下解放出来，可以说，日本"人种平等"提案在这一点上具有较大的意义。[3]

---

[1] Paul Gordon Lauren, "Human Rights History: Diplomacy and Racial Equality at the Paris Peace Conference," *Diplomatic History*, 1978, p. 260.

[2] クリストファー・ソーン著、市川洋一訳『太平洋戦争とは何だったのか』草思社、1989、60 頁；細谷千博『日本外交の軌跡』NHKブックス、1993、54 頁。

[3] 入江昭著、篠原初枝訳『権力政治を超えて』岩波書店、1998、56 頁。币原喜重郎、牧野伸显、石井菊次郎不会在自己的回忆录里记下与种族歧视相关的言论，不过在酒席的座谈会上，他们却留下了这类记录。毕竟，朝日新闻社举办这场座谈会是为了将"我国外交背后的历史"公开出版（参见朝日新闻社副社长下村宏的"序"）。相关记录如下，币原喜重郎笑着说，他看到黑人向自己鞠躬行礼时，心想："他是不是把我误认成黑鬼了。"牧野伸显说："不管怎样，这说明人种问题引起了很大的反响。"石井菊次郎在华盛顿对"黑鬼"投以同样的目光，他笑言："据说黑人不经历七代没法变白。（笑声）并且即使一度变白了，一旦再次混入黑人的血统，下一代会变得比前几代还要黑。这是人类学家的言论……（笑声）"言谈中可以看出他对黑人露骨的蔑视。朝日新聞社编『日本外交秘録』、145－155 頁。同样，巴黎和会上英美全权代表等人对日本全权代表的种族侮辱意识也很露骨。其中，英国的态度自始至终都很一致，既然日本不是白人国家，英国就不可能承认日本享有人种上的平等，即使日本在国际政治舞台崭露头角。ポール・ゴードン・ローレン著、大蔵雄之助訳『国家と人種偏見』、123－153 頁。

该事件的余波甚至蔓延到了拉丁美洲。1922年，外驻墨西哥公使馆的石射猪太郎与日方相关人员走进一家饭店。饭店里的墨西哥人多次一齐举杯，高呼"日本万岁"。虽然日本人在盎格鲁美洲（Anglo-America）不受欢迎，可是在拉丁美洲，他们却"被寄予特殊的尊敬和亲近之意"。^①此外，1919年外驻华盛顿的币原喜重郎在大街上遇到一个黑人向他鞠躬行礼以表达感谢之情，理由是日本在巴黎和会上提出了人种平等的诉求。同样，也曾有黑人向牧野伸显致谢。^②

如上种种，就连不对日本抱有期待，或是对日本没什么迫切需求的人们也有自己的诉求。这就说明日本的"人种平等"提案确实提出了一个超出自身利益的诉求。近卫文麿所主张的针对西方的反命题，即日本的使命，其中一部分获得了日本以外国家的认可。虽然对欧美协调派来说，近卫文麿的论述缺乏现实主义的视角，没有责任感，但是可以看出，近卫文麿的反西方意识从心情上超越了思想上的立场，而且在日本之外获得了共鸣。

正如田锅安之助曾为社会各行各业的人们在人种平等上达成一致而感慨那般，人种平等中蕴含的反西方意识不同程度上反映了欧美协调派和对外强硬派的心声。

若非如此，一个仅仅24岁的年轻人的论述不可能在国内外产生这么强的存在感，即使他是与皇族最为亲近的精英。

---

① 石射猪太郎『外交官の一生』、123頁。
② 朝日新聞社編『日本外交秘録』、145–155頁。

挫折

另外，巴黎和会召开之际，佐藤钢次郎曾在日本国内发出豪言壮语，把日本定位为"世界有色人种中的前辈"，然而在1921年，他却对"人种平等"提案的"失败"做出如下批判：

> 既然否决了废除人种差别待遇的提案，那么国际联盟也就失去了其精髓，仅仅成为白人之间的协约。日本人被捧为五大强国之一，貌似非常难得。就算没坐进客厅，仅被安排在土间①，仍有人高兴地说，能参与协商真是光荣呢。持此观点者未免太过乐观。近来我国也引进了不少新思想，打破阶级的呼声也相当高。与之相比，不如让全国国民先达成一致，呼吁打破人种上的阶级差距。②

佐藤钢次郎在国内这般描述巴黎和会上日本全权代表的情况，可能是因为他从"人种平等"提案中看出了超出其言辞的意思和意义。

在佐藤看来，最近"各种事件的根本要素不在政治，而在人种"。他指出了人种对立的潜在危险性，认为"白人世界"与亚洲之间有必要缔结某项协约，如果未能实现，则"世界有可能被卷入人种战争。而且真正的人种战争意味着最残忍的

---

① 土间指日式房屋中没有铺地板的那部分空间。——译者注
② 佐藤鋼次郎『呪はれたる日本』隆文館、1921、4頁。

杀戮战"。①

不知是幸运还是不幸，佐藤钢次郎尚未听闻排日移民法的制定实施，就于1923年离开人世。他曾担任陆军中将，晚年成为关东国粹会总长。或许可以说，他的言论多少带有几分思想上的特色。佐藤生前对种族偏见满怀愤怒与憋屈，然而就在他去世的下一年，也就是1924年，美国制定了排日移民法。此后，日本政府的高官乃至国际主义者的代表人士新渡户稻造都超越了思想上的立场，流露出激昂与沮丧之情。

从这点来看，从1919年巴黎和会上的"人种平等"提案到1924年的排日移民法（下文即将论述）都贯穿着人种这个话题，这种连续性想必值得研究近代日本人种意识的人们大书特书。事实上，排日移民法实施之际，精英阶层中有不少人回想起巴黎和会上的"人种平等"提案，难以忍受这般屈辱。在许多人看来，这两个与人种相关的历史事件正是近代日本一大挫折的象征。

二　排日移民法

排日倾向

排日移民法本身并非独立的法律，而是指1924年美国制定的全面禁止接受日裔移民的措施。严格说来，《1924年移民法》

---

① 佐藤鋼次郎『呪はれたる日本』、70、91頁。

（Immigration Act of 1924）把各国移民的上限调整至 1890 年人口普查时各国移民数量的 2%，其中的排日条例被通称为"排日移民法"。该法令把日裔移民定性为"不能归化的外国人"，因此对日裔移民采取全面的禁止措施。①

不过，在排日移民法制定之前就出现了排日倾向。例如，1913 年的第一次排日土地法和 1920 年的第二次排日土地法，若是再往前追溯，美国的排日倾向发端于 1906 年的旧金山日本学童教育隔离事件。

也就是说，大约自日俄战争以后，美国的排日倾向开始变强。1919 年日本在巴黎和会上提交"人种平等"提案时，美国各州的排日政策正在逐步立法化。换言之，1924 年的排日移民法乃是 20 世纪初兴起的排日倾向的集大成。然而在此需要特别指出的是，排日移民法几乎未对日方造成什么值得一提的损失。尽管如此，日方在情感上却表现得甚为"激烈"。

如前文所述，排日移民法原本的排斥对象是日裔移民，而日裔移民之所以出现，是因为日本国内为防止人口膨胀，重点奖励地方、农村等区域的国民移居海外。这些移民其实是日本的"弃民"。并且，即使从各国的移民总数来看，日裔移民对日美双方而

---

① 簑原俊洋『排日移民法と日米関係』岩波書店、2002、162 頁。"不能归化的外国人"的英文原文是"aliens ineligible to citizenship"。因为没有正式的译语，簑原俊洋将其译为"没有归化资格的外国人"。本书采用日本外交文书上的词——"不能归化的外国人"。

言也是"immaterial"（无关紧要），简直是不值一提的存在。①

那么，像日裔移民这样实质上如此"微小的问题"为何会在精英阶层引发强烈的愤慨？② 《日本外交文书》甚至用"激昂"一词记录人们的情绪，讨论日美开战的可能性。日方的愤慨到底意味着什么？

煽动的时代

首先，第一次排日土地法和第二次排日土地法可谓排日移民法的前期阶段，它们与美国国内政治的动向是联动的。

按理说，美国联邦政府不能介入州政府的政治举措，然而1906年的旧金山日本学童教育隔离事件却经由联邦政府之手得到解决，这是因为当时加利福尼亚州的州长与总统都是共和党，总统才得以向州议会施压。

另外，旧金山日本学童教育隔离事件发生以后，日裔移民为了避免与白人发生摩擦，从原先聚居的都市转移到竞争较小的郊外。本书第二章中，麦肯锡曾调查日裔移民的生活状态，并在报告中高度评价道，日裔移民把白人根本看不上眼的荒地开垦出来，做出了卓越的贡献。日裔移民的开荒活动正是源自这场人口流动。

---

① 1924年4月10日，埴原正直大使写给美国国务卿查尔斯·休斯（Charles Hughes）的书信，『日本外交文書』、141页。即使在日裔移民人数最多的1907年，仅有大约3万人入境。1901～1910年，日裔移民入境人数约为13万人。与之相比，约有205万意大利裔移民来到美国。虽说排华法案导致1882年以后华裔移民减少，然而根据1890年的人口普查，在美国的日本人为2050人，在美国的中国人则为107000人。飯野正子『もう一つの日米関係史』有斐閣、2000、12页。

② 『日本外交文書』、1924年4月18日、289页。

可是在 1909 年，加利福尼亚州却推出了排日土地法，意图阻止日裔移民获得农田。其中一条法令对没有归化权的外国人的土地所有权不予承认，虽然华裔也被囊括在内，但其目标是为了打击日裔移民。

西奥多·罗斯福得知此事后，再次向同属共和党的州长施压，将该法案作废。不过，他对州政治所能施加的政治压力是有限度的。

当时，共和党在加利福尼亚州的势力很大，将其作为自己的地盘。1894～1938 年，民主党从未在州议会获得半数以上的席位。可是在 1911 年①的前一年，加利福尼亚州议会选举过程中，民主党以"Keep California White!"（保住加利福尼亚的白色!）为口号开展选举活动，一举占据了大约 40% 的席位。自此以后，排日作为美国国内政治行之有效的宣传口号受到关注，联邦政府层面的排日移民法的制定进程开始加速。②

首先，在 1912 年的美国总统选举中，威尔逊取得了胜利，民主党时隔 16 年重新掌握政权。不了解排日具体情形的威尔逊在加利福尼亚州的选举活动中公然向州民表示，应尊重州的权利，对日本人加以排斥。

1913 年 3 月，威尔逊刚刚就任美国总统，驻美大使珍田舍已就向威尔逊提出面见的请求。他希望威尔逊介入加利福尼亚州的排日土地法，就像西奥多·罗斯福当初解决旧金山日本学童教

---

① 1894 年签订的《日美通商航海条约》将于 1911 年修订。——译者注
② 簑原俊洋『排日移民法と日米関係』、33 - 34 頁。

育隔离事件那样。

关于第一次排日土地法，珍田舍巳称："帝国政府考虑到国家的颜面，极为重视此事。"他"费尽唇舌要求"美国不要在法律上对日本人实施差别待遇，然而接待他的美国国务卿却反复答道，排日土地法并非出于种族偏见，完全是源自经济上的理由。

珍田舍巳也表现得非常执拗，"反复强调，日本政府认为此事关乎国家颜面，是牵涉到国家威严的重大问题"，二者的主张就像两条平行线。①

结果，1913年5月第一次排日土地法在加利福尼亚州得到批准，8月10日该法案正式实施。第一次排日土地法导致大约七万名主要从事农业生产的日裔移民被禁止拥有土地，而且他们的土地租赁权也被限制为五年以内。②

当威尔逊向珍田舍巳表示他无法阻止这一事态时，珍田舍巳流露出异乎寻常的沮丧神情。看到珍田舍巳如此沉重的表情，威尔逊不禁觉得受到冲击。③

当时的日本外相牧野伸显同样回顾称，第一次排日土地法关乎"日本人的体面"，"极为复杂"，为了处理此事，他曾多次进行交涉，"简直痛断肝肠"。④

尽管第一次排日土地法正式付诸实施，美国的排日浪潮却并未平息。两年后的1915年，日本提出对华"二十一条"，为此

---

① 牧野伸顕『回顧録』下、87-88、91頁。
② 石射猪太郎『外交官の一生』、54-55頁。
③ 渋沢雅英『太平洋にかける橋』読売新聞社、1970、249、250頁。
④ 牧野伸顕『回顧録』下、85頁。

中国政府将交涉内容透漏给国内、国外，开展宣传工作，煽动国内外舆论。以此为契机，美国的排日浪潮再次高涨。[①]

石射猪太郎从 1918 年起在旧金山担任了两年总领事。据他回顾，他的任务是"直面日美关系的恶性肿瘤——加利福尼亚州排日问题，该职位面临非常艰难的局面"。事实上，石射猪太郎夫妇抵达旧金山后，曾四处找房想要租赁，可是大家都"不肯把房子租给日本人"，导致他"刚刚赴任就被迫品尝到排日的味道"。[②]报纸也连日刊载排日新闻，他回忆道，"往年在美国，每天早上翻开报纸就能看到排日新闻，我已习惯了这种晨间打击"，"对日本人的排斥已经完全成长为一项政治运动，具有非常强的人气和根基。这真是一个可悲的事实"。[③]

"照片新娘"与第二次排日土地法

1920 年，美国通过第二次排日土地法。"照片新娘"是导致该法案制定的因素之一。

虽然第一次排日土地法禁止日裔移民获得土地所有权，并给他们的租地权设定了时间期限，但是，由于"照片新娘"从日本远嫁美国并生儿育女，美国国内的日裔移民仍在增加，

---

① 岡俊孝「満蒙特殊権益と米国の対日外交」『法と政治』関西学院大学、第 16 巻第 2 号、1965 年、199 頁；堀川武夫『極東国際政治史序説——二一ヵ条要求の研究』有斐閣、1958；豊田穣『大隈重信と第一次世界大戦』講談社、1984、135 - 136 頁。最新研究可参見奈良岡聡智「加藤高明と二一ヵ条要求——第五号をめぐって」小林道彦、中西寛編『歴史の桎梏を越えて——二 世紀日中関係への新視点』千倉書房、2010。

② 石射猪太郎『外交官の一生』、52 - 53 頁。

③ 石射猪太郎『外交官の一生』、55、172 頁。

结果招致美方的不满。① 之所以会发生这种情况，是因为当时美国不允许不同人种通婚，赴美日本人中的大部分是单身青年，他们只好从日本寻找结婚对象，要求对方远嫁过来。而且，1908年的"绅士协定"② 也把在美日本人的双亲和妻子作为例外情况，允许他们入境。于是，许多日本青年抵达美国后把素未谋面的"照片新娘"叫来结婚。每艘赴美船舶上的"照片新娘"人数都在持续增加，从数十人增加至一两百人，并且他们生育的子女很多。说到多生的缘由，那是因为美国虽然不给日裔移民归化权，却给出生在美国的孩子公民权，对日裔移民来说，这是他们在美国生存下去的最重要手段。③

然而美国却没有相亲的风俗，对美国人来说，"照片新娘"不仅怪异，而且由于她们生了很多孩子，导致"绅士协定"变得有名无实，于是"照片新娘"成为众矢之的。当时，"日本人的非同化性、集团性、多产性、阴谋性、特殊习惯等各个方面"被列为美国人排日的主要因素，"其中，照片新娘成为美国人攻击的焦点"。④

为此，1920年1月，日本政府发布声明，禁止"照片新娘"

---

① 簷原俊洋『排日移民法と日米関係』、38頁。第一次排日土地法之所以"失去了精髓"，是因为海勒姆·约翰逊（Hiram Johnson）州长得到恩师西奥多·罗斯福的建议。罗斯福告诉他，为了国家利益，维持日美友好关系非常重要，应慎重考量排日土地法。簷原俊洋『排日移民法と日米関係』、47頁。

② 1907年11月至1908年2月，日本和美国交换了7份文件及备忘录。——译者注

③ 「日系移民史　排日問題」，http：//abetomo.net/yasujiro/hainichi.shtml，2013年6月17日阅览。

④ 石射猪太郎『外交官の一生』、55頁。

远嫁，且 2 月以后不再给"照片新娘"办理护照。① 尽管如此，1920 年，加利福尼亚州的政界人士仍开始讨论起草第二次排日土地法，意图"堵住第一次排日土地法的全部退路"。结果，第二次排日土地法在 1920 年 11 月得到通过，12 月正式实施，日裔移民自此连土地租赁权都被禁止获取了，而且日裔移民的子女也被禁止享有土地所有权。②

尽管在美日本人反对自废"照片新娘"，认为这是"无用的牺牲"，然而石射猪太郎回顾道："即便在日本，照片新娘也是极端例外的情况，更何况在恋爱结婚的大本营美国。把照片新娘带到美国具有反社会性，日本应尽早做出反省。"③

---

① 幣原喜重郎『外交五十年』読売新聞社、1951、35 – 36 頁；石射猪太郎『外交官の一生』、57 – 58 頁。

② 簑原俊洋『排日移民法と日米関係』、44、47、50、53 – 55、249 – 250 頁。另外，1920 年，华盛顿州、内布拉斯加州、内华达州、得克萨斯州也出台了排日土地法。チャオ埴原美鈴・中馬清福『「排日移民法」と闘った外交官』藤原書店、2011、年表。

③ 石射猪太郎『外交官の一生』、57 – 58 頁。另外，石射猪太郎认为，对于排日的诸多主要因素，日本人也有需要反省的地方，他们应该认清这一点。1925 年，石射猪太郎成为日本外务省通商局第三课长，他以亲戚家女大学生的名义把美国的排日小说翻译出版。原著是埃里克·布朗戴斯（Eric Brandeis）写的通俗小说，1920 年连载于《旧金山布告》（San Francisco Bulletin），当时加利福尼亚州正为排日土地法议论纷纷，作者仿效约瑟夫·吉卜林之志，把书名定为《东方就是东方》。该书"以日本人顽固守旧的风俗习惯和阴谋性为背景，用最丑恶的语言描述了一位日本富家子弟与美国姑娘的恋爱悲剧，是为排日而写的排日小说。一方面可以从中管窥美国西岸人排日心理背后对日本人的印象；另一方面也给予我们日本人反省的食粮。因此，我决心翻译这部小说"。石射猪太郎『外交官の一生』、163 頁。石射猪太郎在外交官当中以其特殊的经历而闻名。在其著作《外交官的一生》里，处处都是他的慧眼卓识，可以发现他对日本和外国的认识非常均衡。所以对于排日移民法，他的表现相当成熟，能保持客观的认知。

日本的应对与误差

1920 年 4 月末，为期六日的"日美有志协议会"在东京银行集会所召开。该会议由涩泽荣一主持，主要讨论如何应对美国的排日浪潮。会上，金子坚太郎埋怨道，为何美国政府不像日本学童教育隔离事件发生时那样帮助我们抗议排日土地法？这时，涩泽荣一的友人、受邀而来的美国实业家弗兰克·范德利普（Frank Vanderlip）反驳称，日本不也在歧视中国人，限制中国人入境，不让中国人获得土地所有权和土地租赁权？[1]

金子坚太郎表示，中国人之所以遭到排斥，是因为他们"未能在西方文明标榜的原理的基础上制定刑法、民法，以及商法"，半个世纪以来，日本人"为了符合文明国的期待而努力奋斗"，将日本人与中国人同等对待会让日本人非常困扰。[2] 尽管金子坚太郎积极发言，然而，或许是因为涩泽荣一不懂英语，日方的努力抗议并未取得良好效果。

究其原因，涩泽荣一虽然通过自己的经济人脉致力于"民间外交"，但是在一战后的美国，排他性的爱国主义——"百分之百美国主义"（100 percent Americanism）兴起，新英格兰的知

---

① 渋沢雅英『太平洋にかける橋』、343 – 344 頁。另外，据石射猪太郎所言，日方对排日移民法表示抗议期间，美方也反过来指责日本。日本禁止、限制中国人船只来访，颁布禁止外国人获得土地所有权的法令，而且国籍法和征兵令等认定在国外出生的二代日本人有服兵役的义务，这些都成为美方指责的对象。"虽然后来修改了土地法和国籍法，但这只是马后炮。"石射猪太郎『外交官の一生』、144 頁。
② 渋沢青渊記念財団竜門社編『渋沢栄一伝記資料』第 35 卷、380 頁。

识阶层也"重新兴起种族思想"。在与基于现实利益的经济关系不同的次元，种族偏见逐渐增加其对社会风潮的影响。[1]

1919～1920 年，近卫文麿随同参加巴黎和会并在欧美游历，他发现，比起巴黎伦敦有"一种人种上的压迫感"，纽约的"人种偏见"则更加严重，他切身体会到美国"西部舆论对东部影响甚大"，"如今排日浪潮汹涌澎湃，正在向美国全境蔓延"。[2]

据他回顾，资本家和劳动者的排日归根到底基于经济利害，他们的排日和亲日不过是经济上的动作，在没有利害的情况下，"无论怎样费尽唇舌"鼓吹"日美亲善"，"都只是对牛弹琴"。至于知识阶层的排日情绪，由于在美日本人多从事体力劳动，美国知识阶层或是通过媒体，或是通过留学生了解日本人。而且，美国知识阶层直接接触到的在美日本留学生"素质普遍不够优秀，据说远远比不上支那留学生"。[3] 其实，即使在巴黎和会上，中国精英存在感也完全超过日方，日本全权代表苦于外语表达，

---

[1] 麻田貞雄『両大戦間の日米関係——海軍と政策決定過程』東京大学出版会、1993、304 頁。就连在国际联盟讴歌和平主义的威尔逊也"终究是个南方人"。虽然他曾在总统大选时主张废除各种剥夺黑人投票权的额外机制，就任总统后却什么都没做。マーガレット・マクミラン著、稲村美貴子訳『ピースメイカーズ』下、68 頁。《和平缔造者》（『ピースメイカーズ』）指出，"他最初在总统大选上呼吁给予黑人参政权"，因为美国宪法虽然于 1870 年承认黑人的参政权，但是许多州都在不明示种族歧视的情况下采取各种方式剥夺黑人的投票权。安藤次男「一九六五年投票権法とアメリカ大統領政治」『立命館国際研究』第 12 巻第 3 号、2000年、175 頁。

[2] 近衛文麿『戦後欧米見聞録』、137 - 138 頁。

[3] 近衛文麿『戦後欧米見聞録』、139 - 141 頁。

而旁边的中国精英却能用流畅的英语演讲、讨论、交涉。新渡户稻造也经由巴黎和会深切地认识到，日本尤其"不擅长宣传"。①

在此情况下，中国政治宣传的影响力增加，美国的知识阶层自然会偏向中国。近卫文麿主张："实业家之间的联欢固然重要，但是还有必要进一步开拓普通知识阶层的人脉。"②

针对美国知识阶层的排日倾向，日本政府已经采取对策。例如，自1907年（旧金山日本学童教育隔离事件的后一年）起，金子坚太郎开始提倡日美文化学术交流的必要性；1911年，新渡户稻造作为第一届文化使节访问美国。不到一年，他就已经在美国6所大学总共演讲了166次。

不过，新渡户稻造的演讲内容比较"通俗"，并不触及关键的移民问题。对于加利福尼亚州的问题，他也只是声称可以借助经济上的友好关系加以解决，却避免直接提到排日问题，最终，他描述了一个抽象的日美友好论。

日本的这种运作不得不以一个抽象的理想论而告终。该理想论相信日美的相互理解可以超越种族偏见所引发的摩擦，它缺乏现实上的说服力，无法发挥其效力。作为提议者，金子坚太郎认为，被种族偏见"支配"的人们是"程度极低的大众"。③ 换言

---

① 新渡戸稲造『内観外望』実業之日本社、1933、181頁。另外，在1921~1922年的华盛顿会议上，九国全权代表合影。德川家达主席全权大使与中华民国代表举手投足间给人的印象也大为不同。虽说把德川宗家第16代当主和政治外交精英放在一起对比有些不合适，不过同样都是亚洲人，他们的外貌却给媒体留下了颇为不同的印象。

② 近衛文麿『戦後欧米見聞録』、141頁。

③ 金子堅太郎「東西両洋連結の急務」『太陽』1907年2月号、31-35頁。

之，他预测，随着人们对日本的认识、理解加深，排日浪潮也会相应地缓和。

金子坚太郎认为种族偏见不过是缺乏知性、教养、知识的人们浅薄的意识和感情，原因之一或许与他的经历有关。毕竟，在排日浪潮尚未出现的明治时代初期，金子坚太郎随同岩仓使团抵达美国，并在美国东部的名牌大学哈佛大学读书。他的身边全是知识阶层，而知识阶层即使心怀偏见也不会流露出来。或许与这六年的美国生活有关，他对种族偏见缺乏经验上的理解。

可是，他一方面公然把日本人对中国的歧视和偏见正当化，另一方面却指责西方"程度极低的大众"排日，这种言论非常缺乏说服力。

不过，如前文多次所述，许多精英阶层的关注焦点在"国家的颜面"上，不只金子坚太郎，广大精英阶层的言论都缺乏客观的视角。

末广铁肠的长子末广重雄曾在英、德、法留学，回国后在京都帝国大学担任教授，研究政治外交、国际法学。1920 年 9 月，他在《改造》上发表文章《日美是否应该开战》，指出排日问题是"关乎我们这个大国体面威严的问题"，"我国虽被称为大国，却被当作二等国、三等国来看待，不知道到底发生了多少有损我国体面威严的事情"。对于"大国"日本遭遇的种族排斥，末广重雄将其理解为日本"被当作二等国、三等国来看待"，并明确表露出不快。①

---

① 末広重雄「日米戦ふべきか」『改造』1920 年 9 月号、91 頁。

1920 年 10 月，吉野作造在《中央公论》发表文章称，"即使考虑到日本帝国的颜面"，一连串的排日立法也是"重大事件"。① 佐藤钢次郎也在 11 月出版的《日美若是开战》中断言："倒不如说，加州问题只是关乎我们帝国名誉的问题。"②

面对排日立法，日本精英阶层超越思想上的立场，始终将其视为与"颜面"相关的问题。

这种希望通过相互理解克服种族偏见的言论，可以说是反映亲美派知识阶层愿望的理想论。它与美国日渐高涨的种族思想之间存在无论如何也无法相容的东西。

"同化"的极限：1922 年小泽孝雄最高法院判决书

更有甚者，当时的理想主义者认可国际协调在思想上的意义，他们讴歌"当今世界同化时代"的到来，有不少人高举看似能超越人种差异的宏大的世界主义（cosmopolitanism）旗帜，没能看清美国的种族主义。③

其中一人是浮田和民。他认为，要消除种族偏见，应让日本与美国"同化"；关于排日问题，与其批判美国，不如"改善"日裔移民，即鼓励日裔移民的"美国化"，"首要问题是把日本的文明提升到美国的水平"。也就是说，浮田和民主张，种族偏

---

① 吉野作造「加州排日立法の対策」『吉野作造選集』第 6 巻、岩波書店、1996、124 頁。

② 佐藤鋼次郎『日米若し戦はば』目黒分店、1920 年 11 月、5 頁。另外，该著作初版出版后一个月就重印了 7 次，受关注程度之高可想而知。

③ 浮田和民「第二次維新の国是五ヵ条」『太陽』1913 年 6 月号、9 頁。

见是源自"文明"水平差异的问题，日本可以通过与美国"同化"，也即"美国化"来克服种族上的差异。

评论家、小说家、翻译家内田鲁庵也解释道，巴黎和会没通过日本的"人种平等"提案是因为西方"不承认日本的文明"。在日本，从感性层面看待败因的倾向比较强烈。他们将"人种平等"提案失败的原因归咎于西方对"日本文明"的否定，即日本未能作为"文明国"获得承认。他并且指出，"日本的文明"未被承认的原因之一在于日本错误地让劳动阶层远渡美国，应该让日裔移民美国化，使其得到"改善"。①

这种把日裔移民的非同化性作为排日主要原因的观点，因为清晰明了而深入人心。近卫文麿不是支持欧美协调的理想主义者，连他也指出，排日源自美国人"对日本的嫉妒"，对美国人而言，日本势力是"非常大的威胁"，"日本人的非同化性"也是引发种族偏见的原因，美国大城市的日本俱乐部就是一个值得批判的例子。

日本俱乐部（首任会长高峰让吉）1905 年创设于纽约，美国第一家日本协会则在 1904 年创设于波士顿。近卫文麿可能是在各地游历时接受了日本俱乐部等的招待。考虑到其他精英人士也要通过到访地的日本人社区团体获取当地情报，用于人脉网络的构建，既然近卫文麿去过，想必还有更多在美日本人涌入日本俱乐部。

近卫文麿自身没有全面否定日本俱乐部的意义，但他指出，

---

① 内田鲁庵「国民心理の根本的改造」『太陽』1919 年 6 月号、36 - 39 页。

在美日本人聚集到日本俱乐部"只是为了吃米饭、牛肉锅",他们住在外国却坚持"日式衣食住行",结果招致"排日"。

近卫文麿看待"非同化性"的目光与过去寺内正毅等人对日裔移民的偏见相通。他批判道,加利福尼亚州的日裔移民出于"狭隘的国家思想",硬要"日本儿童学习日语",还"建设本愿寺别院,连宗教都有所区别",甚至"聘请来历可疑的斟酒女郎,深更半夜还在拨弄三味线打扰近邻睡觉",他们在美国仍然坚持日本的风俗习惯,被排斥也是没办法的事情。可是,近卫文麿这个缺乏海外经历、与皇族最亲近的精英到底能在多大程度上理解日裔移民的痛苦和悲哀?①

精英阶层再怎样讴歌"同化"也是有限度的,1922年美国联邦最高法院对小泽孝雄下达的判决使精英阶层到达了极限。

小泽孝雄生于日本,长住夏威夷,他从伯克利的高中毕业后,在加利福尼亚大学攻读法学,是一名基督徒。尽管他的语言、生活方式、宗教信仰都与美国"同化",美国却因为他是"蒙古人种"否决了他的入籍申请。

1790年,美国首次制定归化权。② 该权利以"自由的白人"(free white)为对象,在美国居住两年以上,品行端正、遵守法律者均可加入美国国籍。1870年,黑人奴隶的子孙也被纳入其中。

---

① 近衞文麿『戦後欧米見聞録』、138 - 139 頁。

② Sess. Ⅱ, Chap. 3; 1 stat 103. 1st Congress, March 26, 1790, http://library. uwb. edu/guides/usimmigration/1790_ naturalization_ act. html, 2013 年 1 月 18 日阅览。貴堂嘉之「日本語版序文」ロバート・リー著、貴堂嘉之訳『オリエンタルズ——大衆文化のなかのアジア系アメリカ人』岩波書店、2007。

到了 19 世纪后期，美国开始以申请者的国籍为理由拒绝对方的入籍申请。1882 年，排华法案导致中国人无法加入美国国籍。

20 世纪初，美国各州掌握着判断是否允许日本人加入美国国籍的权力。然而 1906 年美国移民局成立以后，美国司法部发布指令，要求拒绝日本人的归化申请。为此，接二连三发生有关日裔移民归化权的诉讼，而小泽孝雄的最高法院判决结果成为美国的司法判例。①

关于"自由的白人"和"黑人"以外的申请入籍者，美国归化权的表述比较暧昧。不是黑人的日本人到底是否属于"自由的白人"？在小泽孝雄的判决书下达以前，美国法律并未做出明确规定。可是判决书下达后，"蒙古人种"明确成为法律排除的对象。也就是说，小泽孝雄的判例导致美国从法律上确定，日本人作为"蒙古人种"不能获得归化权，并且美国还能以此为依据推进全面排除日本人的排日移民法，将日裔移民归类为"不能归化的外国人"。

在针对日裔移民的排斥措施逐步走向立法的过程中，许多方面都可以说是牵强附会，不过非常明确的是，在其"根本动因当中，排在第一位的是人种的憎恶感"。②

---

① 坂口満宏『日本人アメリカ移民史』不二出版、2001、144 頁；吉田亮『アメリカ日本人移民とキリスト教社会』日本図書センター、1995、88 頁；Joseph M. Henning, "White Mongols?: The war and American discourses on race and religion," in Rotem Kowner, ed. , The Impact of the Russo-Japanese War. New York: Routledge, 2007, pp. 153 – 166.

② 綾川武治「白豪主義研究（七）——白豪主義の煩悶」『外交時報』442 号、210 頁。

虽然佐藤钢次郎在其 1921 年的著作中指出，美方排日的主要原因在于日裔移民的非同化性，可是他又论述道，即便日裔移民与欧美的习俗同化，"如果不能把黄皮肤变成白色，对他们的排斥就终归不会停止。毕竟，摆在台前的不过是表面上的借口，实际上还是基于种族偏见"。[①]

　　其实，虽然美方把非同化性作为排日的主要原因，但归根到底不过是表面上的道理和借口。小泽孝雄判例发生后一两年，美国就制定并实施排日移民法。从排日移民法可以清楚地看到美国对日本的种族歧视，而种族无论怎样"同化"及"美国化"也无法被改变。

三　自尊心何以安放

"激愤"

　　1923 年 12 月 5 日，《新移民法案》被提交给美国联邦议会，其中包括全面禁止接收日裔移民的措施。

　　从法案提交到 1924 年 7 月 1 日排日移民法正式实施，半年期间，日本政府甚至可以说是发出了"悲鸣"，执拗地抗议和反对排日移民法的制定。

　　对日本政府来说，排日移民法是"礼仪问题，专门针对日本国民"。"我国国民值得文明世界的所有尊敬和礼遇，却遭此

---

① 　佐藤鋼次郎『呪はれたる日本』、102－103 頁。

不当歧视",决不能"默许""此种毁坏我国国民正当自尊心的歧视性立法"。①

1924 年 1 月 21 日,日本驻美大使埴原正直致信美国国务卿。他强调,排日移民法极大地"伤害了国家自尊心",日本政府抗议的并不是与日裔移民相关的"政策上的问题",而是"主义上的问题"。也就是说,对日本政府而言,成百上千日裔移民无法获得入境许可本身"不是应该重视的问题",日本政府"重视"的是,日本作为一个国家,是否值得获得"文明各国"的"尊敬与顾忌"。换言之,日本是否被美国承认为与之同等的"文明各国"。②

日本政府对排日移民法表示抗议并不是为了保护日裔移民的人权,而是"仅仅为了日本国民正当的自尊心"。③ 并且,排日移民法带来的心理冲击已经超越了"巨大的侮辱""日本人之怒"等范畴,而是更为强烈的"激愤",因为日本精英阶层认为,人种遭到排斥一事极大地损害了日本的国家自尊心。④

2 月,排日移民法最终定稿,将被提交到国会全体会议。当此之际,金子坚太郎悲观地说,如果该法案得到通过,"日本人

---

① 1924 年 1 月 17 日埴原正直大使写给松井庆四郎外务大臣的书信。『日本外交文书』1924 年、第 1 册、111 – 113 頁。

② 1924 年 1 月 21 日埴原正直大使写给美国国务卿的英文书信副本,该书信被译为日语发送给松井庆四郎外务大臣。『日本外交文书』1924 年、第 1 册、120 – 122 頁。

③ 1924 年 2 月 22 日埴原正直大使发给松井庆四郎外务大臣的电报。『日本外交文书』1924 年、第 1 册、122 – 123 頁。

④ 1924 年 2 月 20 日埴原正直大使发给松井庆四郎外务大臣的电报。『日本外交文书』1924 年、第 1 册、7 頁。

将永远被视为劣等，大和民族将陷入不名誉的境地，吾等将无颜在世界上出头露面，简直可悲可叹至极"。①

精英阶层之所以把排日移民法当作关乎"国家名誉的问题"，是因为他们认为种族歧视"模糊"了"日本人的地位"。②特别是日本的"人种平等"提案曾在巴黎和会遭到拒绝，因此"每当机会来临时，日本都"不得不"为了获得与白人平等的待遇而努力"。③

尽管美方收到了日方的抗议，参众两院 1924 年 4 月都通过了该法案。该事件"严重蹂躏了帝国的颜面，在日本国民的脑海里留下了永远不可磨灭的怨恨的印记"。④"本事件原本就是关乎我国威信体面的最重要问题"，"是对看重体面、自尊心强烈的国民的侮辱"，"进一步加深了不快的情绪"。⑤

日本政府多次强调，该法案极大地伤害了日本的国家自尊心，毫无疑问是对日本的侮辱，并表示强烈愤慨，指出，日本国

① 渋沢雅英『太平洋にかける橋』、413 頁。

② 1924 年 4 月 13 日埴原正直大使发给松井庆四郎外务大臣的电报。『日本外交文書』1924 年、第 1 册、133 頁；1924 年 4 月 10 日松井庆四郎外务大臣发给埴原正直大使的电报。『日本外交文書』1924 年、第 1 册、131 頁。

③ 1924 年 3 月 16 日埴原正直大使发给松井庆四郎外务大臣的电报。『日本外交文書』1924 年、第 1 册、26 頁。

④ 1924 年 4 月 18 日松井庆四郎外务大臣发给埴原正直大使的电报。『日本外交文書』1924 年、第 1 册、152 頁。

⑤ 1924 年 4 月 18 日中川望大阪府知事发给松井庆四郎外务大臣等人的电报。『日本外交文書』1924 年、第 1 册、288 頁；1924 年 4 月 20 日埴原正直大使发给松井庆四郎外务大臣的电报。『日本外交文書』1924 年、第 1 册、233 頁；1924 年 5 月 31 日埴原正直大使写给查尔斯·休斯的书信日译。『日本外交文書』1924 年、第 1 册、199 頁。

民被视为"有色人种"一事无异于被美国国民"强加上没有价值、不受欢迎的国民的污名"。

5月25日，美国总统柯立芝（John Calvin Coolidge, Jr.）在《新移民法案》上签字，这意味着排日移民法将于7月1日正式实施。可是直到6月，日本政府仍在向美国发送抗议文书，声称"我国国民极为失望"。为了这个与实际利益几乎没有什么关系的排日移民法，日本政府执着地抗议到最后阶段。[1]

石桥湛山却批判道，日本政府既没有提及自己对其他亚洲人的歧视待遇，也没有提及美国对其他亚洲人的歧视待遇，"只要日本人能享受到和白人同等的待遇，他们就满足了"，这种"态度"非常"利己、卑屈"，根本"无法得到世界的尊敬"。[2] 可是，就连自己的同胞——日裔移民的人权都没得到日本政府的任何帮助和关心，这样的政府不可能持有客观的见解。

排日浪潮高涨时期，石射猪太郎在旧金山和华盛顿处理移民事务。他充分意识到日本政府对日裔移民的人权没有一丝一毫的关心，只是一味重视日本的"面子"。据他回顾，排日移民法导致日本对美国的感情变得分外颓唐，"日本人觉得自己被狠狠地践踏了"。[3]

---

① 埴原正直大使呈交给松井庆四郎外务大臣的日本政府抗议文日译本，1924年6月1日送达。『日本外交文書』1924年、第1冊、192頁。
② 石橋湛山「米国は不遜日本は卑屈——我国民は友を亜細亜に求めよ」『石橋湛山全集』第5卷、108頁。
③ 石射猪太郎『外交官の一生』、143頁。

"莫非日美战争真要爆发"

有关排日移民法的日本舆论迅速扩散到"工商业人士、律师、教育界、学生、宗教界等各种机构和工会",引发了强烈反响。日本舆论对日本"软弱外交"招致的"国耻"表示愤慨,并大力煽动政界、学界、言论界的"不满现状分子"及右翼团体、在乡军人会等,开展了激昂澎湃的抗议活动。

此外,拒买美国商品、拒看美国电影、骚扰美国传教士等事件频发。5 月末,有人在美国大使馆附近自杀以表抗议,其后一个月,相继数人效仿该行为"愤然赴死","紧接着,追悼'殉国''国士'的集会就召开了"。①

6 月 7 日夜晚,某右翼团体手持白刃闯入东京帝国饭店的舞会。他们高呼道,排日问题日渐恶化之际竟然召开此种宴会,"日本女性和外国人纵情跳舞简直是巨大的国耻"。然后,50 多名壮年男子一齐跳起了剑舞,现场一片骚乱。

当时,犬丸彻三正好在管理室,他赶到会场,让不知所措的乐团演奏《君之代》,并对暴动的右翼团体怒喝:"大胆狂徒,国歌演奏时竟敢如此无礼!"骚乱总算平静下来。这些壮年男子高喊"天皇陛下万岁",然后离开会场。②

1923 年关东大地震以来,美式娱乐与生活方式一举渗透到东京,该时期东京正流行交谊舞。石射猪太郎记述道,排日移民

---

① 松沢弘陽「第 28 卷について——「対米問題」とその時代」『内村鑑三全集』月報 29 (『内村鑑三全集』第 28 卷、岩波書店、1983) 8 – 9 頁。
② 『私の履歴書　経済人 4』日本経済新聞社、1980、425 頁。

法的制定发生在美国文化突然渗透到东京期间，真令人感到讽刺。据他回顾，一群人握着日本刀跳剑舞，让帝国饭店内的国内外人士瑟瑟发抖，"虽然是如同儿戏的滑稽场景，却用自行降低日本品味的方式苦苦发扬国粹"。①

日本的集体歇斯底里般的舆论和抗议活动遭到了美国的夸大报道。5 月 28 日，《芝加哥论坛报》（*The Chicago Tribune*）报道称，日本政府"召集了三百万预备役军人"，"美国应增强海军实力，为对日战争做好准备"。②

其实在日本，除了把美国大使馆悬挂的星条旗夺走以外，"海军省还频繁写信，督促做好开战准备"。③

日本国内的抗议活动未必是为了发泄人们对人种问题的不满，其中也可能包含一些原本就有的不满与憋屈。并且，日美两国的报道也在暗示两国开战的可能性，这种报道本身也具有煽动性。然而，即使剔除新闻界的煽动性，日方对排日移民法的"激愤"情绪也异乎寻常的强烈。

石桥湛山记述道，普通市民为了抗议排日移民法"疯狂地愤然赴死"，"拥有良好教养、理应思虑成熟的日本人也因该事件相当激动"，看到此情此景，他只觉得日美"协调"已经"终结"。

再者，日本的激愤情绪倘若转化成"对美国的报复手段"，即"结成'亚洲联盟'"，"会使人预想到东西洋大冲突这一结

---

① 石射猪太郎『外交官の一生』、145 頁。
② 渋沢雅英『太平洋にかける橋』、423 頁。
③ 松沢弘陽「第 28 巻について——「対米問題」とその時代」、9 頁。

果"，"恐怕世界的和平将遭遇此前未曾经历过的极大威胁"。①

就连亲美派外交官代表石井菊次郎也承认，移民问题已"演变"为种族问题。他悲观地指出，对日、美两国来说，"没有什么问题比这个重大问题更加难以解决"，即使日美战争"欠缺实现的要素"，这场"古今未曾有过的大争斗"终将不可避免地在太平洋上爆发。②

1924 年 7 月，排日移民法正式实施。同月，武者小路实笃在《文艺春秋》上发表题为《莫非日美战争真要爆发》的开篇随笔。文章表示，以 1924 年为契机，"日本的命运""即将变得疯狂"。虽然以前就有一些战争幻想小说讨论过日美开战的可能性，可是直到 1924 年 7 月 1 日，人们才在现实世界切身体会到危机爆发的可能性。③

排日移民法也给同时拥有话语权和影响力的精英阶层带来了显著的冲击。当涩泽荣一听到美国议会通过排日法案的相关报道时，"与其说是半信半疑，不如说是更愿意相信消息出错了"。④ 柳田国男认为排日移民法是"我国历史上的大事件"，该

① 石橋湛山「対米反感の激昂——世界の平和脅されん」『石橋湛山全集』第 5 卷、112 – 113 頁。
② 鹿島平和研究所編『石井菊次郎遺稿外交随想』鹿島研究所出版会、1967、37 – 38 頁。另外，石井菊次郎把移民问题称作"人种问题的变形"。石井菊次郎『外交余録』岩波書店、1930、522 頁。
③ 武者小路実篤「日米戦争はまさかないと思ふが」『文藝春秋 八十年傑作選』文芸春秋、2003、1 頁。
④ 渋沢栄一「日米問題の解決と対支新方策」『外交時報』第 467 号、1924 年 5 月 15 日、63 頁。

事件使日本人被迫体会到"屈辱和失意"。① 清泽洌过去一直觉得日本政府的"软弱外交"暗含着面对欧美时的"自卑感",连他也强烈批判道,排日移民法是"美国人不尊重他国感情和颜面的产物,美国仿若暴君一般","以日本人乃有色人种为借口,施加歧视待遇","伤害了日本人最为敏感的民族自豪感"。②

上海东亚同文书院教授坂本义孝曾在南加州大学、哥伦比亚大学读书,1920 年在纽约大学取得博士学位,留美生活长达十年。他也表示,排日移民法导致日本"在世界的围观下被烙上遭到种族歧视的烙印"。③

九一八事变爆发前夕,新渡户稻造也在书信中写道,排日移民法"犹如晴天霹雳一般,带来刺人肺腑的痛击","我的心灵受到严重的伤害","我们的民族突然被人从受人尊敬的宝座上推了下去,安上了世界贱民的身份,这种屈辱让人记忆深刻"。④

《国民新闻》把 7 月 1 日这天命名为"国耻日",把排日移民法视为"美国在日本人的额头上烙下劣等人种烙印的非人道

① 柳田國男「七月一日から愈々排日法の実施につき」『定本柳田國男集』別巻第 1、筑摩書房、1962、5-6 頁。

② 清沢洌「米国の排日の示威運動」『中外』1924 年 4 月 15 日,转引自北岡伸一『清沢洌——日米関係への洞察』中央公論社、1987、47 頁。清沢洌『日本外交史』下、東洋経済新報社、1942、431 頁。

③ 坂本義孝「外交的岐路に立つ日本(強権外交より文化外交へ)」『外交時報』第 502 号、1925 年 11 月 1 日、42 頁。

④ 麻田貞雄『両大戦間の日米関係——海軍と政策決定過程』、309 頁。另外,新渡户稻造在 1931 年 7 月 6 日写给哥伦比亚大学校长尼古拉斯·巴特勒(Nicholas Butler)的信中写道:"I was more than disappointed. I was wounded. I felt humiliated, as though my race had been suddenly thrust from their place of respect into that of the world's pariahs."『新渡戸稲造全集』第 23 巻、教文館、1987、631 頁。

行为"，并表示："为了日本，不，为了所有亚细亚人种，也该把这一天作为应当永远铭记的耻辱日。"

这一天，对美国民大会在增上寺召开。在开幕宣言环节，箕浦胜人宣读道，应把排日移民法视为"压迫亚洲民族的先声，挑战我国国民的先锋"。①

在众人眼中，排日移民法已经超越日美问题，上升成美国针对"亚洲人种"，以及"白人"针对"有色人种"的问题。该论调进一步得到展开，仿佛与反西方，特别是与抵抗、对抗英美等盎格鲁－撒克逊霸权的意识产生了共鸣。

大庭唯吉在1924年的《外交时报》上指出，是"盎格鲁－撒克逊民族"想要把"日本民族"这个"唯一具有对抗白人可能性的有色人种""彻底压迫下去"，让日本民族"抬不起头"。②

翌年，也就是1925年，松井等指出，"我们日本"已经"站在颜色冲突的中心"，"成为有色人种之首，从正面与白人民族对立的无疑是我们日本"。③ 并且在1926年，《外交时报》主笔半泽玉城发表题为《日本啊，回归东洋吧》的评论性文章。

---

① 『国民新聞』1924年7月1日朝刊三面及び夕刊三面、同年7月2日朝刊三面。

② 大庭唯吉「新日本の外交政策」『外交時報』第476号、1924年10月1日、114頁。

③ 松井等「色の衝突と選ばれたる民（黄白人種衝突問題の解決策)」『外交時報』第493号、1925年6月15日、51頁；「我が日本の通商の障害」『外交時報』第735号、1935年7月15日、4頁。东洋史学家松井等是陆军中将大藏平三的长子，毕业于东京帝国大学，其后担任陆军中尉。大正九年（1920）成为国学院大学教授。デジタル版日本人名大辞典＋Plus。

恰如德富苏峰、半泽玉城等人所述，排日移民法提供了一个契机，即从脱亚入欧转变为脱欧入亚。① 虽然半泽玉城当时就是出名的对外强硬派论客，但是确实可以说，他们的论述反映了时代的潮流。②

愤怒与自尊心

如此这般，1924 年，从新渡户稻造到右翼团体都越过思想上的立场，强烈地表达他们的愤怒之情。日本的这种愤怒到底是什么？

首先可以说的是，这种愤怒是缺乏归属感，其本质应该是自卑感。如上一章所述，因为缺乏归属感，才产生了自卑感这一意识感情。并且，近代日本"归属感的缺乏"其实源自人种差异，即他们想加入西方世界，却在人种上不属于西方世界，故而感到自卑。

这种"归属感的缺乏"与即将论述的近代日本的国家自尊心密切相关，并且是理解近代日本人种意识最关键的钥匙。在此，笔者打算按照顺序进行说明。

---

① 关于排日移民法与脱欧入亚的关系，参见長谷川雄一「一九二四年における脱欧入亜論の浮上」『国際政治のイメージ』第 102 号、1993 年；簑原俊洋「排日運動と脱欧入亜への契機：移民問題をめぐる日米関係」服部龍二、土田哲夫、後藤春美編『戦間期の東アジア国際政治』中央大学政策文化総合研究所、2007。

② 半沢玉城「日本よ、東洋に還れ」『外交時報』第 512 号、1926 年 4 月 1 日、1 頁。半泽玉城从日本大学毕业后，相继担任了《东京日日新闻》记者，当时东京很有影响力的报纸之一《大和新闻》的编辑局长。他的论调属于山县派，其本人与山县有朋、寺内正毅、后藤新平等关系密切，在军部也有自己的人脉。大约在 1918 年，半泽玉城转入外交时报社，1920 年 4 月成为《外交时报》的发行人兼编辑，1921 年成为社长，在任时间长达 22 年。伊藤信哉『近代日本の外交論壇と外交史学』日本経済評論社、2011、107 – 108 頁。

人们普遍认为，自卑感是一种意识到或感知到自己劣于他人的认知。严格来说，这种观点并不正确。因为自卑感是一种愤怒的情绪。原以为自己是理应得到他者认可的存在，却（认识到自己）未能得到他者充分的认可，于是愤怒之情油然而生，这就是自卑感。[①]

也就是说，自卑感的前提首先在于，自己认为自己是值得他人充分认可的存在。换言之，自卑感可以说是源自一种意识，即自己认为自己是特别的存在。这种特别意识具有与自尊心相近的性质。

因为，自卑感是自尊心不强的人不可能拥有的痛苦。正是因为这个缘故，自尊心的本质极为脆弱，远超该词本身的字面意蕴，并且性质很不稳定，常常渴求他者的认可，被优越感和自卑感折磨。[②]

因此，无法得到他者认可之时，愤怒就产生了。并且，当他者不愿认可自己时，他者对自己来说越是重要，自己对不愿认可自己的他者的愤怒就越是激烈地表露出来。

近代日本的国家自尊心就是这样一种精神构造，只有当他们获得西方这个最重要的他者的认可时，他们才能得到满足。可是

---

① 河合隼雄『コンプレックス』岩波新書、1971、60-61頁。

② 小熊英二认为，像近代日本这种"有色的帝国"，即"黄色人种"进行殖民地支配的国家，其心理非常复杂，"是一种一边在憧憬强者与对抗强者的意识间摇摆，一边对弱者展开支配的状态。其中，优越感与自卑感、先进意识与后进意识、支配者意识与被害者意识复杂地混合在一起"。小熊英二『＜日本人＞の境界』新曜社、1998、662頁。稳定的自尊心依托于自己所重视的他者的认可。相关论述参见米原谦『徳富蘇峰』中央公論社、2003、160頁。

如本书第二章所述，日俄战争以后，日本开始通过人种这个媒介感受到对西方世界"归属感的缺乏"。尽管他们高举"脱亚"的旗帜向"西化"迈进，却因自身无力改变的肤色而无法得到归属感，怀抱这种人种上的不安的，就是日俄战争后的日本。

尽管如此，正如大隈重信提倡的东西文明融和论那样，1910年代以前，他们仍然满怀希望地预测可以通过获得文明来克服人种上的差异，因为当时的日本尚未明确遭遇人种上的排斥。可是到了1920年代，希望破灭了。

1920年代，日本人对自己的国家满怀信心，认为在"世界五大强国"中，他们是仅次于英美的"三大列强"之一。然而，从巴黎和会到排日移民法，无论日本怎样努力建设自己的国际地位，一连串的种族倾轧都让日本面临无法抹去"有色人种"身份的现实。并且，排日移民法所引发的显而易见的怒火正是因为无处可去，对"归属感的缺乏"。

另外，以排日移民法为契机，人种对立浮出水面。在此基础上，日本产生了"人种上的使命感"。他们想要抹去人种上"归属感的缺乏"，并想满足自己的特别意识，而"人种上的使命感"给他们提供了无上的大义名分和行为动机。人种对立的框架可以抹去"归属感的缺乏"，并使日本人对"有色人种"或"黄色人种"的"归属感"得到再次确认。该对立框架是对归属意识的确认行为，最重要的是，它成了一个开端，使不稳定的自尊心获得极大的稳定。

在德富苏峰看来，日本站在"黄色人种"乃至"有色人种"的最前线挑战西方，"一想到大和民族屹立在世界级大问题的第一线，心里不由得振奋起来"。他之所以难掩自己的兴奋，或许可以说是出于上述一连串的心理作用。①

可是，不管他们的情绪多么昂扬，不管他们怀抱着怎样宏大的使命感，日本到底是否拥有实现"人种上的使命"的力量？

"哭着入睡"

最终，面对排日移民法，日本"只有哭着入睡"②。

日本对排日移民法无法发挥任何影响力，面对这一现实，法学家、宪法学家、政治家美浓部达吉1924年在《改造》上发表文章《对美杂感》，相关内容如下。③

他在文章开头指出，"美国排日运动的根本是对日本国民的侮辱心理，该事实已变得更加无可置疑"，最早，排日情绪只是"地方上的感情"，出现在加利福尼亚等太平洋沿岸地区，"如今已成为全美共同的国民感情"。对日本人的种族偏见正转化成整个美国的国民感情，"感情和道理不同，它远超道理，比道理拥有更加强大的力量"。

排日移民法制定期间，日本的软弱外交乃至驻美大使埴原正直都饱受批评。美浓部达吉却断言，"这既非政府之罪，也非外交官之过"，"归根到底是因为国力不同"。他指出，在现代国际政治的舞台，"至少在处理当前问题时，往往需要国力的加持"，

---

① 徳富蘇峰「前途多難　日米関係の真相」『国民新聞』1924 年 5 月 6 日夕刊、一面。

② 石射猪太郎『外交官の一生』、144 頁。

③ 美濃部達吉「対米雑感」『改造』第 6 巻第 5 号、1924 年 5 月、29 頁。

因为"国力的差距会引发自己鄙视他人的感情",美国人对日本人表露出侮辱之意,"终归是因为他们自以为国力远远优于日本"。他接着讲道:

> 可耻的是,日本的国力,至少其经济实力绝对敌不上美国。
>
> 无论遭遇怎样的侮辱、怎样无礼的对待,除了沉默隐忍别无他法。就算想要侮辱对方一次,也没有做这件事的气力。

美浓部达吉指出,虽说日本遭到人种侮辱是因为人种上的侮辱心理作祟,然而日本无力对抗是因为日本不具备与之对抗的国力。如果要与美国(以及西方诸国)的人种侮辱心理相对抗,那就"只有把国家百年大策定为与亚洲民族团结一致"。

尽管美浓部达吉非常明白人种感情是动物的本能性质,难以被道理左右,不,应该说正因为他充分理解这一点,才看得特别清楚。日本既然没有足以抵抗侮辱的国力,那么再怎么闹腾也无济于事。正因如此,美浓部达吉才在最后下了一个结论:"吾等日本国民唯有深深压制自己,认清自己的地位,抛去无意义的妄自尊大和虚荣之心,一心培养自身实力。"[①]

美浓部达吉认为,虽然无法从根本上改变种族偏见,但是可以凭借力量一定程度地压制种族偏见。从这点来看,他希望,没

---

① 美濃部達吉「対米雑感」、30 頁。

能对美国排日移民法施加任何影响力的日本认识到自己是"资源贫瘠的国家"。

想必这是众多精英阶层没有诉之于口却深切认识到的事情。

1919 年巴黎和会上"人种平等"提案遭遇的"失败"、1921～1922 年华盛顿会议上的《限制海军军备条约》、山东半岛的归还、西伯利亚的撤兵、1923 年日英同盟的废止，乃至 1924 年的排日移民法，考虑到这一系列与日本相关的国际动态，日本确实欠缺足以对抗英美压力的国力。

回顾以往，日俄战争以后，日本人模糊地意识到自己是"一等强国"，虽然他们的自我意识先行一步，但是实际上日本根本比不过英国和美国，只能算是中等国家。[①] 尽管如此，从人种的角度来看，由于日本勉强算是"一等强国"乃至"五大强国"中唯一的"有色人种"，这种自我意识进一步膨胀起来。

当然，因为日本是唯一的"有色人种"强国，它确实曾被寄予人种上的使命。可是，无论他们怎样热烈地高呼日美开战，讴歌悍不畏死的勇气，他们都没有足够的国力。至少在当时，日本不可能拥有足以对抗英美的国力等。另外，正因如此，他们的自我意识才一味膨胀，反映到人种意识上，甚至开始给自己描绘

① 山本七平从小学时代起就被灌输，日本是"五大强国"中的"三大列强"之一，然而当他通过新闻、电影等媒体看到伦敦、巴黎、纽约时，他感到非常不对劲，东京有些贫弱，日本怎么看都"像是贫穷的国家"。山本七平『昭和東京ものがたり』第 2 卷、日経ビジネス文庫、2010、179 頁。

人种对立先锋的自画像。① 并且，正是因为怀有不安和自卑感，才形成了人种对立勇敢先锋的自画像。到了 1930 年代，该自画像成为"资源贫瘠的国家"才能拥有的精神主义的一个支柱。

1920 年代是日本从巴黎和会、排日移民法等关于人种的现实中偶然认识到自己是"资源贫瘠的国家"的时代。其后，日本一步一步地向"实力至上"（佐藤钢次郎）时代迈进。②

---

① 该时期在东京度过小学生活的山本七平指出，由于当时日本的国力及生活水平远远比不上英美，相当贫弱，因此不得不陷入依靠精神主义的境地，强调"万世一系、万邦无比的国体"。山本七平『昭和東京ものがたり』第 2 卷、179 - 180 頁。
② 佐藤鋼次郎『呪はれたる日本』、243 頁。

第四章 "实力至上":德意日 三国同盟及其前后

> 我很遗憾地发现,武力最有话语权的今天已成为全世界共同的时代。因此非常遗憾,不管有色人种在精神上多么优秀,只要武力不够强大就无济于事。[①]
>
> 武者小路实笃《日本人的使命之一》(1937)

一 现实主义与精神主义

转向现实主义的人种认识

与自行形成的自我意识相反,1920 年代,日本的国力与生活水平远远比不上英美,即便从心理上抱有对抗英美的意识,也只能在现实中重视与欧美的协调。

人种对立与欧美协调路线相悖。欧美对日本的种族偏见越是激烈,人种差异对日本来说就越是不利因素。

陆军巨头宇垣一成在 1922 年并不认为人种问题是"足以和

---

① 武者小路实笃「日本人の使命の一つ」『改造』1937 年 8 月号、177 頁。

国家利益、力量相提并论的决定性要素"。① 他指出，"有色人种的崛起、种族思想的热浪、民族主义的兴起"引发了盎格鲁 – 撒克逊人的"一大恐慌"，因此，日本对内可以进行宣传以达到团结人心的目的，但是对外则"有必要按照国际主义、四海同胞主义行事"。② 宇垣一成认为，如今人种对立开始具有潜在的危险性，日本作为强国中唯一的"有色人种"国家，如果把人种对立摆在台面上刺激他国，那么蒙受不利的将会是日本。从现实主义的角度来看，他的观点是妥当的。

肤色和种族偏见原本就不可能突然被改变或消除。中央大学教授、法学博士稲田周之助作为政治外交、法学、宪法学学者留下了许多相关著作。1922 年，他在《外交时报》发表题为《人种问题的过去及将来（白人的忧患）》的文章，并提出了如下观点。③

人种问题不是人类学、人种学等讨论的"人类种属异同"问题，而是"主要基于某时某地相关人士心理状态发动的""所谓的人种观念"（Race Consciousness），"人种观念往往在物理及

---

① 戸部良一「宇垣一成のアメリカ認識」長谷川雄一編著『大正期日本のアメリカ認識』慶應義塾大学出版会、2001、47 頁。
② 宇垣一成『宇垣一成日記』みすず書房、1968、393 頁。
③ 根据稲田周之助的简短履历，他的海外经历如下。1893 年，稲田周之助受大藏省嘱托前往印度调查当地及海峡殖民地的货币制度。翌年成为日报社（东京日日新闻社的前身）社员，算起来海外生活经历似乎未满一年。「稲田周之助博士略歴」稲田法学博士追悼会編『稲田法学博士論集』巌松堂書店、1929。稲田周之助 1890 年毕业于东京法学院，做过新闻记者等工作，其后成为母校的教师。伊藤信哉『近代日本の外交論壇と外交史学』日本経済評論社、2011、191 頁。

数理之外"。

只要"人种观念"发源于心理、感情，那么，"感情会滋生感情，疑惑会加重疑惑，于是本末倒置，为不该争论的事情争论，为不该斗争的事情争斗。这就是它招致灾祸的原因"。[①] 在稻田周之助 30 余部著作当中，有一部题为《人种问题》(1915)。他很早就开始关注人种问题，认为既然人种问题的根本是生理的、动物本能的感情，那就没有任何办法可以解决。

既然无法消除"往往在物理及数理之外"的种族偏见，那么，自己不提此事才符合国家的利益。如下文所述，该观念是 1920 年代下半期到 1930 年代上半期精英阶层人种认识的特征之一。

这种人种认识是对人种问题本质的理解，也是洞察后的表现。而在 1910 年代的日本言论界，却没发现这一倾向。

因为该倾向主要与日本在国际政治上的经历密切相关，1919 年巴黎和会上的"人种平等"提案、1924 年的美国排日移民法等人种相关事件都刺激了该倾向的形成。并且对于这两个事件，日本一方面从心理上产生了人种上的隔阂，另一方面就此认定这是一个"实力至上"（佐藤钢次郎）的时代，唯有国力以及国力主导的政治力学才能决定现实，并且相应地选择了现实主义的应对策略。

1910 年代，当美方冠冕堂皇地宣称排日问题不过是经济和

① 稲田周之助「人種問題の過去及び将来（白人の憂患）」『外交時報』第 433 号、1922 年 11 月 15 日。

社会问题时，1916 年升任陆军中将的佐藤钢次郎表示，人种问题的本质"不在政治，而在人种"；可是到了 1920 年代，日本的人种认识却表现出堪称马基雅维利主义的倾向，转而认为人种问题"不在人种，而在政治"。[①]

此处需要注意的是，1920 年代日本迎来了"实力至上"的时代，相信国力强大才能掌握话语权。也是从这个时代起，日本的思潮开始兴起精神主义。

乍一看去，现实主义与精神主义给人以相反的印象，可是在日本，二者却是看似相反的整体。毕竟，正因为日本开始认识到国力不足的现实，精神主义才作为日本理应依靠的残存力量进入人们的视野。

日本国土面积狭小，自然资源贫瘠。左思右想，这个国家所能拥有的力量（或许可以抗衡英美的力量）也就只有精神力量了。严格来说，正因为他们认识到国力的不足，才对外表现出现实主义的姿态。与此同时，也正因为他们认识到国力的不足，精神主义才在国内滋生。可以说，他们是把精神主义作为唯一的支柱来鼓舞自己。

并且，这种基于现实主义的精神主义也具有人种上的侧面，而且该侧面绝非毫无关联的要素，即使在"实力至上"的时代，也时时被触及并显露出来。

比如，就连本应是马基雅维利主义象征的德意日三国同盟也具有人种上的侧面。在各个同盟国，人种问题作为难以抹去的矛

---

① 佐藤鋼次郎『呪はれたる日本』隆文館、1921、70 頁。

盾不可避免地浮现出来。因为从日本的立场来看，德意日三国的现实主义同盟被寄予了有关人种自我认知的巨大精神意义。

也就是说，日本虽然基于现实中的共同利害与德国、意大利缔结同盟关系，但它也在心情上热切期待和白人结盟，以得到精神上的满足感，就像当初和英国结盟那样。

与之相比，纳粹德国一面从人种上鄙视日本，一面为了政治上的生存不惜"与恶魔联手"（希特勒）。日本的政治姿态与德国相同，然而不可否认的是，日本人在人种意识上显得意气风发，因为他们得以与号称最优秀民族日耳曼民族的德国结为同盟。德意日三国同盟充其量只是基于现实利害关系结为同盟，就连这样一个同盟都包含着诸多人种方面的要素。德国从心理上把日本鄙视为"二流"的"蒙古民族"，日本却试图通过与德国结盟来获得人种上的优越感。如此显而易见的矛盾也是日本不得不面对的现实。

另外，战争期间，作为针对英美的政治宣传，人种对立被用于政治言辞。然而现实中的日本一边置身德意日三国同盟，一边鼓吹亚洲主义并暗示与英美的人种对立，表现出明显的矛盾。

可以说，1920 年代下半期以后，无论日本欢迎与否，围绕人种与政治都迎来了现实与精神步步分离却又无法分离的复杂交错的时代。

那么，1920 年代下半期以后，在日渐兴起的现实主义与精神主义的夹缝间到底形成了怎样的人种认识？这些人种认识又到底意味着什么？

《外交时报》是 20 世纪上半叶日本最重要的外交类杂志，里面刊载的几篇评论性文章反映了当时正在兴起的现实主义与精神主义。

《外交时报》创刊于1898年。特别是自1920年代以来，政、财、官、军、学界评论第一线的许多人都向该刊投稿。尽管编辑半泽玉城是出名的对外强硬派，《外交时报》却刊载了不少与半泽观点相异的稿子。该外交类杂志反映了1920年代至1930年代日本对国际形势的认知，并保持了自身的中立性。[①]

本章前半部分选取《外交时报》里与人种相关的六篇文章，探讨该时期有关人种的现实主义与精神主义的形成过程。在此基础上试图考察所谓马基雅维利主义的象征——德意日三国同盟中的人种相关情况，以及二战期间仍持续存在的谱系。

"穷人子多"：安冈秀夫

首先，如果没有前文所述的对种族偏见本质上的理解以及对日本国力的客观认识这两点，现实主义的人种认识不可能形成。

安冈秀夫1891年毕业于庆应义塾大学部文科正科，1893年入职时事新报社，1902年成为社论记者，1913年任社论部部长，1921年任监事，1926年离开时事新报社。[②] 出版过几部中国相

---

① 伊藤信哉『近代日本の外交論壇と外交史学』、3-5頁。

② 丸山信編『福沢諭吉門下』紀伊國屋書店、1995、項目420。另外，安冈秀夫是明治时代官僚政治家安冈雄吉的弟弟，安冈雄吉的外孙女婿是安冈正笃。安冈秀夫是幸德秋水的表弟，两人一起度过了童年，是"竹马之交"。幸德秋水著、塩田庄兵衛編『幸德秋水の日記と書簡』増補決定版、未来社、1990、42頁。安冈秀夫的著作有『日本と支那と』（東声社、1915）、『小説から見た支那の民族性』（聚芳閣、1926）。（安冈正笃是安冈雄吉的婿养子。婿养子是上门女婿，同时还需成为妻子所在家庭的养子。——译者注）

关著作的安冈秀夫在文章《一个日本人的辩白——写给英国人和美国人的信》中进行了如下论述。

他认为，日本有两个弱点。其一，"其他富强国家都属于同一人种，可是唯独日本属于所谓的异人种"；其二，"与日本的人口及人口增长率相比，日本的面积太过狭小"。[①]

关于第一点，如前文所述，因为"唯独日本属于所谓的异人种"，所以不可否认的，必然感觉到被其他富强国家歧视。

而且，日本的第二个弱点是"人口过剩、先天条件不足"。

然而，"所谓的异人种"和"先天条件不足"都是日本无论如何也难以改变的现实。不正是因为这个缘故，日本才没有气力坚持人种平等、人种对立这类不现实的"妄想"吗？

正因为这些都是无力改变的现实，日本才通过鼓励移民来缓和人口膨胀问题，"极力推动产业（特别是工业）、通商的发展，即致力于通过人力来弥补先天条件的不足之处"。他问道，这不正是"日本国民生存的必要条件"吗？

日本除了用"人力"来弥补"先天条件不足"别无他法。更何况人种差异对专家来说也是"甚为困难的问题"，同时是"颇为暧昧的问题"。尤其是在政治、国际关系领域"几乎到了无聊的程度，没有任何意义"。安冈秀夫指出，既然"所谓的异人种"和"先天条件不足"是日本无力改变的命运，那么再怎样讨论也没有意义。

---

① 安岡秀夫「一日本人の弁明——英国人並に米国人に与ふる書」『外交時報』第451号、1923年8月15日、18-22頁。

安冈秀夫既不支持感性的人种对立论，也不支持白日做梦般的人种平等论。他认为，既然人种问题的本质是种族偏见，而种族偏见是人类与生俱来的本能，那么，无论怎样批判、反对种族偏见，自己的人种也不会发生变化，对方的人种也不会发生变化，这种感情也不会消失。①

安冈秀夫认为纠结于人种差异"毫无意义"，这是充分理解种族偏见本质后形成的现实主义人种论。此外，对于日本的国力问题，他也表现出用人力弥补先天条件不足的倾向。从该倾向可以看出，"资源贫瘠的国家"的自我认知在现实主义认知的影响下正在逐步形成。

"轻浮"：稻叶君山

安冈秀夫的文章刊载后的后一个月，即1923年9月1日，日本发生关东大地震。对于本来就"先天条件不足"的日本来说，造成极大损失的关东大地震带来了"国家级打击"。雪上加霜的是，翌年（1924）美国实施排日移民法，将日本定性为"所谓的异人种"。

1924年8月，《外交时报》刊载东洋史学家稻叶君山的文章《大亚细亚主义的障碍》。文章指出，关东大地震和排日移民法这"两个烦恼"是直接导致近来"大亚细亚主义"方兴未艾的主要因素。稻叶君山批判道，"动机不纯"的日本"大亚细亚主义""令人不禁皱起眉头"。

具体而言，巴黎和会以来，日本尚沉迷在一战带来的经济繁

---

① 安冈秀夫「一日本人の弁明——英国人並に米国人に与ふる書」、27頁。

荣之中，"五大强国"意识一味膨胀，"甚至可以说，日本根本没把中国等其他民族放在眼里"。

当然，并非所有提倡亚洲主义的日本人都是这种心理，可是"多数日本人以前从未考虑过大亚细亚主义等主张"。

然而大家现在突然鼓吹起"大亚细亚主义"，究其原因，1923 年 9 月的关东大地震"带来了国家级打击，莫说五大强国，此时的日本甚至一时间沦落到三等国的境地，经历相当悲惨"。这场地震带来的损失太过巨大，恐怕需要五年乃至十年的时间才能实现复兴。再者，"以往日本虽说不是大摇大摆，至少能和他国维持表面上对等的交际"，可是翌年推出的排日移民法"一举破坏了以往的局面，正可谓祸不单行"。在此基础上，稻叶君山总结道：

> 于是，这两个烦恼成为加剧大亚细亚主义呼声的因素。与其说是呼声，不如说是他们的呻吟声。其动机终究不够纯粹。换言之，不过是图一时之方便罢了。也就是说，倘若国力雄厚、未曾出现排日问题，他们不可能提倡这种主义。他们这样做充其量是利用大亚细亚主义来对抗排日问题，向美国施加几分报复。因此，一旦他们看到美国态度为之一变、该问题得到缓和的可能性增加，随时都有可能舍弃大亚细亚主义。日本人真是轻浮。①

① 稲葉君山「大亜細亜主義の障碍」『外交時報』第 473 号、1924 年 8 月 15 日、86 - 88 頁。稻叶君山本名稻叶岩吉，毕业于东京外国语学校，师从内藤湖南，1900 年赴北京留学，1908 年起在满铁调查部参与编纂《满洲历史地理》。1925 年起，他作为朝鲜总督府的修史官编修《朝鲜史》第 35 卷。

如稻叶君山所言，尽管在排日移民法推行之前就出现了亚洲主义这一思潮，可是，以往对"亚细亚"不屑一顾的日本人突然鼓吹起"大亚细亚主义"，与其说这是"主义""思想"，不如说是关东大地震的"国家级打击"和排日移民法所引发的结果。如果日本国力雄厚，未曾遭遇关东大地震和排日移民法，日本人不可能鼓吹"大亚细亚主义"。在他看来，纵使日本摆好架势，提倡那些包含人种团结意味的"主义""思想"，其动机终归只是局限在"国力"和"颜面"问题上。

"纸上空谈"：稻原胜治

同样，稻原胜治对种族偏见和国力的现状也表现出现实主义的认知。1907 年，27 岁的稻原胜治赴美国斯坦福大学、哈佛大学留学，并于 1911 年回国。其后，他相继担任大阪朝日新闻社外报部部长、英文《日日新闻》主笔、华盛顿裁军会议随员、日本外事协会会长。① 稻原胜治在《美国排日乃人种战争》（1924）一文中指出，美国罗列的排日理由主要是经济及社会方面的因素，然而这些"都是辅助因素"而已，就算辅助因素消失了，他们也"绝对不会就此停止对日本人的排斥"。他对人种本质上的理解如下：

---

① 稻原胜治的外交相关著作多达 20 部。《美国民族圈》的作者简历显示，稻原胜治 1907 年毕业于斯坦福大学政治学科，1908 年毕业于哈佛大学政治经济学科。但是不清楚他所谓的"毕业"到底是何意。此外，稻原胜治还曾主持英文《日本年鉴》、英文《南方年鉴》、英文杂志《当代日本》（*Contemporary Japan*）等。稻原勝治『アメリカ民族圏』竜吟社、1943。

我们遭到排斥主要是因为我们是日本人而非白人。在美国人眼中，日本人的存在本身就是罪恶。换言之，若要完全消除排日浪潮，首先必须让我们永远不做日本人。如果你认为不可能做到这一点，那就唯有做好觉悟，把排斥视为理所当然。国力的强弱虽然会带来一定影响，但也不过是导致两种结果，要么使排日成为显而易见的事实，要么使排日隐藏在水面之下。①

　　在稻原胜治看来，既然排日的根本原因在于对日本人的偏见，那么，即使表面因素得到解决，排日也不会就此消失。"国力的强弱虽然会带来一定影响"，但也只会导致两种结果：让排日问题公开爆发出来，抑或让它继续在暗地里滋生。

　　稻原胜治在其著作《外交读本》（1927）里也表达了相同的观点，作为经济问题、社会问题的排日论"仅仅是借口，乃至导火索"而已。至于巴黎和会上的"人种平等"提案，"不过是纸上空谈"，"缺乏实际的效果"。他总结道：

　　　虽说法律面前人人平等，但这只是说说而已。正如人人未必一定平等那般，人种平等这一命题看似成立，其实这个新增的常用固定短语并不具备左右现实的能力。实际上，广义的力量才能真正解决问题，它与常用固定短语没

---

① 稻原勝治「米国の排日は人種戦争也」『外交時報』第 467 号、1924 年 5 月 15 日、32 頁。

有任何关系。①

　　即使宣扬"人种平等"这个固定短语，也没有什么意义，"实际上，广义的力量才能真正解决问题"。稻原胜治的人种认识与其他人相同，他也认为既然种族偏见源于生理的、动物本能的感情，那就不是人类可以干预的领域。换言之，在他的理解中，根植于人们内心深处的偏见和歧视意识不可能被字面的概念轻易撼动。

　　或许由于稻原胜治的文风受其职业的影响，不可否认，他的言辞颇具煽动性。然而事实证明，"人种平等""拒绝种族歧视"等声明不过是礼节性辞令，仅仅是为了讴歌国际性，或做出表面上的保证，即使在当代也是如此。从这点来看，稻原胜治确实指出了关于"人种平等"的普遍真相。如果没有对种族偏见的本质理解，没有对"力量"的现实主义理解，且无法同时理解这两部分，就无法形成现实主义的人种论。

"人种相互宽容论"：松原一雄

　　再者，还有一种"人种相互宽容论"产生于对种族偏见的现实主义认知。

　　法学博士、日本大学及中央大学教授、外交官松原一雄主要研究国际法，他在《颜色的世界》（1925）一文中提出疑问，种族偏见等相关问题是"短短一个世纪或两个世纪能解决的问题

---

　　①　稻原胜治『外交読本』外交時報社、1927、258–259 頁。

吗?"在他看来，宣扬人种平等和人种对立都是鲁莽且毫无意义的行为，相关论述如下。

> 人种问题是战争无法解决的问题。更何况只有日美两国打仗的话，不可能就此解决人种问题这个世界级大问题。日美为该问题打来打去是徒劳无益的。纵使日美两国爆发战争，不论哪方获胜，既不会导致白色人种的灭绝，也不会让有色人种从地球上消失。而且，既然任何一方都不会灭绝，那么上述战争就没有什么意义。要解决人种问题，唯有异人种之间相互宽容这一条途径。吾等与其鼓吹空想的人种平等论和不人道的人种战争论，不如和柯立芝总统共同提倡人种相互宽容论。[1]

如本书序章所述，19世纪中叶以后，异人种之间的接触才扩大到世界规模。也就是说，松原一雄的"人种相互宽容论"是19世纪中叶以后才有可能产生的概念。

此时已经不是可以避免异人种相互接触的时代了，正因为日本在国际政治领域持续遭到攻击，才强烈地认识到人种平等和人种对立等议题都不现实。松原一雄的"人种相互宽容论"与当时的论调产生了共鸣，即极力避免对外释放人种对立要素，欧美协调路线才符合日本的国家利益。

---

[1] 松原一雄「色の世界」『外交時報』第505号、1925年12月15日、34頁。

"愚蠢"：高木信威

另外，还有人指出，日本既然无力改变身为"有色人种"的现实，那么，自己在公开场合呼吁"人种平等"本身就是"愚蠢""贬低自己"的行为。高木信威就主张这一观点。

高木信威曾任《国民新闻》记者、主笔，《东京日日新闻》编辑局局长等职，1914 年前往英国研究政治经济，1921 年成为英国皇家学会终身会员。担任中央大学教授时期，他发表了《日本应走的大道》（1928）一文，对日本在巴黎和会上提交的"人种平等"提案做出如下批判。

> 一些人看到〔"人种平等"提案〕获得了弱小有色人种国家的同情和赞美之词，高兴得仿佛日本立下了天大功劳。可是，日本获得了弱小国家的同情，招来了强大国家的警惕和妒忌，加加减减算下来，其实蒙受了不可挽回的损失。本来日本已经通过修改条约获得了与西方文明国家对等的地位，作为国际家族的正式一员得到承认。这中间哪有什么种族歧视问题。无论是在国际法理还是一般理论层面，日本的这一地位都已超越人种问题。尽管如此，日本仍高声呼吁废除人种差别待遇，简直是在严重地贬低自己……①

---

① 高木信威「日本の進むべき大道」『外交時報』第 574 号、1928 年 11 月 1 日、9 頁。

高木信威始终着眼于日本的立足之地，对于难以解决的人种问题，他虽郁郁不乐，却认为笨拙地呼吁人种平等反而会刺激、助长欧美的种族偏见，这才是日本的"损失"。尽管日本在修改条约后"获得了与西方文明国家对等的地位，作为国际家族的正式一员得到承认"，然而明治时代以来，日本一直在"文明"和"人种"的坐标轴上不安地摸索着自己的定位。高木信威其实采取了现实的姿态来应对这种不安。[1]

"此种特殊地位"：田中都吉

最后要看的是田中都吉的文章。田中都吉曾作为外交官担任

---

[1] 排日移民法实施后，日本政府仍试图谋求修订该法案。从这点也可看出日本对于自身人种定位乃至地位的神经过敏。1927 年，泽田节藏外驻华盛顿第二年，早稻田大学棒球部访美，并与十二三支美国大学棒球队比赛。大使馆方面虽没有参与协调此事，但是，当报纸报道了早稻田队即将与华盛顿某黑人大学比赛的消息时，使馆非正式雇员弗雷德里克·摩尔（Frederick Moore）强烈反对称："大使馆正在努力争取修订移民法，反对给予日裔移民和黑人相同的差别待遇。在黑人大学竞技意味着承认自己和黑人一样，这是从根本上推翻大使馆的工作。"当然，尽管这与美国的黑人问题不无关系，但可以看出，当时大家都在某种程度上认识到，在日本人种定位不稳之际，若与黑人有所交集会带来不利影响。其实在此之后，泽田节藏曾接到友人、田纳西州黑人大学校长的演讲邀请，他个人是很想欣然允诺的，然而据他回顾："作为大使馆的负责人，我如果与黑人学生恳谈，很担心会引发摩尔的愤慨，一不小心可能导致我们为移民法改订所做的努力全都化为泡影。最终，我以华盛顿的工作堆积如山为由拒绝了邀请。反对种族歧视的人竟然做出歧视性决定，这真是件憾事。"澤田壽夫編『澤田節藏回想録——一外交官の生涯』有斐閣、1985、99-100 頁。笔者在回忆录中没有发现泽田节藏自身的种族歧视思想，里面既没有面对白人时的自卑感，也没有面对有色人种时的优越感。外驻期间，泽田家雇用了一位勤劳的黑人女佣，泽田节藏写道："与德裔、爱尔兰裔白人女性（之前的女佣）相比，她干活干得特别好。"澤田壽夫編『澤田節藏回想録——一外交官の生涯』、100 頁。

驻苏联全权大使，此外还经营过报社。对于日本人种定位的不稳定性，他在文章《关于日本在外交战的地位》（1934）中指出，日本就处于"此种特殊地位"，相关论述如下。

> 日本属于所谓的有色人种，而不是白色人种。世界上所谓的发达国家、文明国几乎全是白色人种，唯有日本与之人种相异。有人乐观地认为，肤色问题无关紧要，介意这种问题是不对的。不仅日本有人持此观点，世界上的多数人也是这样认为。从我多年的外事经验来看，人种问题绝不是这么简单的问题，而是根基很深，最需要我们日本人关注的问题。[1]

田中都吉认为，人种问题是日本发展道路上最大的障碍，只要肤色不变，就会一直影响日本。他指出，正因如此，日本才应从"此种特殊地位"中努力找到特别意识或使命感。

> 不过，从其他方面观察，日本其实是有色人种中最发达、最优越的国家。因此，将来若有其他有色人种能像日本人一样发展起来，日本人理应作为前辈、盟主获得尊敬和支持。需要注意的是，该倾向现已逐渐成为现实。总而言之，考虑到日本在外交战的地位，我认为人种问题是重要事项，不应遭到忽视。[2]

---

[1] 田中都吉「外交戦に於ける日本の地位に就て」『外交時報』第713号、1934年8月15日、57-59頁。田中都吉的经历参见デジタル版日本人名大辞典＋Plus。

[2] 田中都吉「外交戦に於ける日本の地位に就て」、58頁。

基于现实主义的精神主义

如本书此前所述，试图使不稳定的人种定位稳定下来的人种使命论或特别意识并非刚刚出现。即使仅仅参考同一时期也能发现，杉村阳太郎等人将日本视为"有色人种"领导者般的存在，格外强烈地表现出鼓吹该自画像的倾向。[①]

钟摆围绕着人种优越感和自卑感来回摇摆，正因如此，常常忐忑不安的日本人才把特别意识或使命作为鼓舞自己、使自己稳定下来的原动力。以此为手段的人种自我认知自明治时代以来一脉相传。从以上六篇文章可以看出，在 1920 年代下半期到 1930年代上半期日本人种自我认知中的特别意识和使命感背后，人们前所未有地意识到自己的国家是"资源贫瘠的国家"，并因此感到不安。

这当中包含了阴郁的心情，毕竟他们虽然在情感上想要对抗英美，却在现实中不具备实现这一想法的能力。另外，尽管心怀反感，他们却认识到应该遵从现实的政治力学，欧美协调才是对自己有利的道路。甚至可以说，正是因为这个缘故，这种因

---

① 外交官杉村阳太郎身高 185 厘米，体重 100 千克，是个出名的壮汉、运动员。他在法国里昂大学取得博士学位，是该校第三位取得博士学位的日本人。1927 年担任国际联盟副秘书长，1933 年成为国际奥委会委员。他指出，"正义之剑是为了所有有色人种"，"我国国策的终极目标是成为有色人种的长者或指导者，诱导辅助他们发展"，而且，"日本在远东的使命是指导启发后进民族，用亚洲文明之光为世界文化与人类进步做贡献。因此，随便扰乱亚洲和平、蔑视亚洲人、把亚洲人视为奴隶的人都是日本的敌人"。他的观点和田中都吉一样。杉村陽太郎『国際外交録』中央公論社、1933、363 頁。

"力量"和人种而产生的憋屈感情才化为过剩的自我意识和使命感，转向精神主义的人种论。

1920年代到1930年代的现实主义人种论出现了堪称精神主义人种论的倾向。重要的是，该过程的背后不仅有日本在人种上的"特殊地位"，还有日本"先天条件不足"这一现实。

如安冈秀夫所述，因为日本"先天条件不足"，所以应该"致力于通过人力来弥补先天条件的不足之处，这是维持日本国民生存的必要条件"。1920年代以后，日本不得不承认自己在物质上远远比不过英美，于是想要通过精神主义来弥补。正因为日本不得不自认"先天条件不足"，精神主义才浮出水面。在此过程中，日本人种的"特殊性"受到注目并与之合流，逐渐成为支撑日本精神主义的支柱。

"武力最有话语权的今天"

伴随着对种族偏见的本质理解和关于"力量"的现实主义姿态，精神主义人种论化为日本的使命。可是无论怎样罗列精神论，人们最终都不得不接受"武力最有话语权的今天"。武者小路实笃就在文章《日本人的使命之一》（1937）中记录了这一心理上的芥蒂。

武者小路实笃在这篇刊载在《改造》上的文章开头称："我认为，日本人的使命之一是用事实证明，有色人种拥有足以和白色人种平起平坐的实质和实力。"他表示，"我对白色人种的优越感没有什么好感"，并讲述了自己曾经遭遇的种族偏见。

武者小路实笃记述，"我曾两次遭到赤裸裸的种族歧视，对方是没有受过教育的老太太"。他用"没有受过教育"来解释种族偏见发生的原因，试图借此保住自己的自尊心，"可是说真心话，不管他们怎么说，都是真的在鄙视我们。而且，一想到刚去西方就遇到这种事，一想到他们能如此轻易地表达轻蔑之意"，就知道种族偏见与教育水平无关，而是人们普遍的心理。

然而他又吐露心声，写道"我不要鄙视白色人种。我想和他们更加友好地相处"，"假如我们看到西方人身穿日式服装，肯定会觉得他们是傻瓜，与此相同"，西方人轻视日本人也有这方面的因素。非西方的日本为了实现"西化"有时会进行模仿，或许是这个缘故，他承认日本面对西方时抱有文化上的自卑感。可是从人种的视角来看，白色人种侮辱有色人种是难以原谅、难以接受的事情。正因如此，日俄战争以后日本的人种使命才浮现出来，要求日本作为"有色人种的代表"打破这一现实。

考虑到九一八事变以后的东亚形势，武者小路实笃知道有些话不宜高声鼓吹。他指出："只有日本没有输掉而是赢了和白色人种的战争，这是事实。我们永远不会失去这个事实。可是相应的，日本陷入了痛苦的境地。"并且，他对日本的使命进行了如下阐述：

所以日本有在背后代表有色人种全部权利的义务。即使从精神层面来讲，总之，我们必须清楚我们肩负的人类使命。也就是说，白色人种把有色人种（虽然是个讨厌的词，但是正因为讨厌，总有一天要和他们交换位置）视为奴仆人种是对人类非常僭越的观念。让他们做出反省、平等地看待其他人种才符合人类的意志。我认为这就是日本人的强烈使命。①

他指出，日本拥有日俄战争中的胜利经验，可以为其他"有色人种"及人类和平肩负起让"白色人种""反省"的使命。该观点与一直以来的精神主义人种论具有共通之处。与此同时，他又表示，日本面临仅靠精神难以进行对抗的现实。

我很遗憾地发现，武力最有话语权的今天已成为全世界共同的时代。因此非常遗憾，不管有色人种在精神上多么优秀，只要武力不够强大就无济于事。

武者小路实笃质朴的文风饱含了殷切的期盼。他是一名学习西方学问、在西方文化感化下成长的日本知识分子、文人，他那直率的人种感情想必正是源于自身的教育经历。事实上，武者小路实笃确实看穿了种族偏见的真相。

比如，武者小路实笃在文章最后讨论了朋友的事例。他的朋友与一位法国女性同居，这位法国女性平常"给人的感觉很好，也非常欣赏爱人的价值和才能。然而据朋友所言，双方吵架时，女方会搬出人种优劣论，这让男方颇为苦恼"。②

武者小路实笃指出，这就是种族偏见的本质，利害关系一

---

① 武者小路実篤「日本人の使命の一つ」、176－177頁。
② 武者小路実篤「日本人の使命の一つ」、177－178頁。

致、条件充裕之时，即使人种不同也不会产生什么问题。可是一旦有什么不和、利害关系不一致时，即便以往一直保持良好的关系，种族偏见也会显现出来。

他认为，即使利害关系一致、建立了恋爱关系，双方内心深处仍潜藏着难以抹去的种族偏见和歧视，这是永远都不会改变的东西。

过去，珍田舍巳把种族偏见比做类似"海德拉"① 的东西，认为种族偏见会根据不同的情况反复显现或隐藏，不可能从根本上消除。②

本章关注的是公开讨论种族偏见的人们，但是在精英阶层当中，可能有一部分人正因为看穿了种族偏见的本质，反而不想进行讨论。毕竟理解了人种感情的本质之后才明白，围绕人种问题宣泄自己的情绪没有什么意义。并且特别是在这个时候，这种认知得到了有关国力的现实主义认知的支持。

而且，在日本这个"资源贫瘠的国家"，有关人种和力量的现实主义及精神主义逐步形成，就连德意日三国同盟这一"实力至上"的象征都与它们不无关系。

---

① 海德拉，也称九头蛇、勒拿九头蛇，是希腊神话中的怪物，长着9个头的大蛇。传说海德拉拥有不死之身，9个头当中有1个头不会死去，另外8个头虽能砍掉，但是紧接着就会在伤口上长出两个新头。——译者注
② 1912年4月25日，日本驻美大使、子爵珍田舍巳在祝贺卡内基研究所创立的第十六届年度大会上，发表题为《日本文化的和平性》的演讲。对于日俄战争后兴起的诸如"黄祸论"等针对日本人的种族偏见，他在结束语中表示："今天仍能看到（种族偏见）像海德拉那样冒出奇怪的头。"菊池武德编『伯爵珍田捨巳伝』共盟阁、1938、162頁。

二　"黑眼睛与蓝眼睛"

从日英同盟的废止到亲德倾向

1923 年，日英同盟废止，这给 1920 年代到 1930 年代的人种自我认知带来了变化的契机。

1920 年代上半期以前，日英同盟（1902～1923）给近代日本的人种自我认知提供了不少支持。[①] 同盟关系往往伴随着心理上的影响。尤其在当时，日本只是远东一个正在崛起的国家，能与"大英帝国"结成同盟关系不仅可以证明自身"一等强国"的地位，而且使日本人产生了强烈的自负心，毕竟非西方的日本正与盎格鲁－撒克逊人的国家——英国站在对等的地位。日英同盟确实发挥了相当大的心理作用。从这点来看，日英同盟给近代日本的人种自我认知带来的心理影响可以说是达到了难以估量的程度。

可是在 1923 年，日英同盟废止，无论在政治、经济还是心理层面，日本都需要一个替代英国的他者，担当这个角色的是德国。1923 年日英同盟废止以后，日本开始接近德国。其中一个原因与军事、经济问题有关，因为日英同盟的废止导致

---

① 关于日英同盟中的人种侧面，参见アンソニー・ベスト著、松本佐保訳「日本における汎アジア主義と英国——1895～1956 年」松浦正孝編著『アジア主義は何を語るのか——記憶・権力・価値』ミネルヴァ書房、2013、240－254 頁。

日本失去了尖端技术的来源，日本需要确保技术引进的来源国等。

人们常常认为，日本的陆军亲德，海军反德。然而事实上，日英同盟废止以后，不得不依赖最尖端技术的日本海军开始接近在凡尔赛体系下苦苦挣扎的德国。德国在第一次世界大战战败以前，曾在荷兰开设空壳公司，向日本海军贩卖德国海军的潜水艇等尖端技术，获得了很多利益。一战以后，德国虽然不能拥有空军，但是通过把航空技术卖给日本得以持续获利。[①]

因此，早在德意日三国同盟（1940）缔结之前，即日英同盟废止以后，日德两国就开始在军事技术的交易过程中形成同盟般的关系。

1936年，日本宣布退出伦敦海军裁军会议，英、美、日加入造舰竞赛。再者，1937年爆发的日本全面侵华战争向南扩张，成为日本谋求三国同盟支持的转机。重光葵回顾："日中战争不得不向南扩张，而在欧洲，德意与英法之间的倾轧急剧恶化，要在这个时候探讨进一步强化日德关系，就不可能不考虑到与英（美）法的关系。在日本，海军原本一直反对三国同盟，可是随着军事行动向南推进，海军的态度也发生了变化，最终给三国同盟带来了决定性影响。"[②]

---

① 相澤淳『海軍の選択——再考真珠湾への道』中央公論新社、2002。

② 『重光葵著作集一　昭和の動乱』原書房、1978、92頁。

浮出水面的矛盾

若从人种的视角观察日本的亲德倾向，过去的日本通过日英同盟获得人种优越感，与此相同，日本可以通过与德国结成同盟，证明自己与讴歌日耳曼民族优越性的纳粹德国站在对等的地位。也就是说，日德结盟可以使日本人种的优越性得到确认，持此期待者不在少数。

事实上，1930年代以后，为了谋求日德亲善，兴起了希特勒青年团访日、日本招聘德国传教士和教师等各种各样的文化活动，德国崇拜逐步渗透日本社会。毫不过分地说，在其背后常能看到日本对德国的心理依赖。从这点来看，一方面，过去的日本从日英同盟中寻求人种优越性的心理担保，而在这一时期，德国充分发挥了英国的作用。可是另一方面，不可避免的矛盾也随之出现。

纳粹德国主张日耳曼民族的人种优越性，意味着对日耳曼民族以外人种的明确侮辱，日本也是被侮辱的对象之一。

自1937年大久保康雄翻译出版希特勒的《我的奋斗》以来，该书的不同译本相继在日本出版。译著相关人士等日本精英阶层都充分认识到这一点。

希特勒对日本的蔑视是日本人不愿承认，并且在情感上难以接受的事情。如后文所述，二战结束以前的日译版删除了希特勒蔑视日本的相关段落。由此可见，日本不仅在日德同盟关系中寻求政治和经济利益，而且对其寄托了强烈的心理期待和执念。

另外，从人种的视角来看，对希特勒及纳粹德国而言，与自己根本不放在眼里的日本结盟也是无法全盘接受的事情。① 众所周知，日德高层领导互不信任，想必其中一个因素与这种心理背景有关。

战时日本提出的"大东亚共荣圈"是以亚洲主义为背景，若从人种的视角来看亚洲主义，可知德意日三国同盟具有相反的方面。无论是鼓吹日耳曼民族最优秀的德国，还是宣扬亚洲主义的日本，对它们而言，日德同盟关系在人种层面都包含了矛盾之处。

也就是说，尽管日本从政治和经济"力量"的观点出发，选择接近德国，但是就连这个时候，日本都无法摆脱人种这个"如影随形的问题"。

那么，在德意日三国结盟前后，日本形成了怎样的人种认识，其过程到底如何？

日译版《我的奋斗》的相关问题

如上文所述，《日德防共协定》（即"反共产国际协定"）签

----

① 对于德国和意大利而言，从人种的视角解释德意日三国同盟是相当困难的问题。"即使能用种族主义等说服本国国民，可是面对其他国家，尤其是欧美各国却难以表达相同的主张。"石田憲「同床異夢の枢軸形成——1937年のイタリアを中心に」工藤章・田嶋信雄編『日独関係史　1890－1945』第 2 卷、東京大学出版会、2008、91 頁。在考虑是否缔结同盟时，德国、意大利也"从种族主义的视角出发，认识到把日本纳入其中存在着很大的问题"。条约谈判期间，慕尼黑的新闻报道称："墨索里尼和希特勒应该会反对'黄色人种帝国'的建立。"该报道被传到日本，意大利驻日大使奥里提（Giacinto Auriti）报告说，这会助长日本的"偏见"。特别是意大利曾在第二次意大利埃塞俄比亚战争爆发之前宣扬过激的"黄祸论"，一时间日意关系严重恶化。石田憲「同床異夢の枢軸形成——1937年のイタリアを中心に」、130 頁。

署的后一年，也就是 1937 年，希特勒的《我的奋斗》在日本出版。

当时，日本的亲德倾向已经产生，然而希特勒却在《我的奋斗》中宣称日耳曼民族最为优秀。该书日译版发行之际，身为"蒙古种族"的日本又该如何解释纳粹德国的种族优越主义？要发掘其逻辑的整合性绝非易事。

关于日耳曼民族的人种优越论，《我的奋斗》指出，日耳曼人是文化的创造者，犹太人、伊斯兰人是文化的破坏者，而日本人和中国人等则是文化的维持者（或支持者）。日译版《我的奋斗》删除了希特勒把日本视为二流民族的相关论述。可是，当时的知识分子应该能够获知被删除的内容。内阁书记官长风见章在日译版《我的奋斗》的序言中写道，德国和日本不仅国情不同，而且"就像大和民族与日耳曼民族的脸部肤色差异那般，同样是民族主义理论，两国也有不同的主张"。《我的奋斗》的世界观终究"只是德国的东西，里面有许多我等难以信服的观点"。①

另外，在德意日三国缔结同盟的 1940 年，第一书房重新出版了该书室伏高信②的日译本，该版同样删除了有关日本人的部分。

---

① 風見章「序」アドルフ・ヒトラー著、大久保康雄訳『わが闘争』三笠書房、1937、1 頁。

② 上文所述的室伏高信是主张国粹主义的保守评论家。他从明治大学法科中途退学后，先后担任《时事新报》《朝日新闻》等刊物的政治部记者，第一次世界大战期间，作为《改造》的特派员前往欧洲。室伏高信著有《亚细亚主义》（批评社、1926）等著作，是当时著名的论客之一。九一八事变后，他与日本军部加强了联系。可是当他得知战况不利时，却选择隐遁。二战后，室伏高信的思想发生转变，转而痛骂起战争时期的伙伴，表现出非常明显的机会主义倾向。

顺便说一句，室伏高信的译本出版的后一年，即 1941 年，大久保康雄的译本修订后再版，该书同样删除了这部分内容。

当然，《我的奋斗》也出版了英译本。其实大久保康雄和室伏高信都不是直接翻译自德文版，而是以英文版为底本进行转译。[1]

英国的日德离间计

日德接近之际，英国外交部担心这会影响到英国在亚洲的权益，[2]于是在 1938～1940 年对日政治宣传中，批判德国一边蔑视日本人种、一边和日本结盟的矛盾行为。[3] 然而，早在日德接近并引发英国的危机感之前，在英国的外交文件里，虽然能看到英国对日本这个唯一非白人帝国的认可，但也常能看到蔑视日本人种的语句。由此可见，异人种之间的同盟关系往往会牵扯种族感情。[4]不可否认，无论是英国还是德国，都存在种族歧视意识，也就是

---

① 真鍋良一「訳者序」アドルフ・ヒトラー著、真鍋良一訳『吾が闘争』上、興風館、1942、12 – 13 頁。

② 对于日本的亚洲主义，英国是何种反应？相关研究参见アンソニー・ベスト著、松本佐保訳「日本における汎アジア主義と英国——1895～1956 年」、240 – 254 頁。

③ 根据等松春夫教授对英国外交部资料（FO371）的调查，英方把《我的奋斗》译本中删掉的关于蔑视日本的内容找出来，并添加解说，制成小册子，试图从美国西海岸的若干地区运至日本政府、军部、领导人那里，以为这样就不会遭到审查，然而这些小册子中途就消失了踪影。

④ "Japan is the only non-white first-class Power. In every respect, except the racial one, Japan stands on a par with the great governing nations of the world. But, however powerful Japan may eventually become, the white races will never be able to admit her equality." (1921) Lauren, op. cit. p. 104；サーラ・スヴェン「岐路に立つ日本外交——第一次世界大戦末期における「人種闘争論」と「独逸東漸論」」環日本海学会編集委員会編『環日本海研究』環日本海学会編集委員会、2002 年第 8 号、17 頁。

对日本的种族侮辱意识。①

其实，英国外交部还曾试图利用《我的奋斗》中鄙视日本的部分来离间日本和德国。1942 年，真锅良一译《我的奋斗》出版，该书是以德语原著为底本进行翻译的。真锅良一在译者序中写道：

> 由于国情不同，我个人无法对一些事物进行介绍，并且这些事物与我国毫无关系，没有什么参考价值，因此，译书删除了原著第 258～261、303～305 页的内容。第二，大东亚战争之际，某敌对国家故意曲解希特勒的真正语意，将原著第 317～328 页的部分内容用于离间日德关系的宣传文章之中，并对外散布。我不能把敌人反过来利用的东西翻译出来，因为这样做的话可能会招致敌人的进一步利用。希特勒写作该部分的目的是为了使德国国民奋起，故而采取了有"技巧"的论述方式。基于以上理由，以及该部分与前后段

---

① 从石射猪太郎外驻英国时的两件逸事中可以管窥英国对日本的蔑视。"有一次，大使馆收到了一封妇人的来信。打开一看，这位妇人自我介绍说，她曾被阿富汗王宫、波斯王宫聘为礼仪老师，拥有长年指导宫廷礼仪的经验。她猜想日本宫廷应该也需要此类指导，因此写信询问日方是否愿意聘请自己，她会尽其所能，为日本皇室提供很好的礼仪指导。看了这封信后，石射猪太郎大吃一惊，没想到在这个妇人眼中，日出之处的帝国和天子竟然与阿富汗、波斯差不多。虽然他们仅收到一封这样的信件，却总觉得自己接触到了英国民众的日本观。"石射猪太郎『外交官の一生』、175‐176 頁。另外，三四年前，有一本讲述日本陋习的英文小说 *Kimono*（《和服》）极为畅销，是出名的煽动性读物。据说作者是英国外交部远东司司长格沃特金（Ashton-Gwatkin），他基于自己在日本工作时的见闻，使用笔名 John Paris 创作了这部小说。石射猪太郎『外交官の一生』、180 頁。

落的关联，译书进行了大幅删除。①

真锅良一谈到自己必须删除蔑视日本的内容的原因，认为英国外交部采取了日德离间计。可能是因为当时日本与英国正在交战，他才严厉批判该书的英译本。另外，英译本是否确为英国外交部的手笔，这点难以断定。不过，英国外交部内部文件显示，当时他们确实讨论过是否要进行这种尝试，由此可知当时英国的对日宣传活动。②

再者，除了真锅良一的译本以外，战争期间还出现了其他日译本。1942～1944年，东亚研究所出版《我的奋斗》日译本。该书序言回顾了多部日译本的出版过程，并进行如下总结：

> 时至今日，我国也对《我的奋斗》的翻译进行了若干尝试。由于书中关于日本的部分不利于今天的日德关系，故而未曾出现该书的完整译本，以往的译本也就是摘译的程度。毋庸讳言，要维持良好的日德关系，就要像这样多加注意，因此，必须避免公开该书完整译本。虽说如此，我们相信，完整翻译该书、将其作为研究用的资料，非但不会造成任何不便，反而有利于日德两国民众发自内心的理解合作。③

---

① 真鍋良一「訳者序」アドルフ・ヒトラー著、真鍋良一訳『吾が闘争』上、19－20頁。
② 翌年，也就是1943年，真锅良一译《我的奋斗》再版，该书删除的部分与初版相同。
③ 「序文」『我が闘争』第一巻上、東亜研究所、1942、1－2頁。

这段话不仅提到《我的奋斗》中存在不能触及的内容，而且指出，"完整翻译该书、将其作为研究用的资料"可能"有利于日德两国民众发自内心的理解合作"。

换言之，尽管日本这个国家故意制造了亲德倾向，还出现了远超亲德范畴、堪称希特勒个人崇拜以及纳粹崇拜的现象，在此社会氛围下，人们还是莫名地感觉到某种互不相容的矛盾乃至违和感。

可视的差异

其实，日德防共协定签订以后，聘用德国教师和传教士、招待希特勒青年团等行为都铸就了日本的德国崇拜。

大约在 1938 年，"许多日本人彻底迷上了德国，这是一个不能说纳粹坏话、不能说支持纳粹的日本陆军坏话的时代"[1]。

在反映当时日本社会普遍认识的《少年俱乐部》（1937年第 24 卷第 14 号）里，有一篇报道把希特勒青年团的生活状态当作模范一般描述。希特勒青年团之所以受到人们的欢迎，其中一个因素可能在于，与德国结成的同盟产生了心理效应，鼓舞了日本的人种优越意识。[2] 确实，战时日本的纳粹崇拜"前所未有的强烈"。比如，规格极高的"东京帝国饭店为'希特勒青年团'的少年提供住宿；就连电影也必须加上'希特

---

[1] 阿川弘之「私の履歴書」『桃の宿』講談社、2010、49 頁。
[2] 某糕点糖果公司为纪念日、德、意三国缔结同盟举办了绘画比赛。片山杜秀『ゴジラと日の丸』文藝春秋、2010、168 頁。

勒青年团推荐’这句广告语，否则就会让人觉得卖不出去”。①

　　然而另外一方面，当外貌明显不同于日本人的人种与日本结盟时，可能也有日本人朴素地感到疑惑，或是觉得违和。

　　在刊载希特勒青年团相关报道的《少年俱乐部》里，有一篇文章的题目是《日本的好朋友意大利总理和德国元首》，上面刊登了墨索里尼和希特勒的照片。紧接着又有一篇题为《黑眼睛和蓝眼睛》的文章，作者是帝国大学医学部医学博士石原忍，文章主要比较了日本人的黑眼睛与西方人的蓝眼睛不同，相关内容如下：

　　　　因为黑色虹膜比蓝色虹膜更能包裹眼球、遮蔽无用的光线，所以能看得更清楚。其实，日本人比西方人视力好，眼睛更为上等。②

　　石原忍的这篇文章从日本人与西方人的人种差异之一——眼睛的颜色出发，讨论了日本人身体上的优越性。为何此处非要刊载一篇医学博士讨论眼睛颜色的文章？

　　或许石原忍的文章反映了《少年俱乐部》的意向。另外，那个时代，三国缔结同盟，日本积极招聘德国教师和传教士，日本

---

① 　戒能通孝「日本民族の自由と独立」『改造』1950 年 2 月号、9 – 10 頁。
② 　石原忍「黒い眼と青い眼」『少年倶楽部』1937 年 12 月号、397 頁。这一期刊载的文章《日本的好朋友意大利总理和德国元首》没有页码。据片山杜秀调查，二战期间，叶山英二在其创作的童书（『日本人はどれだけ鍛へられるか』新潮社、1943）中也提及日本人的视力比白人好。片山杜秀『ゴジラと日の丸』、282 頁。

人在日本国内，尤其是教育机构等场所看到德国人的机会大为增加。

因此，在礼赞德意日结盟的社会氛围当中，可能有不少人对德国人与日本人的人种差异相当关注并怀有疑问。到底该如何解释这个显而易见的人种异质性？这是思想倾向产生之前，就连儿童、青少年都会朴素地注意到的差异。从日本与德国的同盟关系中模模糊糊地找到人种优越性固然容易，然而问题在于，还没有找到一个明确的方案或合理的落脚点来具体解释外观上非常明显的人种差异。

日本与一看便知是不同人种的德国结成同盟，对此，日本该做何解释？虽然从视觉的角度会产生朴素的疑问，但是至少对日本而言，从它和德国这个"蓝眼睛"的白人国家结成的同盟中可以找到人种优越感，就像当初从日英同盟中找到的那样。正因如此，人们才有所顾忌，不敢公开《我的奋斗》中蔑视日本的部分。对认识到这一点的部分精英阶层来说，这不是能轻易说出口的东西。

"纳粹是否对日本抱有善意"

为何至少要在形式上崇拜一个明显蔑视日本的人物和国家？纵然出版《我的奋斗》、招聘德国人等行为全都只是基于马基雅维利主义的政治宣传和政治利用，可能还是有不少精英阶层在心情上怎么也痛快不起来。

尽管德方鄙视日本的文字内容在日本一定程度上被掩盖了，可是居住在同盟国德国的日本人却不断遭到排斥和蔑视。

1933 年 10 月，一名日本少女在柏林遭到德国少年的言语谩骂，被喊作 "Jap"。少女反驳对方，结果对方用棍棒殴打了她的脸部。

事件刚发生不久，日本驻德大使永井松三就在自己的独断下向德方提出抗议，而他其实是日本外务省出了名的慎重派。因为他认为，该事件的 "根源是对有色人种的歧视观念"，德国人对在德日本人的种族歧视不仅限于这一次伤害事件。①

据铃木东民的记述，对于永井大使的抗议，德国外交次长布洛（Bernhard Wilhelm von Bülow）表示，纳粹排斥的对象 "只有犹太人和黑人"，"由于文字表述是 '犹太人、黑人以及其他有色人种'，结果让人误以为日本人也被包括在内。对此，我们其实也很苦恼。因而现在正努力研究合适的表达方法，还请暂时不要这么猛烈地抗议"。"他的辩解之语也就能骗骗小孩。"

日本少女被殴打事件发生之前，德国政府解雇了一名官员，理由是这名官员的母亲是日本人。德国官员法第三条规定，"对非雅利安种的官吏予以辞退"，实际上被排斥的不仅是犹太人，还包括日本人。此外，德国有一项条例规定，对 1914 年 8 月以后入境的非德国人予以强制遣送出境。该条例不仅针对犹太人，而且，"利比里亚的黑人，以及出生在远东的蒙古种族，无论他

---

① 一个德国小学生从日本人那里得到了日本的照片集，碰巧被学校老师看到。老师对小学生说："照片里拍摄的都是劣等人种的风俗习惯，把它扔掉。"纳粹德国对日本人的蔑视已经渗透到德国教育者的脑海。鈴木東民「ナチスは日本に好意をもつか」文藝春秋編『「文藝春秋」にみる昭和史』（一）、文春文庫、1995、262 頁。

来自远东哪个国家都适用该条例"。作为"有色人种"和"蒙古种族"的日本人也成为德国法律的排斥对象。

再者，从通商贸易也能看到德国对日本的蔑视。尽管德国对日出口额是日本对德国出口额的五倍，纳粹的报纸却采用"黄货的威胁"等侮辱性语言，强烈呼吁排斥日货。1933 年秋，一家主营日本灯泡的进口公司正准备在德国开办，没想到德国开始限制进口日本灯泡。并且，德国没有任何预告地限制了人造丝的进口，导致日本发往汉堡的两艘装载人造丝的货船白跑了一趟。

很明显，这一连串事件的背景里"潜藏着他们无法消除的人种憎恶感"，铃木东民称，"越是时尚的国家"原本就"越是憎恶、轻视有色人种。这当然是有可能出现的事情，不足为奇"。①

铃木东民毕业于东京帝国大学经济学部，师从吉野作造，入职大阪朝日新闻社以后，作为日本电报通讯社（"电通"公司的前身）的柏林特派员，于 1926 年前往德国，在德国生活了八年。回国后，铃木东民 1935 年入职读卖新闻社，先后担任外报部次长、部长等职务，成为该社的社论记者。铃木东民基于自己长年的在德经历，选取了几个充分反映纳粹德国对日本露骨歧视的案例（比如上述案例），以《纳粹是否对日本抱有善意》（1934）为题，在《文艺春秋》发表评论性文章。

正当崇拜德国的氛围在日本逐步形成之际，铃木东民却投出

---

① 鈴木東民「ナチスは日本に好意をもつか」、262 - 268 頁。

了这样一篇稿子。面对日德两国对待人种的明显温差，可能他感觉到了危险。

另外，新闻工作者铃木东民是出名的"极端反纳粹主义者"[1]。

铃木东民的反纳粹思想或许与他长年在德的经历有关。并且，日本人铃木东民曾和德国女性结婚，那位德国女性的全部财产都被纳粹德国没收了。因此，他的反纳粹思想可能也和个人经历有关。然而即使去掉铃木的个人感情，通过他在文章中列举的多个案例可以推断，纳粹德国确实存在对日本的蔑视。[2] 当然，从铃木的职业属性来看，不可否认其文风带

---

[1]　鎌田慧『反骨——鈴木東民の生涯』講談社、1989、188 頁。

[2]　确实，这一时期出现了许多宣传日德亲善的文娱活动，其中之一是 1937 年日、德双方以日德亲善为目的合作拍摄的电影《新土》，德国版标题为 *Die Tochter des Samurai*（《武士的女儿》）。虽说该电影是日德合作，但是日方导演伊丹万作（伊丹十三的父亲）难以忍受德方导演阿诺德·芬克（Arnold Fanck，德国登山电影的巨匠）描绘的大杂烩般的"日本主义"风景（比如京都房屋的背景里出现的却是宫岛的严岛神社），结果制作出日本版和德国版两版"同床异梦"的作品。平井正『ゲッベルス——メディア時代の政治宣伝』中央公論社、1991、182 頁。另外，德国版的剧情简介如下。赴德留学的日本青年辉雄（小杉勇饰）把恋人盖尔达（Ruth Eweler 饰）带回日本，可是辉雄有未婚妻光子（原节子饰），而且父亲（早川雪洲饰）也在等待辉雄回国。然而留德经历导致辉雄对日本的家父长制产生了厌恶之情，他试图取消婚约，结果就连德国女性都不赞同他的做法，未婚妻则打算葬身火山。再者，在这部电影当中，日本火山、地震频发，时有台风袭来，日本本土已陷入濒临毁灭的境地，人们为了找到"新土"移居到了"满洲"。片山杜秀「『新しき土』恐るべし——もうひとつの『日本沈没』」『ゴジラと日の丸』、179－180 頁。纳粹德国领导人之一戈培尔（Paul Joseph Goebbels）非常擅长宣传工作，他似乎原本就希望用"武士"印象来掩盖德国人对日本人的人种蔑视。平井正『ゲッベルス——メディア時代の政治宣伝』、181 頁。总之，日本对日德同盟关系抱有热烈的崇拜和亲善意识，而在德方影片中找不到类似的感情。

有煽动性。可是，参与出版《我的奋斗》日译本的部分精英阶层不得不以语焉不详的方式道出其中的芥蒂，《少年俱乐部》在赞美同盟国的同时又刊载诸如《黑眼睛和蓝眼睛》的文章。总有一种说不清、道不明的东西在酝酿，考虑到这一点，对日本而言，德意日三国同盟想必不仅仅意味着纯粹的现实利害关系。

换言之，德意日三国同盟被寄予了另一种寓意，即日方希望通过与白人国家结盟使自身的人种优越感得到担保，尽管如此，日方却很难做到完全消化这种精神期待。

三 不断背离却又无法背离

"与恶魔联手"

1942 年 5 月 17 日，希特勒在晚饭时刻指出，有的外国新闻工作者认为德国和日本的同盟关系与纳粹德国的种族主义相悖，对此，他进行了如下评论：

> 我要提醒这些冒着傻气的人，一战期间，英国曾与日本联手，给予我方决定性的一击。这个答案应该足以回应这帮目光狭隘者的问题——当前的战争是决定生死的战争，重要的是取得胜利。为此，我们不惜与恶魔联手。[1]

---

① ヒュー・トレヴァー゠ローパー解説、吉田八岑監訳『ヒトラーのテーブル・トーク』下、三交社、1994、163 頁。

在"决定生死的战争"中，主义、思想等没有什么意义。为了增强实力而"与恶魔联手"等才是马基雅维利主义的王道。特别是在1930年代到1940年代，国际政治、国际关系迎来了越发复杂和紧迫的时代，主义、思想最多只能为行为的正当化提供一些借口和"方便"，这就是它们所能发挥的影响力。对德国来说，与日本结盟的实际利益在于，战后德国在东南亚的权益有所保障，并且"日德关系的密切是以对苏关系为对象"。然而，日德高层之间的不信任根深蒂固，两国一方面缔结了同盟关系，另一方面日德之间的军事协定却未能化为实态，就算再怎么强调马基雅维利主义，日德之间仍然存在无法掩盖的不和谐声音。对日方来说同样如此。

松冈洋右和近卫文麿从三国同盟中找到了有利于侵华战争和对美战略的实质利益。可是，诸如石井菊次郎等对德国抱有强烈怀疑的反对势力也不在少数，他们的质疑在于，与德国这样的种族歧视国家结为同盟真的没问题吗？

昭和天皇原本也强烈反对三国结成同盟，据重光葵记述，"本来天皇陛下和元老都非常反对三国同盟，在近卫公的辅弼说服下才终于同意政府的意见"。①

石射猪太郎担任驻荷兰公使期间（1938~1940），也在其日记中写道，关于德意日三国同盟，"我完全是局外人，但是一开始我就对三国同盟抱有反感。我在近代史中看到的德国是极不可

---

① 『重光葵著作集一 昭和の動乱』、92、150頁。另外，考虑到新加坡沦陷之际丘吉尔非常沮丧，希特勒也受到冲击，加之希特勒一面蔑视日本，一面致力于对英和平交涉，不能说这些行为举措与人种因素全无关系。

信的国家。它曾在世界大战中宣称'必要时顾不得法律'，在我看来，这是德国一贯的外交绝招。更何况关于希特勒，我的日记已给他烙上了'变态犯罪者'的烙印。怎可容忍与这样的德国联手危害国运呢？这是我脑海里的一个疙瘩"。①

再者，1930 年代下半期，日本酝酿了堪称种族外交政策的犹太人自治区构想，这与提倡排斥犹太人的纳粹德国种族主义相反。

到底该如何对待那些被纳粹德国迫害的犹太人？1937 年以来的五相会议就曾讨论制定犹太人对策纲要。逃到"满洲"的犹太人得到接收，还有数千名犹太人为逃离迫害停留在日本内地。

犹太人对策纲要被称为"河豚计划"（意思是虽然美味无比，但是一步出错就有可能身中剧毒而死）。因为在他们的构想中，如果在"满洲"建立犹太人自治区，让犹太人移居此地，那么就可以利用保护犹太人这一点来呼吁人种平等，将其作为对英美的有效政治宣传，并且还有可能从犹太人群体那里获得资金方面的利益。虽然纳粹德国对该计划表示批判，日方却指责德方干涉内政。

结果，尽管只是构想、未能建立起自治区，但是事实上，日本陆海军有犹太问题专家，在战时的"满洲"、日本内地、上海租界，犹太人处于被放任不管的状态，并未遭到迫害。②

---

① 石射猪太郎『外交官の一生』、366 頁。
② 关于"河豚计划"，参见マービン・トケイヤー、メアリー・シュオーツ著、加藤明彦訳『河豚計画』日本ブリタニカ、1979。另外，除了耶路撒冷希伯来大学本－阿米・希里尼（Ben-Ami Shillony）著《犹太人与日本人》（*The Jews & The Japanese*）以外，手冢治虫的漫画《三个阿道夫》描绘了在神户居住的一家犹太人。作者经过详细调查，描述了日本发挥的作用，即相当于盖世太保日本支部。

该时期确实迎来了"不在人种，而在政治"的季节。尽管如此，从象征着"不在人种，而在政治"的德意日三国同盟也可以看出，在日德双方，人种和政治总是不断背离却又无法真正背离。在这个时代，该现象不仅限于日德，而应算是时代的潮流。

如本章开头提及的那样，1930 年代下半期的日本虽然自认为是发达国家，实际上只是中等国家而已。无论是军事上还是经济上都远远达不到对抗英美的程度。正因如此，仿佛为了掩盖这种落差和不安，自我意识和对抗意识一味增强。更何况正如本书序章就开始论述的那样，二流意识本身是近代日本从"西方的权威化"中持续形成的根本的自我认知，并非直到1930 年代被德国指出来后才注意到的事情。倒不如说，那是近代日本精英阶层的心性中一直难以直视却又难以避免的阴影。

而且，日俄战争以后，伴随二流意识存在的人种不安感演变成强烈的自负心和罪恶感，并持续存在。那是作为国际政治舞台上唯一崛起的"有色人种"的自负心和罪恶感。

再后来，1920 年代下半期以后，人们逐步形成自我认知，认识到因为日本"先天条件不足"，所以是"资源贫瘠的国家"。也就是说，从 1930 年代到 1940 年代，日本面临着"国力"的欠缺和"有色人种"这两个无力改变的命运，并且不得不与这样的命运共生。正因如此，在国外，日本用马基雅维利主义进行对抗；在国内，精神主义兴起，以便鼓舞所要依靠的"人力"。对这个时期的日本而言，基于现实主义的精神主义是结果上的必然。①

换句话说，正因为日本的现实主义和精神主义是看似相反的整体，所以无论是讨论"国力""武力"的时候，还是提倡精神主义的时候，甚至在外交姿态当中都能看到"人种"总是像影子一样存于其中。

"积怨之刃"

马基雅维利主义到底能把人们的心情封印到何种程度？

1941 年 12 月 8 日，日本偷袭珍珠港。第八战队首席参谋、海军中佐藤田菊一在其日记中写道，收到珍珠港"奇袭成功"的电报后，一瞬间，他感到"大快人心，终于不用对敌人耿耿于怀了。'记住了吗？美国。'三十余年积怨之刃即将斩向你的胸口，予以报复"。② 在他的日记里，日本偷袭珍珠港的背后是对美国的"积怨"。

两年后的 1943 年 5 月，藤田菊一升任海军大佐。他自 1941 年 11 月 13 日以来的日志后来被防卫研究所收藏，1941 年就是日本偷袭珍珠港那年。

从《藤田菊一日志（第 1 卷）（昭和 16 年 11 月 13 日～昭和 17 年 3 月 5 日）》的"前言"中，可以看出偷袭珍珠港背后暗含的"积怨"，相关记录如下：

---

① 由于日本是"资源贫瘠的国家"，因此产生了向精神主义倾斜的思想倾向。片山杜秀『未完のファシズム』新潮社、2012。
② 藤田菊一『藤田菊一日誌　第 1 卷　昭和 16 年 11 月 13 日～昭和 17 年 3 月 5 日』防衛研究所藏書、2012、39 頁。

就连我国要求的人种平等法也遭到英美的联合反对，于是，我国国民对英美的愤懑逐渐增强。其后，华盛顿、伦敦裁军会议接连召开，愈发加深我国国民愤懑之情。[1]

偷袭珍珠港的背后是"三十余年积怨之刃"。若是向前追溯，这种感情起始于巴黎和会"人种平等"法案的"失败"，而在华盛顿及伦敦裁军会议上英美对日本的施压"愈发加深"了积怨。既然藤田菊一担任"武官"工作，就不能把他的言论仅仅当作个人的直率想法。如本章开头所述，三国同盟确实存在人种上的矛盾。然而，作为把日本对英美的"圣战"正当化的政治宣传，人种对立足以煽动日本人的使命感和存在意义，达到自我鼓舞的作用。

举例而言，海军少将关根俊平在《外交时报》发表文章《东洋对西洋》（1939），他在开头进行了如下阐述。

"恐怕没有什么观念比'有色人种劣于白色人种'更能挑起我们现代日本人的反感。"而且，"东洋民族或多或少和我们的血液相同，解放、救济东洋民族，创造东亚协同体正是"日本提倡"建设东亚新秩序"的意义。他认为"东亚新秩序"具有人种上的意义，即日本站在领导者的立场与白色人种对抗。[2]

另外，社会学博士难波纹吉在《外交时报》发表文章《大

---

① 藤田菊一『藤田菊一日誌　第 1 卷　昭和 16 年 11 月 13 日～昭和 17 年 3 月 5 日』、5 頁。

② 関根郡平「東洋对西洋」『外交時報』第 828 号、1939 年 6 月 1 日、80－83 頁。

东亚战争与人种战线》（1942）。难波纹吉毕业于同志社大学，
其后前往美国哥伦比亚大学研究生院留学，曾相继担任同志社大
学教授、神户女学院大学校长、甲南大学教授。他在文章开头指
出："或许可以将大东亚战争视为确保东亚安定与世界和平的战
争，与此同时，这场战争也是为了先把广大有色人种，尤其是黄
色人种从白色人种的束缚中解放出来，然后借此结成世界人种
战线。"[1]

再者，太平洋战争爆发两年后，即1943年12月9日，东条
英机首相在广播演说中提到了"废除种族歧视"。[2] 同年11月，
东条英机发表的《大东亚共同宣言》第五条也表达了以"废除
种族歧视"为目的的宗旨。尽管常能看到对抗英美的亚洲主义
人种论，可是考虑到日本侵华战争以及三国同盟等现实层面的政
治动向，亚洲主义不过是其中一个片段性要素，其表述也只是修
辞性的辞令而已，目的在于使自己的行为正当化、在感情上起到
鼓舞作用。

"圣战"

第二次世界大战乃至太平洋战争都是在马基雅维利主义错

---

① 難波紋吉「大東亜戦争と人種戦線」『外交時報』第893号、1942年2月
15日、22頁。再者，难波纹吉写道："试着看看吧，当今世界是怎样的
白色人种占据优越地位的世界。"日本要尝试"挑战"，以对抗"白色人
种占据优越地位的世界"以及"白色人种的政治支配"。難波紋吉「大東
亜戦争と人種戦線」、23、25頁。关于难波纹吉的经历，参见『日本人社
会学者小事典』，http://www.artdai.com/mon/econ/archives/2005/05/post_
79.html，2013年3月22日阅览。
② 清沢洌『暗黒日記Ⅰ』筑摩書房、2002、335頁。

杂、支配的国际政治领域爆发的，然而不可否认，人种感情作为政治宣传出现在台前。那些直接或间接接触西方、多少受到影响的精英阶层很难把人种感情与政治现实完全分割。

在言论受到管制的当时，要探察公开发表的言论中的真意并不容易。不过，还有些事例或许可以作为参考。举例而言，古屋安雄在战争末期就曾目睹亲美派基督徒支持日美打仗的情景。

国际基督教大学名誉教授、牧师古屋安雄是一个成长在国际化环境中的日本人，他的父亲是上海中日教会的牧师，他自己则在美国普林斯顿神学院取得神学博士学位。

二战末期，古屋安雄正值青年。一日，他在一位年逾八旬的退休牧师家中目睹了如下场景。一位高中生提问："日本是否会赢得这场战争的胜利？"这时，牧师"站了起来，一边举起拳头"，一边答道："当然会胜利。神不可能一直容忍白人歧视有色人种。神要用日本来消灭非正义的事情。日本必须获胜。"[1]

据在场的古屋安雄所述，老牧师年轻时去过美国，当时正值19世纪末期，欧美的种族偏见逐渐浮出水面。19世纪末期也是三岛弥太郎和内村鉴三赴美留学的时期。内村鉴三于1884年赴美，古屋安雄的父亲古屋孙次郎于1899年赴美。古屋孙次郎说，自从他在美国遭遇人种歧视以来，"每当被西方人轻视，都会狠狠教训对方一顿"。[2]

---

① 古屋安雄「親米派キリスト者の戦争協力」『キリスト教と日本人』教文館、2005、84-86頁。
② 古屋孫太郎『日本の使命と基督教』不二屋書房、1934、3-4頁。

古屋孙次郎常常论述"日本的使命"，他那看似强硬的精神世界背后，未必没有青年时期在美国遭遇种族问题时的不甘。

据古屋安雄调查，日美开战以后，日本的基督徒作为亲美派，"纵然消极"，也对日美大战表达了"支持"的态度。他们的行为与人种体验不无关系，上文列举的"老牧师应该也有相同的体验"。

而且他还论述道，"由于父亲等战前的亲美派基督徒遭遇过种族歧视，他们可能会想，说不定真如军部所言，这场战争是圣战"，"就连亲美派基督徒都认为日本有可能赢得战争，这种想法不是没有原因的"。[①]

松冈洋右是德意日三国同盟缔结时的日本外相。回顾以往，1893 年 13 岁的他作为"school boy"[②] 前往美国留学，他一边在俄勒冈州一家顾客多为波兰劳动者的饭店刷盘子、卖咖啡，一边考入俄勒冈州立大学法学部，最后他以第二名的成绩毕业。据他透漏："日本人无论如何都当不上第一名。"[③]

---

① 古屋安雄「親米派キリスト者の戦争協力」『キリスト教と日本人』、84－86 頁。

② "school boy"相当于寄宿工读留学生。据研究，19 世纪末 20 世纪初，在美国东部留学的日本学生多为"官费留学生"，而在美国西部（特别是加利福尼亚州）留学的日本学生多为"私费留学生"。这些"私费留学生"迫于生计，需要半工半读。1870 年前后，一位美国妇女提出了"school boy"的设想，即让日本学生住进美国人的家里帮忙做家务以赚取微薄的薪水，具有半工半读性质。山本英政「初期日本人渡米史における学生家内労働者」『英学史研究』第 19 号、1987 年、141－156 頁。——译者注

③ 松岡洋右伝記刊行会編『松岡洋右——その人と生涯』講談社、1974、47 頁。

松冈洋右的美国经历发生在排日浪潮最剧烈的时期和地点，特别是在劳动阶层，排日倾向尤其强烈，想必当时的他在日常生活中常常遭遇种族偏见。三轮公忠指出，从松冈洋右的外交姿态里能看到"西部男子"的要素，这与他青年时代的美国人种体验不无关系。①

1933 年，松冈洋右在面向火奴鲁鲁（檀香山）的日裔移民发表演讲时，提到了自己在美国遭遇的种族偏见。此外，松冈洋右作为国际联盟首席代表访问欧洲之际，趁年末休假去意大利旅行，吉泽清次郎一等书记官随行。于是，吉泽清次郎加入了松冈的随行人员之列。松冈洋右对吉泽清次郎说："现在的年轻人真好，没有自卑感！"吉泽清次郎对此事的印象极为深刻，他后来在回忆录里写道，松冈洋右对吉泽清次郎等年轻人深表羡慕，认为他们在外交领域没有"所谓的 inferiority complex（自卑感）"。②

过去的个人体验与性质会给后来的思考及行动带来怎样的影响？影响程度因人而异，而且表面上怎样都能扯上关系。如果此人是政治家，则更不能单纯地断定过去对他的影响程度。③

---

① 三輪公忠『松岡洋右』中央公論社、1971、36 頁。

② 松岡洋右伝記刊行会編『松岡洋右——その人と生涯』、468 頁。

③ 清沢洌也曾作为"school boy"前往美国，并且遭遇过种族歧视。1930 年代上半期，松冈洋右获得了大众热烈的支持，对此，清沢洌展开如下分析。他指出，许多以西方学问为"基础"的"白面书生"都"不加批判地信奉西欧自由主义"；另外，大众则"以日本主义为根基"，松冈洋右之所以成为"时代的宠儿"，是因为他在这两个阶级明确分化的时期发挥了领导作用。松岡洋右伝記刊行会編『松岡洋右——その人と生涯』、535 頁。

古屋安雄所举的事例只是战争末期的一小部分逸事,松冈洋右的美国体验充其量也只是一个人的经历而已。然而,明治时代以后,许多精英阶层通过留学欧美,得以站在日本社会的上层。考虑到这一谱系,我们无法断言,以往欧美经历所引发的人种感情与战争时期的人种对抗意识毫无关系。不可否认,由于人种具有煽动性,人们会在情况必要的时候拿人种说事,但是,种族偏见一直是"祸根"这点没有发生任何变化。① 也就是说,尽管人种意识只是作为表面上的政治宣传,部分浮出水面,但它一直是人们内心潜在的情感。

"我多希望是在做梦"

事实上,1945 年 8 月 15 日,当藤田菊一通过"玉音放送"得知"战争结束"的时候,他在日记中写道,"时至今日,我国的光辉历史不得不蒙上污点,我国的传统不得不遭受创伤,对此,我感到非常遗憾和懊悔。所有国民都将为此等不幸哭泣",而且,"我等作为臣子,四年间未能体会天皇陛下的思虑。特别是作为武官,未能尽好自己的责任,实在惭愧至极。昭和 20 年 8 月 15 日是多么可怕的一天,我多希望是在做梦,然而现实却是如此残酷的事实"。② 藤田菊一"作为武官"虽然承认"残酷的事实",却混杂着"惭愧"难当的悲痛情绪。并且,藤田菊一

---

① 内田寛一「世界の禍根たら人種諸問題」『外交時報』第 742 号、1935 年 11 月 1 日、143 頁。

② 藤田菊一『藤田菊一日誌 第 12 卷 昭和 20 年 6 月 1 日~8 月 22 日』、94-95 頁。

在最后对战败进行了总结。

> 终归是因为大和民族还比不上盎格鲁－撒克逊民族，才在这场战争中败北。但是我认为，大和民族绝非劣等民族。虽然明治维新以来七十余年兢兢业业构筑的国力一日之间消耗净尽，但是用七十余年短暂岁月构筑出如此国力的民族绝对没有消磨掉民族的潜力。战后经营时，我们必将发挥潜力，把悲惨的命运转化为福运，在不远的未来争口气给美、英看看。①

在藤田菊一看来，巴黎和会"人种平等"提案提出以来，日本对英美积怨已久，"奇袭"珍珠港是砍向英美的"积怨之刃"。对于 1945 年 8 月 15 日这一天，他虽满怀悲痛，"多希望是在做梦"，却记录道："终归是因为大和民族还比不上盎格鲁－撒克逊民族，才在这场战争中败北。"毋庸讳言，这句话并不只是将日本的败北归因于人种，还意味着战败是双方背后"国力"太过悬殊导致的结果。

从藤田菊一日志的"前言"到末尾，自始至终都能看出，巴黎和会以来近代日本人种感情的谱系多大程度干预了"这场战争"。

并且，昭和天皇在战后讨论了人种因素这个"大东亚战

---

① 藤田菊一『藤田菊一日誌 第 12 卷 昭和 20 年 6 月 1 日～8 月 22 日』、96 頁。

争的远因"，而藤田菊一的人种认识完全验证了昭和天皇的见解。

昭和天皇对亲信说，"日本主张的人种平等提案没能得到各国认可，黄白人种的排他意识依然残存，诸如加州拒绝日本移民等事件已足以使日本国民愤慨"，"大东亚战争的远因"在于巴黎和会以来近代日本累积的人种感情。昭和天皇之所以能提出这样的见解，可能是因为他从周围领导层的社会氛围中感受到了心性的谱系。

正因如此，藤田菊一关于人种的言论确实可以说是如实反映了当时日本领导层共有的人种意识。

再者，藤田菊一指出，尽管"这场战争"打败了，但是"大和民族绝非劣等民族"，因为从明治维新以来日本取得的迅速发展中就能看出"民族的潜力"。由此可见，他认为日本能够拿来对抗英美的力量是"民族的潜力"，即"人力"。如果把藤田的言论换成直接的表述，那就是最终在"这场战争"中，日本的人种和国力都比不上盎格鲁－撒克逊。

回首过去，"实力至上"的时代潮流在巴黎和会以后越发显著。意想不到的是，也是在这个时期，不管日本人愿意与否，他们都不得不认识到日本"国力"的欠缺，以及日本是"五大强国"中唯一的"所谓异人种"。这两个烦恼在近代日本精英阶层的意识中并行，又像螺旋一样交错形成。

换言之，围绕日本的国力，基于现实主义的精神主义成为看似表里相反的整体；围绕日本的人种，基于现实主义的精神主义同样成为看似表里相反的整体，并反复显露与潜藏。可能这才是作为唯一"异人种"跻身"五大强国"之列的日本的现实。

正如现实与精神不断背离却又无法背离那样，即使在马基雅维利主义盛行的时代，人种与政治也是不断背离却又无法背离。毕竟，内心深处的东西有时触碰到了就会显现出来，纵然没有显现，也不意味着它已经消失或被封印了，很有可能这个难以抹去的东西正潜藏在某个角落。武者小路实笃的论述可谓一针见血，或许，这就是人种意识的本质。

人种意识仿佛潜在地支配着人们的内心。按理说，支配现实主义的马基雅维利主义应该与人种意识相反。然而在马基雅维利主义的作用下，人种意识的本质才得以凸显出来。

第五章　战败与爱憎之念

对日本人来说，战败不仅意味着军部的解体和联合国军的占领，还意味着日本人对以往的规范、价值观、自我认知等一切事物不再信任、抱有怀疑，意味着日本人对日本人自身的否定。[①]

麦克阿瑟的证言（1951）

一　两个人的合影：昭和天皇与麦克阿瑟

"转向"的构造

毋庸讳言，1945 年日本战败给日本的人种意识带来了决定性的影响。因为这场"力量"对比下的胜败清晰地发生在众人面前，日本史无前例地迎来了被异人种占领的时代。

将近 20 万占领军进驻日本，意味着许多从未见过外国人的

---

① U. S. Senate, Committee on Armed Services and Committee on Foreign Relations, 82nd Congress, 1st session, p. 311, http：//www. lexisnexis. com. ezp - prod1. hul. harvard. edu/congcomp/getdoc？ HEARING - ID = HRG - 1951 - SAS - 0006，2012 年 7 月 27 日阅览。

日本人得以在日本国内看见白人和黑人，目睹人种之间的差异。并且，占领军除了在人种上与日本人不同以外，还是胜者、支配者。

在战后占领期，日本人的人种意识并非仅仅是美国人与日本人、盎格鲁-撒克逊人与蒙古人种的二元对立，胜者与败者、占领者与被占领者围绕"力量"的明确关系就此成立并交错其中。在这样的绝对权力关系下，日本人又形成了怎样的人种意识？

举例而言，战败后不久出现了一种时代倾向，即日本人之间产生了对麦克阿瑟乃至占领军的狂热支持，以及对美国的崇拜，这些现象被称为非常露骨的"转向"。[1] 当然，这也是物资支援、对基础设施建设的全方位信息管制、对天皇制的维持和利用等一系列美方占领政策的成果。

话虽如此，美国是敌国这一事实并未改变。无论是直接还是间接，这些美军都很有可能杀死了自己的丈夫、儿子、近亲，为何日本人竟如此崇拜甚至狂热地支持他们？

当然，人们的体验和感觉各有不同。此外，在绝对权力关系的成立过程中，人种意识可能很难得到中立的讨论。

然而如前文所述，人种意识是人们通过各种程度、广义的人种体验不知不觉形成的，并发展为众人共有的类似社会氛围的东西。并且，战后占领期给日本人的人种意识带来了决定性的影

---

① 袖井林二郎『拝啓　マッカーサー元帥様——占領下の日本人の手紙』中央公論社、1991、12頁。

响。清水几太郎指出，日本人过去形成的人种意识在战后占领期迎来了"总决算"。那么，具体又是怎样的情况？

本章通过分析战后占领期日本人显著的意识"转向"及其背景、昭和天皇在"转向"中发挥的重要作用等，试图考察战后占领期的人种意识，以及它是如何介入、反映、形成日本的社会氛围的。

"玉音放送"之泪

1945 年 8 月 15 日正午，当收音机里传来昭和天皇宣读《终战诏书》的声音（史称"玉音放送"）时，无数日本人泪流满面、匍匐在地。他们的泪水饱含怎样的感情？

日本战败经由昭和天皇的声音传达出来，这其中可能伴随懊悔、羞耻等情绪。另外，自从日本军部主导开战以来，"牺牲"两字已无法道尽众多日本人持续遭到的伤害，他们不得不忍受衣食住行的全面匮乏，对他们来说，尽管"战败"是心情上难以接受的事情，却让他们从生理上感到无比安心。①

据津田左右吉回忆，当他于 8 月 9 日得知苏联对日宣战时，他"又一次控制不住地思考政府要把日本怎样"。而在 8 月 15 日这一天，当他听到"玉音放送"之际，他"有些心神恍惚，紧接着头脑清醒起来，第一个反应是松了一口气。真好，日本不用

---

① 在日语中，日本战败的正式表述是"终战"而非"败战"。"终战"源自昭和天皇的《终战诏书》。笔者认为，由于日本政府在国家存续的情况下接受波茨坦公告，保留了一定程度的自主性余地，故而"终战"这个将"败战"色彩暧昧化的词语得到了采用。

灭亡了。然后，日本的悲惨可鄙之态头一次清晰地浮现在自己的眼前"。①

津田左右吉想要用自己的大脑理解 8 月 15 日的日本战败，其脑海中浮现出来的是"日本的悲惨可鄙之态"，然而在此之前，他首先"松了一口气"，因为"日本不用灭亡了"。

此外，椎名麟三是在大街上和众人一起听到"玉音放送"的。他回顾道："大家都哭了。也不知道是因为解脱感太过强烈，还是因为太过悲伤，反正都哭了。我想，真好啊。我没法清晰地解释自己的情绪，但这不是解脱感。就好像某个沉重的东西从自己的身体卸下，既不觉得多么感动，也没尝到多少解脱感，我只是奇怪地看着众人哭泣。"②

对于"玉音放送"传达出来的战败消息，他的反应甚至可以说是无动于衷。当时的人们受到军部的各种压抑和强制，不得不养成战时的"习性"，而且战时的异常状态导致他们精神上的麻痹，这些因素可能都造成了他的无动于衷。③

事实上，据梅崎春生言，当时"还是存在一种氛围，人们害怕把解脱感直率地表露到脸上"。武田泰淳也说："确实如此，要是一下子表露出来就糟了。或许大家已经在心里不由地笑起来

① つださうきち「八月十五日のおもひで」『世界』第 56 号、1950 年 8 月、38 頁。

② 梅崎春生・椎名麟三・野間宏・武田泰淳・埴谷雄高座談会「二十年後の戦後派」『群像』第 20 巻第 8 号、講談社、1965 年 8 月、196 頁。

③ 恩地日出夫「いま、改めて戦後を思う　二、電気・ガス・水道なしの生活」『メッセージ@ pen』綱町三田会倶楽部、2012 年 1 月号。http://www.tsunamachimitakai.com/pen/2012_01_004.html，2013 年 5 月 11 日阅览。

了。"他和梅崎春生一样，都认为战败的那一刻，人们的内心确实感到解脱。[①] 考虑到战争期间的异常状态，无论结局是何种形式，可能没有人不会从生理上体会到"解脱感"。

另外，德川梦声回顾自己在战争末期的精神状态道：

> 即使是我们，在轰炸初期尚还同情遭受灾害的人们，情绪非常激动，然而临近终战之时，就算认识的人被炸死了，也可以说是没什么感觉了。纵使大火烧到附近的街道，只要没烧到自己所在的街道，就已足够庆幸。不能将这种心境一概归结为利己。毕竟，就连自己的家也不知道什么时候会被烧毁，就连自己的性命也不知道什么时候会被夺走，这种状态一旦持续下去，人就会变成这个样子。[②]

远藤周作也在《黄种人》（1955）中描述了战争末期的情形，"在死亡人数过多的今天，我甚至觉得人们的死亡是理所当然的事情"。[③]

另外，吉行淳之介曾在大轰炸发生时头顶坐垫眺望天上的B29轰炸机。他说："总觉得B29特别漂亮。我当时的精神状态果然不

---

① 梅崎春生・椎名麟三・野間宏・武田泰淳・埴谷雄高座談会「二十年後の戦後派」、196 頁。
② 徳川夢声『夢声戦争日記』第 7 巻、中央公論社、1977、258 頁、昭和二十年十月五日の条。
③ 遠藤周作「黄色い人」『白い人・黄色い人』新潮社、1960、89-90 頁。

怎么正常，觉得什么都无所谓，炸弹不会炸到自己身上。为什么会这样呢？"北杜夫评论道："有点像愚蠢的乐天主义呢！"①

战争末期，美军对日本本土展开无差别轰炸，导致非战斗人员的死亡人数激增，当时的人们正处于濒临饿死、苦苦挣扎的状态。②因此，从椎名麟三的"无动于衷"和难以言表的感情可以看出，当时人们的处境是如何异常，他们的精神状态又是如何不同寻常。

日本境内化为焦土并不仅仅因为美军的轰炸，日本军部和行政机构也曾强制性地开展疏散工作，破坏建筑及住宅等。人们除了被美军攻击以外，还不得不承受日本军部及政府直接造成的损害。③

总之，在战争末期，许多日本人经历的时光里充斥着对军部和政府的厌恶与怀疑、饥饿和过劳导致的疲惫、与死亡为邻的恐惧和达观、精神上的麻痹，一切都只是连续不断走向毁灭的瞬间。

耀眼

故而在日本刚刚战败之时，日本人已经没有余力对美国抱有

---

① 吉行淳之介・北杜夫対談「空襲と空腹と」『中央公論』1966 年 9 月号、313 頁。
② 笔者的祖母（1922 年出生于东京）亲身经历过东京大轰炸。当我向她问及当时的经历时，她说："至今我还记得远处的火光燃烧得特别漂亮。"从她当时的反应可以看出她的感觉已经麻木了，这正是吉行淳之介和北杜夫描述的状态。2013 年 5 月 12 日，笔者对祖母的询问。
③ 山本七平「下請と内職」『昭和東京ものがたり』二、日本経済新聞出版社、2010、108 頁。

敌意等情绪。同时，由于当时的日本人怀疑并且看破了政府，对日本军部也颇为反感、厌恶，他们没剩下多少气力敌视美军。毫无疑问，战败就是日本的投降，但是它也意味着无数个体能从悲惨、困窘及死亡的阴影中解脱出来。正因如此，占领军的存在还意味着希望。

日本被美国占领期间，日本人迅速产生亲美感情。对此，政治评论家、作家户川猪佐武指出："在美军看来，这是衣食供给政策，以及美军出人意料地保持军纪所带来的效果。可是在日方看来，反军厌战之情已经导致仇恨敌人的情绪消失。"①

1945 年 2 月 17 日，德川梦声在其日记中描述了女儿们的样子，"从年轻女性身上很难看到憎恶美国人的情绪。就连我们自己也还没达到憎恶美国人的地步，女儿们的情况更是如此"。至少在普通民众中间，诸如"美英畜生"等仇恨心理并未完全渗透。②

此外，8 月 15 日，当日本战败的消息传到大街小巷之时，德川梦声和邻居们立刻讨论起自己所住的杉并区将被哪方军队占领。邻居说："反正不想被重庆的军队占领。"德川梦声回应道："是呀，我也不想看到重庆的军队。不如让美军占领我们。"并且他在日记中写道："既然是毛唐人③就让毛唐人来了结此事。

---

① 戸川猪佐武「八月十五日」『中央公論』1956 年 8 月号、181 頁。
② 徳川夢声『夢声戦争日記』第 6 巻、中央公論社、1977、83 頁、昭和二十年二月十七日の条。
③ "毛唐人""毛唐"意指毛发浓密的外国人，是日本人对外国人特别是欧美人的蔑称。——译者注

虽然常说日本、支那是兄弟，然而这种情况下与其被亲人夺走财产，倒不如让其他人拿走，这样的话痛苦还要少些。或许是因为越是血缘相近，就越是厌恶。"①

从德川梦声的身上同样看不到对"美英畜生"的咒骂。对于本应同属一个人种的中国人，他却根深蒂固地认为："越是血缘相近，就越是厌恶。"这种情绪不如说是日本人自我厌恶的投影。

其实大约两周以后，也就是 8 月 29 日，德川梦声写道，无论是坐电车还是穿行于街头巷尾，"这段日子以来，日本人都变得灰头土脸"，"和黑猩猩一个模子的老头，面容像虫子一般的产业战士②，乌头鱼一样的老婆，横看竖看，这个国家到处都是缺乏战胜国气质的脸蛋。我不禁深刻地认识到我们是劣等民族。……确实，通过这些脸蛋，我直观地感受到日本的战败"。

身为日本人却觉得"日本人面目可憎"，尽管德川梦声也认为自己的言论极为放肆，却补充称："'日本无论什么东西都是最好的'，我认为正是这种盲目的自信才把日本引至战败的深渊。"③ 就连日本人自己也觉得，那种贫困、绝望到极点的战败国国民气象显著地表露在日本人的外貌上。

---

① 德川夢声『夢声戦争日記』第 7 卷、119 頁、昭和二十年八月十五日の条。

② 战争期间为确保军需等重要产业拥有足够的劳动力，1939 年 7 月日本出台"国民征用令"，规定厚生大臣拥有强制征用人员的权限。——译者注

③ 德川夢声『夢声戦争日記』第 7 卷、171－172 頁、昭和二十年八月二十九日の条。

8 月 30 日，联合国军最高司令官道格拉斯·麦克阿瑟乘坐的飞机在厚木机场着陆。

日本人作为被占领的一方得知附近有美国占领军进驻，当然会感到不安和恐惧。麦克阿瑟抵达厚木基地这天，户川猪佐武记述道："日本人的眼睛里含着不安与恐惧，其背面又暗藏着希望与期待的影子。"①

战败后不久，美国大兵乘坐吉普车进驻日本，他们的身姿实在太过耀眼。

美国士兵大多身高远远超过日本人，他们体格健壮，举手投足看起来特别大气。战后占领期，占领军在日本有意识地开展阅兵式，他们把陆军机械化部队安排到前列，特意在日本人面前夸示自己压倒性的实力。如此这般，美国大兵乘坐吉普车的日常景观，以及机械化军队所象征的"实力"给予了日本人压倒性的冲击。② 再者，日本在被占领的同时还得到了大量的粮食，尽管这些粮食甚为粗劣，毫无疑问，它们是生命之粮。

好不容易存活下来的日本人与进驻日本的美国人在现实中存在如此明显的落差，对此，作家日野启三表示，"战败后不久"，当他看到"乘坐吉普车而来的美国士兵的面色，以及黑市中'好彩香烟'③ 的鲜艳包装"，他不禁深切地认识到，日本 "理

---

① 戶川猪佐武「八月十五日」、182 頁。

② 当时，日本人口将近 1 亿，占领军则只有近 20 万人。虽然日本人基本上处于不抵抗的状态，但是从人数对比来看，占领军方面不可能不感到担忧。可以说，这就是美方对日本夸示自身"实力"的心理背景。

③ "好彩香烟"（Lucky Strike）是英美烟草公司生产销售的香烟品牌，二战期间作为军用物资被配发给美军。——译者注

所当然地失败了"。①

另外，丰田汽车公司最高顾问丰田英二曾在占领期前往美国。他的护照没有简单地标注"日本人"，而是用了长长的定语表述——"基于联合国军最高司令官×号命令的日本人"，并且，人种一栏写为"蒙古人种"，他不禁深受"打击"，认识到自己明显没被"当成一个像样的人来对待"。②

当时，丰田英二已过而立之年，他所遭受的"打击"想必并不仅仅源自护照上的"GHQ"（联合国军最高司令官总司令部，下文简称 GHQ）以及"蒙古人种"等字面上的标记。以战败为契机，人们在各种场合不得不面对占领军与日本人之间惨痛的差距和落差，这就是他所置身的时代背景。

面对这样的差距和落差，人们的感性和态度或许会因年龄、阶层、地区、性别等呈现出极大的不同。可是，众多日本人此前甚至从未遇见过外国人，而在这一时期，美国士兵的肉体、吉普车、粮食、物资、文化等一切的一切突然降临到日本这片废墟上，那种压倒性的耀眼夺目让日本人不得不承认，美国是胜者，日本是败者。

---

① 日野啓三・猪木武徳対談「忘れられない場面」『日本の近代』第 7 巻、付録 12、中央公論新社、2000、9 頁。
② 豊田英二『私の履歴書　経済人 22』日本経済新聞社、1987、465 頁。与此相同，1950 年吉见吉昭作为"GARIOA"（占领区政府救济基金）留学生前往美国。翌年他在美国取得驾照。驾照上的人种一栏标注着字母"Y"，表示黄种人（Yellow）。吉見吉昭「1950 年代のアメリカ」，http：//homepage2. nifty. com/yoshimi－y/1950USA. htm，2013 年 5 月 19 日阅览。

"天皇与外人"

占领军固然擅长在视觉上向日本人展示自己的权力，而对日本来说，1945 年 9 月 28 日以来报纸上刊登的一张照片具有压倒性的影响，那就是麦克阿瑟与昭和天皇的合影。

图 5 - 1　麦克阿瑟与昭和天皇

这张照片不仅反映出了人种上的差异，而且其背景是绝对的权力关系。胜者与败者之间的权力关系与人种差异纵横交错，同时又密切相关、互相影响，它对日本人来说是一个强有力的视觉信息，很快传遍整个国家。麦克阿瑟与昭和天皇的照片拍摄于1945 年 9 月 27 日上午 10 时。当天，双方在美国大使馆进行了第一次会面。翌日，这张照片刊登在日本的报纸上。对于"天皇与外人并肩合影"一事，[1] 日本政府甚为惊愕，内相山崎岩当天深夜向《读卖新闻》《朝日新闻》《每日新闻》三大报刊下达禁止销售处分。然而到了29日上午，GHQ却下达指令："废除对新闻、通信自由的限制。"于是，9月30日以后，照片扩散到千家万户。[2]

在战后占领期，GHQ对不利于占领的信息进行了彻底的管制。与广岛、长崎原子弹有关的新闻一律禁止报道，占领军的恶行和暴行同样在禁止报道之列。多达20万名"混血儿"因为占领军的恶行和暴行而降生，相关信息同样没被公之于众。

在GHQ的信息管制当中，昭和天皇无疑是极为重要的媒体。毕竟，美方过去就围绕帝国日本开展了调查，他们认识到日本人的价值体系（即天皇制和天皇的"现人神"地位等）是支持日本采取狂热信从行径（如偷袭珍珠港、特攻队等）的一大精神构造。

关于天皇制的存废问题，美国国务院内部分为两派，一方是由约瑟夫·格鲁（Joseph Grew）等日本问题专家组成的拥护派，另一方是由亲中派组成的反对派。而在反对派当中，有人认为昭和天皇与希特勒、墨索里尼一样罪恶滔天，理应处以绞刑。

可是，麦克阿瑟的军事秘书兼亲信邦纳·费勒斯（Bonner

---

① "外人"指外国人，特别是欧美人，该词往往带有歧视性。"外国人"这一日文表述更加正规。——译者注
② 戸川猪佐武「八月十五日」、183－184頁。

Fellers）是日本通。费勒斯等人告诉麦克阿瑟，维持天皇制不仅有利于顺利占领日本，而且作为反苏、反共政策，它是最能发挥作用的手段。并且，麦克阿瑟自己也意识到了天皇制的实质价值和有效性。[①]

手心的颤抖

不过，从日本战败到第一次会面期间，昭和天皇及其亲信、政府相关人士等都坐立不安，他们不知道天皇到底会受到怎样的处罚。因为对国家元首昭和天皇战争责任的界定，以及对天皇乃至天皇制的处分等一切决断权都由麦克阿瑟掌握。也正因此，日方人心惶惶，主动向美方提出会面的要求，想要打探一下情况。

海军大将藤田尚德当时担任天皇侍从长。考虑到在正式会面前应提前拜访麦克阿瑟一次，9 月 20 日早上，藤田尚德作为"陛下的使者"，头戴大礼帽，"郑重其事"地来到 GHQ。

早在藤田尚德上门拜访之前，日本宫内省和外务省的主管官员就已和 GHQ 碰头协商过。然而藤田尚德到达 GHQ 后没能立刻见到人，而是被迫等待了一阵。"再怎么卑贱也是陛下的使者"，这场等待令藤田"感到耻辱"。[②] 最终，双方经过交涉，昭和天皇拜访美国大使馆一事正式确定。

1945 年 9 月 27 日上午 10 时，昭和天皇抵达美国大使馆，

---

① 東野真『昭和天皇二つの「独白録」』日本放送出版協会、1998、33 頁。

② 藤田尚德『侍従長の回想』中央公論社、1987、170 頁。

出来迎接他的是麦克阿瑟的亲信邦纳·费勒斯准将和鲍尔斯大尉（Faubion Bowers），而麦克阿瑟则在走廊中间迎接。经年以后，鲍尔斯回顾道："元帅用双手握住陛下颤抖的手，陛下则一边握手，一边深深地鞠躬，结果，握着的手都举到陛下的头顶了。"①

昭和天皇的手颤抖得厉害，就连麦克阿瑟身边的人都看得分明。尽管天皇颤抖的手正被麦克阿瑟双手握住，他却试图向对方行最敬礼。② 这其中固然有文化差异的成分，然而作为战败国的国家元首，面对能够处分自己并掌握日本命运的胜者，在某种程度上来说，可能他的举止理所当然且必然。

握手后不久，双方移步到会客厅，那张合影就是在会客厅拍摄的。虽然从照片上看不出昭和天皇的手在颤抖，但是当摄影结束后厅内只剩下天皇、麦克阿瑟及麦克阿瑟的翻译奥村胜藏三人时，麦克阿瑟递给昭和天皇一根香烟，想要帮他点火，据说就是在这个时刻，他注意到了天皇的手在颤抖。③

不过，任何人都可以从合影中清晰地看到麦克阿瑟与昭和天皇太过明显的身体差异（身材高矮、体格大小）、服装中折射出来的上下关系，以及双方的精神状态——麦克阿瑟精神放松、昭

① フォービアン・バウーズ「天皇・マッカーサー会見の真実」『文藝春秋』1989 年 3 月臨時増刊号「大いなる昭和」、松尾尊兊「考証　昭和天皇・マッカーサー元帥第一回会見」『京都大学文学部研究紀要』第 29 号、1990 年、51、91 頁。
② "最敬礼"需鞠躬 45～90度。——译者注
③ マッカーサー著、津島一夫訳『マッカーサー大戦回顧録』下、中央公論新社、2003、201 頁。

和天皇僵立一旁。

毋庸讳言，一方面，这张照片可以让任何人在一瞬间读取到诸多信息；另一方面，又给观者提供了依据各自立场进行解读的可能性。

第二天后，昭和天皇和麦克阿瑟的合影扩散到各类新闻媒体。根据藤田尚德在其著作中的回顾，"元帅双手叉腰、神态闲适，陛下一身礼服、强整威仪，两相对照，总给人以败者陛下被胜者元帅压制的印象"，"可是我想补充的是，当时的气氛绝非如此"。他举例证明道，"麦克阿瑟元帅怀着敬意称呼'陛下'（Your Majesty）"，[1] 然而据当时在场的翻译奥村胜藏回忆，他"从来没有听到""陛下"这个称谓。[2]

关于这场会面，尽管众说纷纭，[3] 不过日方请求会面应该是为了免除对昭和天皇战争责任的追究，以及继续维持天皇制。虽然昭和天皇在会面时向麦克阿瑟口头表述了自己的战争责任，但是很难断言他完全没有这种心思。

特别是鉴于会面结束后昭和天皇的神色表现出前所未有的放心，或许是因为他自己从美方的应对中模糊地感觉到，他能对自身的处置结果和天皇制的维持抱有期待。

---

[1]　藤田尚德『侍従長の回想』、174 頁。

[2]　高橋紘「解説」藤田尚德『侍従長の回想』230 頁。

[3]　松尾尊兊「考証　昭和天皇・マッカーサー元帥第一回会見」、85 頁；Douglas MacArthur, *Reminiscences of General of the Army Douglas MacArthur*. Annapolis：Bluejacket Books, 1964；古川隆久『昭和天皇』中央公論新社、2011、318 頁。

对拥护心理的利用

不管怎样，在此背景和过程下公开的照片收获颇丰，极大地影响了日本国民的"转向"。GHQ通过维持天皇制顺利实现了对日本的占领，其意图和计划可以说取得了巨大的成功。换言之，昭和天皇的存在是日本人的精神支柱，GHQ一方面通过拥护昭和天皇的存在来获利，与此同时又否定了他的神格性，两种手段看似自相矛盾却完美契合，发挥了绝佳的效果。

那么，围绕天皇的这两个自相矛盾的计划为何得以实现？

第一，日方提出会面的要求，其主要目的是回避对昭和天皇战争责任的追究。这不仅是天皇近臣、政界相关人员等精英阶层的主张，也是众多国民的殷切期盼，尽管他们从未亲眼见过天皇。而且，昭和天皇与麦克阿瑟的合影是在战败后大约一个半月的时间节点上公之于众，该事件暗示着天皇可能不会受到处罚，天皇制也将继续维持下去。

听到"玉音放送"后的第二天，即8月16日，德川梦声首先想到的是，"麦克阿瑟来了以后就算仅停留一小段时间，都会凌驾于皇室之上，这件事让人怎么想都觉得难以忍受。如今，陛下忍下难忍之事发表了演说。虽然我们无论多么艰辛都要理所当然地忍受下去，可是唯有此事尤其痛苦难忍"。[1]

8月30日，麦克阿瑟乘坐的飞机在厚木机场着陆，与他同行的还有美军情报军官邦纳·费勒斯。费勒斯抵达日本后立即寻访

---

① 德川夢声『夢声戦争日記』第7卷、122頁、昭和二十年八月十六日の条。

大学时代好友渡边友梨①的消息，并邀请渡边及其老师河井道来自己在美国大使馆驻地的宅邸共进晚餐。关于是否要把天皇定性为战犯，费勒斯当时向两人询问了看法。友梨立刻答道："陛下要是出事了，我绝不会独自偷生。"河井也说："如果天皇遭到驱逐，想必会发生暴动。"费勒斯"目光严肃地倾听"了两人的意见。②

河井道是惠泉女学园的创设者，这所学校"就连战时都不实施教育敕语、御真影③等与天皇制有关的教育，而是每日坚持做礼拜"。尽管如此，当时日本有不少基督徒对天皇和皇室"抱有个人的敬意和亲近感"。④

比如，基督徒渡边友梨就对天皇抱有一种堪称"忠心"的情感纽带。此外，根据国民意识调查，约有70%的日本国民拥护天皇，尽管他们曾在战争末期陷入濒临毁灭的境地。⑤ 麦克

---

① "渡边友梨"的日文名是"渡辺ゆり"，结婚后随夫姓，姓名变为"一色ゆり"。为便于读者阅读，套用中文汉字标注其名字中的日文假名。渡边友梨曾留学美国，是邦纳·费勒斯认识的第一个日本人。费勒斯因为和渡边友梨成为朋友，才开始对日本产生兴趣，进而成为著名的日本通。——译者注

② 一色義子『愛の人　河井道子先生』；1945年8月30日的费勒斯日记。转引自東野真『昭和天皇二つの「独白録」』、83 – 84頁。

③ "御真影"是对天皇、皇后的肖像照片及肖像画的敬称，由日本宫内省借给各个学校，要求校长负责慎重保管，用于学校的各种仪式。1891年，日本文部省下令各学校在校内慎重供奉"御真影"和教育敕语副本。——译者注

④ 東野真『昭和天皇二つの「独白録」』、84頁。

⑤ 1945年8～12月，美国战略轰炸调查团实施"战败后不久日本的国民意识"调查，调查对象约有5000人，其中62%的受访者希望昭和天皇继续在位，7%的受访者选择了其他善意回答，共计约有七成受访者支持昭和天皇在位。「資料22　敗戦直後の国民意識（1947・6）」粟屋憲太郎編『資料日本現代史2』大月書店、1980、121 – 135頁。

阿瑟曾收到大约 50 万封信件，其中大部分是拥护天皇的请愿书。[1]

约瑟夫·格鲁曾从 1932 年到 1941 年 12 月 8 日日美开战担任美国驻日大使。在他看来，日本天皇就好比能驱使数千万工蜂的"蜂王"般的存在。正因如此，他才力劝美国在占领日本期间充分利用天皇制的价值。后文所述日本人对麦克阿瑟的个人崇拜和狂热支持正是美方采取这一策略所引发的结果。[2]

因此，当日本国民获悉昭和天皇免于处罚、天皇制得以继续维持之时，他们对下此决断的麦克阿瑟甚至可以说是热烈地支持。也就是说，战后占领期日本人对麦克阿瑟的个人崇拜与他们对天皇的拥护以及天皇制的维持密不可分，美国人通过灵活利用日本人对天皇的情感纽带，使"转向"成为可能。

否定神格性

GHQ 为了顺利实现对日本的占领，在维持天皇制的同时，还必须打破日本国民对天皇的崇拜。[3] 因此，在 GHQ 的信息管制中，打破昭和天皇的神格性是非常重要的任务，天皇与麦克阿瑟的合影对于否定天皇的神格性具有压倒性的影响。

其实，电影导演恩地日出夫在日本战败时还是一名初中一年

---

[1] 据推断，日本国民寄给麦克阿瑟的书信多达 50 万封，其中有不少书信强烈要求避免对昭和天皇战争责任的追究，哪怕用自己的生命来交换也在所不惜，甚至有人写血书请愿。袖井林二郎『拝啓　マッカーサー元帥様——占領下の日本人の手紙』、20 頁。

[2] 廣部泉『グルー——真の日本の友』ミネルヴァ書房、2011、245 頁。

[3] 高橋紘「解説」藤田尚徳『侍従長の回想』、230 頁。

级学生，由于战争期间他所接受的教育只有为天皇赴死，故而看到合影时深受打击。昭和天皇身穿晨礼服，着装颇为正式，旁边站着人高马大、一袭夏季简便军装的麦克阿瑟。据恩地日出夫说，当他看到照片中的昭和天皇甚至没有麦克阿瑟的肩膀高时，"立刻从心底感受到了'失败了'的滋味"。[①]

考虑到人们的年龄、性别、所在地区及环境的差异，我们很难把人们对这张合影的认知一概而论。然而，任何人都能从合影中清晰地读取到二者的身材高矮、体格大小、服装中折射出来的上下关系，以及整体的印象等，二者的身体差异已足以在一瞬间诉说战胜国美国与战败国日本的一切差距。[②]

更何况此时的麦克阿瑟虽然已经 65 岁了，进驻日本的美国士兵却多为 20 岁左右的青年。不管日本的男女老少是否愿意承认，那些英姿勃发的年轻肉体向几乎所有的日本人散发出压倒性的耀眼光芒。

该时期，恩地日出夫第一次观看了一部名为《泰山》（*Tarzan*）的美国电影。"泰山在原始森林的河流里游泳，他那完美的肉体简直令人目眩神迷。相比自己肋骨突出的胸部，以及日本澡堂里

---

① 恩地日出夫「いま、改めて戦後を思う ③はじめてのアメリカ映画『ダーサン』」『メッセージ@ pen』綱町三田会倶楽部、2012 年 2 月号，http://www.tsunamachimitakai.com/pen/2012_ 02_ 002.html，2013 年 5 月 13 日阅览。

② 笔者的外祖母（1926 年出生于东京）清晰地记得自己看到麦克阿瑟与昭和天皇合影时的心情。她的第一反应是深受冲击，因为她居然看到外国人和天皇并肩站立的照片。接着她意识到，既然二者的体格差距如此巨大，那么日本战败也是理所应当。2013 年 5 月 12 日，笔者对外祖母的询问。

见到的大人们的裸体，那是截然不同的、异人种的肉体。我沉痛
地认识到，'我们在这方面到底是输给了对方'。"①

想必所有人都明白，身高、体格绝不代表一个人的人格、教
养、品味，然而，人们从肉体中获得的生理及本能的印象会带来
很大的影响。

麦克阿瑟人高马大、气宇轩昂，他仿佛在俯视昭和天皇一
般，整体给人以精神放松的印象。旁边的昭和天皇却显得身材矮
小、姿态也有些僵硬。从这点来看，该合影已足以将日本的战败
以肉眼可视的方式呈现出来，并且具备了否定昭和天皇神格性的
绝佳视觉要素。换言之，人们通过这张合影所显示的二者的肉体
及视觉差异，深刻地感受到战败的滋味。

此外还有一点非常重要，这张与麦克阿瑟并肩而立的照片还
展示了作为"人类"的昭和天皇的身姿，也就是他的肉体。

在此之前，很多人主要通过"御真影"了解昭和天皇的容
貌，从未目睹他的身姿。可是，这张扩散到全国的照片却使日本
国民首次有机会知晓天皇的身高、体格，以及风貌，了解天皇这
个活生生的人的身姿。而且，至少令日本人意想不到的是，昭和
天皇竟然是在和麦克阿瑟这个白人并肩站立的情况下首次作为
"肉身的人类"出现在公开的照片上，映入人们的眼帘。再者，
由于和麦克阿瑟这个他者站在一起，昭和天皇的身高、体格、打
扮等身体特征无比鲜明地呈现在人们眼前。

_____

① 恩地日出夫「いま、改めて戦後を思う ③はじめてのアメリカ映画
『ダーサン』」。

总而言之，通过这张合影，人们不仅从视觉上捕捉到麦克阿瑟与昭和天皇的一切差异，而且亲眼目击到天皇已经不再是"现人神"。

1946 年 1 月 1 日，昭和天皇发表"人间宣言"，自此以后均身穿洋装巡幸全国。

据麦克阿瑟自己回顾，他所策划的一系列"改革"始于对日本军事力量的粉碎，终于"对宗教和国家的剥离"。对天皇神格性的否定也是其最重要的项目之一，麦克阿瑟也确实办到了这一点。①

恩地日出夫所在中学的正门旁还遗留着战时供奉"御真影"的奉安殿。那天，他看了一眼奉安殿，"心想，'应该已经空空如也了'。那种眺望时的极度空虚之情留在了记忆里"。②

回顾过去，昭和天皇与麦克阿瑟的合影是个毋庸置疑的铁证，它否定了昭和天皇的神格性，用视觉的形式告诉日本国民，天皇是一个"人类"。从这点来看，其实从这张照片被公开的一瞬间，昭和天皇的"人间宣言"就已开始。两人的合影在利用拥护心理和否定神格性方面都具有极大的影响力。更确切地说，二者身体带来的可视性的影响力极为显著。而且，其身体差异如文字表述那般，并非 GHQ 所能介入、管制的领域，而是人们与生俱来的、肉眼可视的差异。基于此点，在 GHQ 全方位的信息

① マッカーサー著、津島一夫訳『マッカーサー大戦回顧録』下、183-184 頁。
② 恩地日出夫「いま、改めて戦後を思う　③はじめてのアメリカ映画『ダーサン』」。

管制中，没有一条情报能像该合影这般直率地传达可视的信息。并且，任何人都能从这张照片中清晰地看到身高、体格、风貌、肤色等差异，即二者在肉体上的人种差异。对于众多从未见过"外人"和"天皇"的日本人而言，该照片就是战后占领期的起点。

二　崇拜与沮丧

心理依赖

如前文所述，在战后日本人的"转向"过程中，支持"转向"的社会背景、天皇制的维持、天皇神格性的否定等都确实起到了作用。1952 年 1 月，《中央公论》刊载了社会学家鹤见和子采访多名高中生的报道。这些高中生曾在小学时代接受战时教育，并于战后占领期升入高中。鹤见和子问："你们觉得天皇陛下是最伟大的人吗？"学生 D 答道："不能说是伟大，该怎么讲呢，我觉得作为日本人，内心的依靠难道不是天皇吗？"[1]

姑且不论"伟大"这一形容词是否适合形容天皇，当美国通过否定天皇的神格性及维持天皇制顺利实现了对日本的占领时，日本人开始崇拜并狂热地支持麦克阿瑟。

换言之，对昭和天皇的拥护和对天皇制的维持与日本人对

---

[1]　鶴見和子司会「高校生の座談会」（東京都 M 高校二年生男四名、女二名）『中央公論』1952 年 1 月号、43 頁。

麦克阿瑟的崇拜密不可分，并进一步巩固了这种个人崇拜。话虽如此，这并不意味着麦克阿瑟对日本抱有善意、亲近感和留恋。麦克阿瑟终归只是作为联合国军最高司令官来完成自己的任务。

麦克阿瑟的第二任妻子是比他年轻 19 岁的琼妮（Jean MacArthur）。她在接受采访时称，"（自己）从没想过结交日本朋友"，因为麦克阿瑟没有这个打算，自己只是遵从他的想法。琼妮对日本文化也没有什么兴趣，在长时间的采访中，她所列举的日本人名屈指可数，甚至没提过吉田茂的名字。①

虽然琼妮遵照麦克阿瑟的指示没有与日本人构筑友情等一切人际关系，但这只是为了避免在人际关系的构筑过程中出现利害关系。麦克阿瑟夫妇作为殖民地总督及夫人，其做法理所当然，可能他们在菲律宾也采取了同样的态度。②

尽管如此，在麦克阿瑟夫妇于 1951 年 4 月 16 日返回美国之际，去羽田机场的路上约有 20 万日本人为他们送行，表达依依不舍之情。一位日本政府高官甚至断言："我们第二天就能找到代替天皇的人选，但是没有人能代替麦克阿瑟。"③ 那种热情仿佛把对天皇抱有的情感纽带转移到麦克阿瑟身上。在日本国内，吉田茂内阁通过决议，将麦克阿瑟定为"终身国宾"；

---

① 工藤美代子「「マッカーサー夫人」が初めて明かす「昭和天皇と夫」が会った日」『週刊新潮』2007 年 1 月 4 日・11 日合併号、193 頁。
② 关于麦克阿瑟统治日本和菲律宾的比较研究，比较优秀的是增田弘『マッカーサー——フィリピン統治から日本占領へ』中央公論新社、2009。
③ 工藤美代子「「マッカーサー夫人」が初めて明かす「昭和天皇と夫」が会った日」193 頁。关于政府高官的发言，没有出处可考。

名人纷纷提出计划，要求建设颂扬麦克阿瑟丰功伟业的纪念馆；还有人将麦克阿瑟奉为英雄，打算开展募捐活动，打造他的铜像。①

虽说人们对支配者、占领者、掌权者的崇拜往往是单方面的，而且过剩，但是，麦克阿瑟对日本的感情与日本对麦克阿瑟的感情之间存在太过显著的差距。

1951 年的一个事件仿佛就能证明这一点。在此之前，日本人对麦克阿瑟抱有过剩的感情，甚至堪称崇拜，然而从 1951 年 5 月 13 日起，这种感情开始降温。因为麦克阿瑟在美国参议院军事与外交联合委员会听证会上作证时指出："日本人只有 12 岁。"这句发言被迅速扩散。

关于美国占领日本的成果，麦克阿瑟在听证会上指出，从国民的发展和成熟度（科学技术、宗教、文化等）及文明的尺度来看，如果把盎格鲁－撒克逊定位为已经成熟的 45 岁，那么"日本人只有 12 岁"，还处于"in a tuitionary condition"、需要保护的阶段。②

对于"日本人只有 12 岁"这一言论，许多日本人将其视为侮辱，他们对麦克阿瑟的崇拜心理顿时被浇了一盆冷水。麦克阿瑟纪念馆和铜像的建设计划也不了了之。紧接着，以翌年 4 月"旧金山和约"生效为契机，当时的社会氛围立刻被"反美"笼

---

① 袖井林二郎『拝啓　マッカーサー元帥様——占領下の日本人の手紙』、413 頁。

② U. S. Senate, Committee on Armed Services and Committee on Foreign Relations, 82nd Congress, 1st session, pp. 312 – 313. http://www.lexisnexis.com.ezp – prod1.hul.harvard.edu/congcomp/getdoc? HEARING – ID = HRG – 1951 – SAS – 0006，2012 年 7 月 27 日阅览。

罩，日本人对麦克阿瑟的崇拜一瞬间就消失了。充满讽刺意味的是，日本人面对美国时的"转向"不仅体现在从"美英畜生"到美国崇拜的变化，还体现在他们对麦克阿瑟态度的变化。他们曾在战后占领期狂热支持麦克阿瑟，然而这种崇拜最后却化为沮丧。

　　究竟为何会发生此种现象？而且，日本人面对美国时的过度崇拜与沮丧到底揭示了什么？再者，"日本人只有 12 岁"这一言论引发的怒火到底意味着什么？

　　1945 年 9 月 13 日，德川梦声在日记中写道，妻子告诉他，她从收音机里听到麦克阿瑟说"日本已沦为四等国家"。翌日的报纸也确实这样报道了。"我以为麦克阿瑟对我们采取了宽大再宽大的态度——不如说是我试图这样认为——可是没想到麦克阿瑟突然说出那么强硬的话，我感觉自己仿佛遭到了背叛。"[1]由此可见，战败后不久，许多日本人都在心理上根深蒂固地依赖着麦克阿瑟。

　　此外，尽管 1951 年"日本人只有 12 岁"的言论使日本人备感耻辱、极为沮丧，但是纵观战后占领期日本人对麦克阿瑟的崇拜与狂热支持，任何人都不得不承认，那是对美国的心理依赖。

　　不论日本人是否意识到了，他们其实是把美国人麦克阿瑟当成父亲般的存在来仰望，殷切期盼着被他保护和爱护。日本人不是简单地把麦克阿瑟当成掌权者、支配者、占领者，而是强烈地向其寻求情感上的纽带，希望他能作为父亲般的存在，爱护并保

---

　　[1]　德川梦声『梦声戦争日記』第 7 卷、214 頁。

护日本人。

麦克阿瑟也意识到了这一点。在其晚年撰写的回忆录中，他记录道："事实上，面对日本国民，我掌握着无限的权力。历史上的任何殖民地总督、征服者、总司令都不曾像我面对日本国民那样手握如此之高的权柄。我的权力至高无上。"在此基础上他进一步回顾道，在占领过程中，"日本国民没把我当作征服者，而是开始把我视为监护人。这些日本人以非常戏剧性的方式成为我的责任，作为监护人，我感到责任重大。我认为日本国民不仅需要物质上的行政指导，还需要精神上的指导"。[①]

"征服者"与"监护人"的决定性差异或许在于日本人是否对其寻求强烈的情感纽带。而且，之所以会产生把麦克阿瑟视为日本的"监护人"的倾向，或许是麦克阿瑟"保护"了日本人"内心的依靠"和精神支柱，即被类比为"蜂王"的昭和天皇。该行为可以说对日本人的精神产生了强烈影响。人们渴求"监护人"爱护自己、保护自己，而且这种渴求与希望得到"监护人"认可的欲望密不可分。可是，一旦无法获得自己所期待的认可，强烈的沮丧之情就油然而生，还会产生以此为基础的反抗。

日本人热切地希望美国成为自己的"监护人"，以崇拜和狂热支持的形式在心理上过度依赖美国。按理说，这样的日本人至少没有立场责备麦克阿瑟关于"日本人只有 12 岁"的发言。

然而，正如没有依赖就不可能产生反抗那般，无论是对麦克

[①]　マッカーサー著、津島一夫訳『マッカーサー大戦回顧録』下、181、185 頁。

阿瑟的狂热支持，还是"日本人只有 12 岁"所引发的强烈沮丧，抑或立刻占据社会氛围主导力量的"反美"情绪，它们都完完全全反映了日本人对美国过剩的心理依赖。

在 20 世纪日本的民族主义当中，美国一直是最重要的他者，它是日本"依赖与反抗的对象，憧憬与敌意交织的'父亲'"，"日本人无法从这位'父亲'身上得到与自己匹配的'认知'，因此持续感到不满"。① 而且毫无疑问，日本人眼中的"父亲"正是与自己人种相异的美国白人。

三　难以填补的空虚

否定

日本人对麦克阿瑟的崇拜堪称过剩，其后却突然一变，彻底冷却下来。有人指出，原因之一在于日本人为自己面对麦克阿瑟时的迎合和卑屈之姿感到耻辱。② 该说法可能也有一定的道理。然而刨根究底，从如此巨大的变化中可以看出，化为废墟的日本遗留下了心灵的空虚，或许正是这种空虚构建了日本人精神构造的底层。

毫无疑问，战败是从物质和心灵两个层面对日本进行否定。

---

① 米原謙「日本ナショナリズムにおける"アメリカの影"」『日本思想史学』第 41 号、2009 年、11 頁。
② 袖井林二郎『拝啓　マッカーサー元帥様——占領下の日本人の手紙』、413–414 頁。

正因如此，日本想要通过崇拜美国来填补物质和心灵两个层面的空虚。于是，日本人的心理在两个极端之间剧烈振荡，表现为面对麦克阿瑟时的崇拜、沮丧，以及"反美"。

究其原因，麦克阿瑟可谓一语中的，他指出："关于日本在太平洋战争中溃败到何种程度，我们根本没有质疑的余地。那是彻彻底底的溃败。其溃败不仅体现在工厂、住宅、城市的整体破坏等物质层面，还影响到了精神层面。"① 1945 年的日本战败导致日本不仅在"物质层面"，而且在"精神层面"被美国彻底打碎。

战败导致日本出现了决定性的自我否定，关于这一点，麦克阿瑟 1951 年 5 月 13 日在美国参议院军事与外交联合委员会听证会上做出如下证言：

> 对日本人来说，战败不仅意味着军部的解体和联合国军的占领，还意味着日本人对以往的规范、价值观、自我认知等一切事物不再信任、抱有怀疑，意味着日本人对日本人自身的否定。②

战败意味着日本人从近代以来构筑形成的精神构造完全毁灭，意味着对日本人决定性的否定。

麦克阿瑟在其回忆录的日本占领章节里指出，在近代史中，

① マッカーサー著、津島一夫訳『マッカーサー大戦回顧録』下、188 頁。
② U. S. Senate, Committee on Armed Services and Committee on Foreign Relations, 82nd Congress, 1st session, p. 311. http：//www. lexisnexis. com. ezp – prod1. hul. harvard. edu/congcomp/getdoc？HEARING – ID = HRG – 1951 – SAS – 0006，2012 年 7 月 27 日阅览。

恐怕没有一个国家像日本这样"遭到如此巨大的破坏性冲击"并宣布投降。关于日本走向毁灭的历史经过，他进行了如下论述。

缺乏一切天然资源（铁、矿物、棉花、石油等）的日本凭借国民的"节约和勤劳"，在过去一个世纪成为"伟大的产业国家"，甚至"吞并台湾、朝鲜、满洲，还想把中国纳入支配范围"。

日美大战的一个原因在于日本对罗斯福经济制裁的恐惧，"姑且不论正确与否，日本担心经济制裁导致产业瘫痪，进而有可能引发国内革命。他们想要得到用于维持日本产业帝国的基地，即永久地确保'大东亚共荣圈'"。并且，"这个岛国蔓延着异常的封建主义，导致人们相信自己兵力无敌、文化卓越，滋生出充满神话色彩的疯狂信念"。

这个"资源贫瘠的国家"因为缺乏一切天然资源，构筑了日本的精神主义。麦克阿瑟以此为依据，认为1945年的战败导致"日本人经历的打击远比军事的败北、武装兵力的毁灭、产业基地的丧失严重，也远比被外国武装力量占领国土严重。几个世纪以来，日本人坚信他们的生活方式永恒不灭，然而彻底败北的痛苦使这种信念完全消失"。①

也就是说，在1945年8月15日，日本化为废墟、迎来战败，那不仅是字面上的物质废墟，还意味着精神上的空虚。战后占领期日本人之所以出现对麦克阿瑟的崇拜和对美国的狂热支

---

① マッカーサー著、津島一夫訳『マッカーサー大戦回顧録』下、179－180頁。

持，或许是因为他们想要填补物质和精神两个层面的空虚，故而产生了这种心理作用。

"随后滋生的寂寞"

如此看来，日本人与麦克阿瑟之间的显著温差其实是胜者与败者绝对权力关系中理所当然产生的某种心理。即使从政治学的角度来看，应该也可以将其称为自然发生的现象。然而，这一显著的变化并非最早出现在日本战败之时。回顾过去，日本在德意日三国结盟期间也表现出对纳粹的狂热崇拜（本书第四章）。

二战后，平野一郎曾参与《我的奋斗》全译本的翻译工作。① 他指出，希特勒蔑视日本的相关内容在战争期间一直遭到删除，"这不是阻碍人们客观地了解希特勒吗？"② 然而，战后五年，即 1950 年，早稻田大学教授、律师、法学家戒能通孝认为，战时日本对纳粹的崇拜和对希特勒的疯狂支持"前所未有的强烈"，这些都源于"对美英的反感"。再者，纳粹崇拜和"对美英的反感"都是日本人"自卑感的另一面"。他回顾道：

　　一些人为此类社会氛围的营造做出了贡献，可以说，他

---

① 1961 年，平野一郎与将积茂合译的《我的奋斗》全译本在黎明书房出版，其后该译本被角川文库出版。——译者注
② 平野一郎「訳者序」アドルフ・ヒトラー著、平野一郎、将積茂『わが闘争　完訳』上、角川文庫、1973、7‐8 頁。

们对美英的反感不过是自卑感的另一面。可是，他们一方面把自卑感翻个面，另一方面通过强制性崇拜德国得以长久填补随后滋生的寂寞。

也就是说，"寂寞的情绪"造成了心灵的空虚。战争期间，日本试图用纳粹崇拜来填补这一空虚；战败之后，日本人又试图用对麦克阿瑟的强烈崇拜和对美国的狂热支持来填补。

可是，无论是纳粹崇拜还是麦克阿瑟崇拜，只要崇拜的对象是白人这一他者，就不可能完全填补心灵的空虚。

关于日本人内心潜藏的空虚的本质，戒能通孝指出，"在这种情况下，民族独立感已经消亡"，"因为，民族独立同样必须以民族平等为前提，但凡那种特殊的自卑感及其反面的排外意识强烈地暴露出来，就会理所当然地出现盲从优先于独立、破坏优先于建设的感情"。

如本书第四章所述，无论是在德意日三国同盟，还是在太平洋战争中，日方都存在人种上的矛盾。无论是面对德国还是面对美国，其精神构造的本质相同，都是日本对西方的强烈心理依赖。

现在，战时的德国崇拜者转变为战后的美国崇拜者。不论崇拜对象是德国、美国，还是英国，其本质都没有发生变化。

并且，"日本的精神殖民地化现象"并非最近突然出现，他认为，"充满讽刺意味的是，这是'大日本帝国'全盛期最露骨的现象之一，直到现在也只是换了种形态残留下来"。明治时代以来，在日本走过的历史过程的基底，这种精神"现象"曾长期存在。①

　　确实，日本对西方的心理依赖并非从战败后才开始滋生。
不如说，早在日本把西方权威化时一切都已开始。从明治时代
到日本战败，在长达半个多世纪的时光中，近代日本的心性逐
步形成。

　　换句话说，明治时代以来，日本人在内心的某个地方一直抱
有戒能通孝所谓的"寂寞的情绪"。对西方的心理依赖其实与西
方的权威化相伴而生，而"寂寞的情绪"之所以如影随形，是
因为西方的权威化必然导致日本的自我否定。

"要是生为美国人就好了"

　　因此，在近代日本的心性当中原本就不可能产生"对美英
的反感"。

　　村上兵卫曾是陆军军人，后来成为评论家。据他回顾：
"'日本人在其成长过程中总是自发地认为西方文明和西方人上
等'，尽管军部在战争期间大力贬斥'美英畜生'，然而'谁都
不真心相信这类言论'。"②

　　此外，德富苏峰指出，虽然日本在战争期间大力贬斥"美
英畜生"，但是"日本已经中了盎格鲁－撒克逊的毒，正处于第
三期症状"，日本国民"由于中毒长达一百年的漫长时光，故而

---

① 戒能通孝「日本民族の自由と独立」『改造』1950 年 2 月号、9 - 10 頁。
② 村上兵衛「解説」会田雄次『アーロン収容所』中央公論社、1973、
　　240 頁。

一边在嘴上谩骂盎格鲁，一边在私下相信盎格鲁"。①

"旧金山和约"缔结后，反美思想在日本看似颇为盛行，实际上"日本所谓的反美思想等都是没有根基的东西"（吉田茂），就连以前的反美思想其实也"不是真正意义上的反美反英"（吉田健一）。②究其原因，日本人的反美情绪其实是面对美国时的"自卑情结"，"与其说是思想，不如说是更加生理性的东西"。③

如前文所述，鹤见和子采访过6名高二学生（4男2女），其中一个问题是，"大家应该都受到了战争的影响，你们是否有一些想法因为战争发生了特别的变化？"学生D当即答道，小学时接受了诸如"美英畜生"之类的战时教育，还以为"美国人就像鬼怪一样"，日本战败后，当美国占领军真的出现在自己眼前时，才发现那都是谎言，现在的自己对美国的生活、文化非常感兴趣。

学生C也说，战败时"我在宫城前流着泪发誓一定要复仇……终战后反而发生了类似反作用的现象，心想，要是生为美国人就好了"。

此外，他还讲道："终战后大约过了两个月，我就被美国发放的点心等迅速同化。我想，是不是所有日本人都是这种心情呢……"④

---

① 转引自清泽洌的引用段落（未记载原文出处）。清沢洌『暗黒日記』第2卷、343頁。
② 吉田茂・吉田健一『大磯清談』文藝春秋新社、1956、66－67頁。
③ 日野啓三・猪木武徳対談「忘れられない場面」、9頁。
④ 鶴見和子司会「高校生の座談会」、42－43頁。

在鹤见和子面前，这几名高二学生可能会有一定程度的保留，但他们的言论已经可以说是非常直率，没有被其社会属性束缚。如今，想要生为美国人的日本人数不胜数。

再者，高中生之所以会说出诸如"被美国发放的点心等迅速同化""所有日本人都是这种心情"等言论，应该是因为当时的整体社会氛围已被此类意识支配，强烈到就连高中生都能感知到的程度，而这位高中生只是坦率地讲出了自己生理上的感受。可是，重要的是，无论是亲美还是反美，抑或单纯地想着"要是生为美国人就好了"，这些倾向都揭示了明治时代以来堪称近代日本民族主义本质的类型。

即明治时代以来，日本的精神构造是在欧化与国粹、"崇美与排美"（龟井俊介）、"媚外与排外"（牛村圭）、"反美即爱国、爱国即反美"（三轮公忠）、"国际主义与日本主义"（园田英弘）等两个极端的夹缝间不断摇摆形成。此类二元对立都是看似相反的整体，因为他们的根基都埋藏着西方权威化所引发的日本的自我否定，以及对自我否定的反弹。[①] 虽然自我认知的形成是以他者的存在为前提，但是，当我们思考近代日本的自我认知及其形成过程时，会发现日本人对西方的心理依赖占据了

---

① 亀井俊介「百聞のアメリカ　一見のアメリカ」亀井俊介編『アメリカ古典文庫 23　日本人のアメリカ論』研究社出版、1977、8 頁；三輪公忠「徳富蘇峰の歴史像と日米戦争の原理的開始」芳賀徹ほか編『講座比較文学 5　西洋の衝撃と日本』東京大学出版会、1973、203 頁；牛村圭「「拝外」と「排外」の精神史」『Voice』2007 年 9 月号、134－143 頁；園田英弘『西洋化の構造』思文閣、1993、13 頁。此处仅列举笔者所引用的文献，部分词句未必首次出现在上述文献中。

相当显著的分量。这也完全是因为西方权威化导致了该构造的形成。

如果没有这种自我矛盾，近代日本的民族主义就不可能成立。正因如此，对西方的心理依赖以及从中派生出来的"自卑感"变成了"寂寞的情绪"，在日本人心中挥之不去。

所以，当高二学生用质朴的语言表示"要是生为美国人就好了"的时候，其中蕴含着日本人对日本人这一身份的否定，就连此种否定也是基于国家自尊心的心情的另一面。正如亲美和反美同为近代日本民族主义派生出来的事物那般，对日本人来说，如果没有日本人这一身份所衍生的"寂寞的情绪"，就不可能发出这样的感慨——"要是生为美国人就好了"。

"总决算"

战后占领期，社会学家清水几太郎1951年在《中央公论》发表题为《日本人》的文章。他指出，对西方的心理依赖持续存在于近代日本的根底，并以日本战败为契机迎来了"总决算"。相关内容如下。

〔在近代史当中，〕尽管日本宣称已与西方诸国国民并驾齐驱，然而说实话，那不过是一种理想，与此互为表里的则是一直挥之不去的自卑感。可以说，自卑感越是强烈，人们为了摆脱自卑感就越是鄙视自己的伙伴，也即亚洲诸民族，借以满足自己的优越感。可是，上述一切事物都经由此次战争到达最后的顶点。战争就是总决算。①

　　也就是说，亲美、反美及在两个极端之间的剧烈振荡归根到底都是日本人"挥之不去的自卑感"的表征。对美国的过度崇拜同样是因为人们想要通过崇拜和同化来满足自我的优越感，进而抹去内心的自卑感。鉴于反美也具有相同的构造，甚至可以说，战时精英阶层人种上的祸根本质上也是从"自卑感"中派生出来的心情。

　　过了两年，清水几太郎又在《中央公论》上发表文章。他指出，近代日本的人种意识同样是在强烈的自卑感与优越感之间的激烈振荡中形成。许多美国人简单地认为"白色人种优越，抑或盎格鲁－撒克逊优越"，然而日本人却无法形成如此单纯的人种意识，其人种意识"具有复杂的结构"，具体如下。

　　日本人没有"单纯的日本人优越"意识，他们"对白色人种怀有一种近乎无条件的尊敬之情"。从二战前的"知识分子"身上也常能看到该现象。"明治初期了解并学习西方科技以来就已成为难以拔除的存在。"而且，就连"潘潘"②也对白人产生了"近乎无条件的尊敬之情"，她们"体检的时候，给日本人提供性服务的'潘潘'仿佛背负罪孽一般无精打采，给西方人提供性服务的'潘潘'却昂首挺胸。至于当了母亲的'潘潘'们，则为生下混血儿而感到骄傲。虽然可耻，但这是事实"。对白人

---

① 清水幾太郎「日本人」『中央公論』1951 年 1 月号、6 頁。
② "潘潘"多指二战后以驻日美军为目标的日本妓女、暗娼。——译者注

"近乎无条件的尊敬之情"原本是"知识分子"特有的东西，然而以日本战败为契机，该意识几乎渗透到日本社会的所有领域。

再者，"日本人面对西方人时感到自卑，而在另一面，他们面对亚洲诸多人种时却抱有根深蒂固的优越感。他们把从西方学来的军事技术和帝国主义政策实际应用到亚洲诸多人种身上。相比白色人种面对亚洲诸多人种时的优越感，日本人面对亚洲诸多人种时可能持续抱有更加强烈的优越感"。① 日本人的人种意识在面对白人时的强烈自卑感与面对"亚洲"人时的强烈优越感之间来回摇摆，该构造并非直到战后占领期才显露出来。就像本章介绍的那样，倒不如说，该构造以战后占领期为契机成为更加决定性的存在。从这点来看，战后占领期确实是对近代日本人种意识的"总决算"。

总而言之，以战败为契机，日本人对西方的态度从战时的"美英畜生"突然转变为对麦克阿瑟的崇拜和对美国的狂热支持。从表面上看，日本人的意识构造具有堪称"转向"的一面。可是关于其本质构造，却不能如此断言。

究其原因，第一，如本章前半部分所述，当战争末期毁灭性的局面终于被画上终止符，日本人得到粮食供应之时，哪怕那些粮食甚为粗劣，迎合强者、卑躬屈膝都成为当时唯一的生存手段。

第二，美国人利用了日本人对其精神支柱昭和天皇的拥护之

---

① 清水幾太郎「アメリカよ、頑ばれ」『中央公論』1953 年 11 月号、30 - 31 頁。

情，并否定了天皇的神格性。以此为背景，日本人在战后占领期产生了对麦克阿瑟的崇拜和对美国的狂热支持。虽说如此，该现象并非直到日本战败才萌生出来。更准确地说，明治时代以来，这已成为近代日本心性的基干。无论是战前、战时，还是战后，日本人的心中原本就不存在"真正意义上的反美反英"。

第三，日本为了继续是日本，自己选择了西方的权威化，其本身就意味着日本的自我否定和对西方显著的心理依赖。

为了让日本继续是日本，就必须对日本进行否定。近代日本就是怀抱着这样的自我矛盾，形成了心性的谱系。正因如此，近代日本的民族主义才会一有机会就在欧化与国粹、亲美与反美等极端之间反复振荡。这些思想模式都是近代日本自我矛盾的必然结果。

换言之，西方权威化造成了近代日本心性上的空虚。或许是为了弥补这一空虚，近代日本才在极端之间反复激烈振荡。

然而，尽管近代日本的心性是在西方的权威化下形成的，只要日本还是日本，无论日本人多么崇拜西方或白人，都无法填补内心的空虚。

如此这般，在 1945 年 8 月 15 日这一天，近代日本化为废墟，宣告终结。可是，明治时代以来日本心性中难以直视、难以回避的自我矛盾却化为难以填补的空虚，持续残留在日本人的内心。

第六章　永远的差异：远藤周作与战后

只靠爱、道理、主义无法消除肤色之间的差异。……阶级对立或许可以消除，颜色的对立却永远无法抹去。我永远是黄色，那个女人永远是白色。①

远藤周作《至亚丁》（1954）

一　诸神与神

光与影

1954 年，远藤周作刚刚结束三年留法生活，就发表了他的首部短篇小说《至亚丁》。该作品全面描述了人种差异，是远藤文学"类似原型般的存在"。②

翌年，远藤周作发表《白种人》（获得芥川奖）和《黄种人》，若干年后又发表了《海与毒药》。后来，远藤周作入围诺

---

① 遠藤周作『アデンまで』『遠藤周作文学全集』第 1 卷、新潮社、1975、146、156 頁。
② 遠藤周作「わが小説」『遠藤周作文学全集』第 12 卷、新潮社、2000、282 頁。

贝尔文学奖最终候选名单。在其文学作品的根底，人种差异成为巨大的隐喻。

为何远藤周作终生执着于描述人种差异？他试图从人种差异中找到什么？

远藤周作的作品具有强烈的自传色彩。他身高 179 厘米，腿也很长，[①] 法语水平远远超过森有正。[②] 他在法国交际甚广，还与一位法国女知识分子关系颇为密切。这位女性的教名是弗朗索瓦，她 22 岁时遇见了年长 7 岁的远藤周作。据弗朗索瓦的姐姐吉纳维芙·帕斯特回顾，当时远藤周作因肺结核住院，两人从相遇的一瞬间就产生了"难以磨灭的印象"，"爱情迅速滋生"。

弗朗索瓦认识远藤周作以后，整个人仿佛变了一般。就连她的姐姐都能清晰地看出她身上洋溢着幸福感，"我突然明显地感觉到妹妹的肉体和精神散发出恬静的光辉"。两人都将对方视为自己的未婚夫/妻。此情此景恰如《至亚丁》所描述的那样。

其后，远藤周作因肺结核恶化不得不返回日本。弗朗索瓦在马赛为其送行。回国途中，远藤周作给弗朗索瓦写了一封又一封"充满爱情、欲望、约定、鼓励、幽默的绝佳书信"。

在其接二连三的书信当中，"我们应该会结婚""我爱你"等语句反复出现。1953 年的信件提到，倘若弗朗索瓦允许，远

---

①　根据远藤周作护照照片上的标记。『こっそり、遠藤周作』「面白半分」1月臨時増刊号、面白半分、1980 年。

②　ジュヌヴィエーヴ・パストル著、高山鉄男訳「妹フランソワーズと遠藤周作」『三田文学』第 78 卷第 59 号、1999 年、146 頁。非常感谢加藤宗哉先生为笔者提供宝贵的建议和诸多文献资料。同时也非常感谢古屋健三先生把加藤宗哉先生介绍给笔者。

藤周作想要把两人的恋爱经过出版成书，希望尽快收到回复。信中写道："在我必须接受手术的情况下，你仍表示爱我，愿意为我来到日本。弗朗索瓦啊，我爱你。保罗致上。"①

远藤周作回国后，为了做好女朋友来日本的准备，特意从日法学院院长处谋得法语教师的职位。与此同时，远在法国的弗朗索瓦在当时仅有三名学生的东洋语学校日语系上学，还和森有正成为朋友。然而随着时间的流逝，远藤周作的信件变得断断续续。

1954 年，弗朗索瓦仅仅收到远藤周作的两封来信。到了1955 年，她只收到一封信。弗朗索瓦心急如焚，唯恐远藤周作病情恶化，而远藤周作则瞒着弗朗索瓦，于 1955 年和日本女性冈田顺子结婚。

直到 1956 年，弗朗索瓦才经由日本友人知悉此事。

对于远藤周作的变心，弗朗索瓦的姐姐吉纳维芙指出："当时的社会还处于极为封闭的状态，他可能认为两人的关系面临着诸多困难，弗朗索瓦要适应日本妻子的行为规范相当困难。"不过，冈田顺子是他庆应义塾大学法文系的学妹，也是实业家冈田幸三郎的长女。可能远藤周作认为，与冈田顺子结婚综合看起来比较有益。②

---

① ジュヌヴィエーヴ・パストル著、高山鉄男訳「妹フランソワーズと遠藤周作」、139 – 142 頁。

② ジュヌヴィエーヴ・パストル著、高山鉄男訳「妹フランソワーズと遠藤周作」、141 頁。根据远藤顺子所述，1954 年 8 月，她与远藤周作已经订婚。遠藤順子「サドにはこりごり」『遠藤周作文学全集』第 1 巻、新潮社、1999、月報 2 頁。再者，作家、编辑大久保房男回顾道，远藤周作与顺子订婚期间曾带领他等朋友拜访顺子的娘家，"冈田顺子家的房子特别气派，进了玄关就是高高的台阶。我们感觉自己在爬台阶"。大久保房男「遠藤周作と結婚」『遠藤周作文学全集』第 9 巻、新潮社、2000、月報 6 頁。

远藤周作留学期间与弗朗索瓦陷入热恋，回国前后多次提及结婚，最终却瞒着弗朗索瓦与日本女性结婚。不管怎么说，这种行为都堪称"懦弱"，缺乏责任心。①

然而任谁来看，至少在回国后的一段时间内，远藤周作与弗朗索瓦的关系绝非儿戏。② 至少在1953年以前，远藤周作对弗朗索瓦的爱意，以及弗朗索瓦对远藤周作的爱意都是真心的。

1959年，远藤周作再度赴法并与弗朗索瓦再会。回国后，两人重新互通书信。1965年，弗朗索瓦终于来到日本，翌年与札幌大学签订合同，在该校当了两年外国人讲师。其后，她又在埼玉的独协大学谋得为期两年的职位。从这一时期开始，她与远藤周作达成共识，开始致力于把《沉默》翻译成法语。可是围绕《沉默》的内容，两人发生对立，最终弗朗索瓦身患乳腺癌，年仅41岁就离开了人世。③

弗朗索瓦的姐姐吉纳维芙称，远藤周作突然断了音信以后，弗朗索瓦急剧消瘦，危及身体健康，荷尔蒙严重失常，再到后来，弗朗索瓦身患乳腺癌，可以说，妹妹的发病和溘然长逝是"远藤沉默不言、不做任何解释的结果"。④ 远藤周作结婚后不久，弗朗索瓦在日记里写道，"我一整天都在思考要不要收养一

---

① ジュヌヴィエーヴ・パストル著、高山鉄男訳「妹フランソワーズと遠藤周作」、141頁。
② 加藤宗哉『遠藤周作』慶應義塾大学出版会、2006、107-124頁。
③ ジュヌヴィエーヴ・パストル著、高山鉄男訳「妹フランソワーズと遠藤周作」、136-157頁。
④ ジュヌヴィエーヴ・パストル著、高山鉄男訳「妹フランソワーズと遠藤周作」、154頁。

个孩子，可能那样做更好，但我还是想要你的孩子"，"我觉得即使你不在我身边，我也能把孩子好好养大。即使没有丈夫，也没有关系。我不是纠缠不休的女人"。另外，她又写道："为什么只有我沦为牺牲品……明明一切责任在你。"①

虽然男女关系中的很多问题旁观者无法理解，但是此处笔者想要强调的是，远藤周作一方面在私生活中与法国女性密切交往，另一方面却在公众面前一贯以自己的肤色为丑。就连他的作品《至亚丁》也有相关描述。

> 作为一名日本人，我有匀称的裸体。……当我抱着白人女性时，姿势不可能不协调。然而看看镜中的我们……，女人的肩膀和乳房在室内灯光的映照下泛着雪白的光泽，在她身旁，我的肉体却带有毫无生气的暗黄色，显得暗沉沉的。……这种浑浊的黄色愈发呈现出钝钝的光泽。并且，女人和我缠在一起时的两种颜色没有一丝美感和协调，反而可以说是丑陋。我不禁联想到，这仿佛是只土黄色的蛴螬，正紧紧抱住雪白的花瓣。那种颜色本身也使我脑海里浮现出胆汁以及人体的其他分泌物。②

远藤周作为何用如此轻蔑的语气描写自己的人种侧面？

---

① ジュヌヴィエーヴ・パストル著、高山鉄男訳「妹フランソワーズと遠藤周作」、151–152頁。
② 遠藤周作『アデンまで』、42頁。

多年以后，阿川弘之把远藤周作称为"戏剧化的天才"。①确实，远藤一方面作为日本天主教徒作家在国内外宣示存在感，另一方面又拥有"云谷斋狐狸庵山人"的雅号，作为幽默风趣的作家风靡一世，从这点也能管窥他的"戏剧化"。②

在其描述留法时期的作品《至亚丁》中，可以看出其厌恶自己长相的倾向。作为一名作家，这也可能是有意识的戏剧化手法。

可是，"我永远是黄色，那个女人永远是白色"——这句话所描写的人种差异具有远超戏剧化的意味，因为这是困扰远藤周作终生的问题。也就是说，在与弗朗索瓦相识之前，他就对日本与西方之间永远的差异持续抱有疑问。此外，作为一名职业作家，远藤周作如此执着地持续描述日本人对自身长相的厌恶以及人种上的自卑感，可以说是将其视为反映时代特征、揭露日本人集体心性的存在。当他乘坐轮船从法国返回日本之时，记述了自己作为作家的立场。

从欧洲一路返回，穿过红海，行至阿拉伯沙漠的一角。当我站在分割欧洲与东洋的这个地点时，我感到异常苦涩。白人的世界到此为止。我必须从清澈、无情的白色世界返回到黄色人混沌、浑浊、斑驳的色彩世界。可是，自己的皮肤是黄色，绝非白色。既然如此，我想，从我们不将黄色混入

---

① 泉秀樹「エンドー光線の魔力」『こっそり、遠藤周作』、230 頁。
② 三浦朱門「霊谷斎狐狸庵山人の生いたち」『こっそり、遠藤周作』、57 頁。

白色世界，而是使两种颜色对立起，一切都开始了。①

"黄色"与"白色"的人种对立经由留学生涯成为远藤文学的坚实主线，也即远藤周作留法经历的内核。究其原因，他在日本时完全没有注意到"自己是脸色、手掌微黄的男人"，对于"诸如人种、肤色"等问题他"几乎毫不关心"。因为在他看来，"白人、黑人、黄色人本质上都是人类，他们的烦恼和喜悦在根本上是相通的"。②

可是，以留学法国为契机，远藤周作开始试图从人种差异着眼，探讨自己的课题，即日本与西方的问题。他到底想从人种差异这一永远的差异中找到什么？

1950 年，井上洋治神父与远藤周作一同登上马赛号（La Marseillaise）前往法国。其后，井上加入加尔默罗会，经历了严酷的修道院生活。据他所言，影子反映了光的存在，而远藤周作一生都在追逐光明。关于"远藤追逐的东西"，他论述道：

　　如果没有光，我们在黑暗中什么都看不见。可是，我们无法描绘光本身，只能描绘光所照射的东西。那里必然有影子，而影子证明了光的存在。因为如果没有光，就不可能有影。③

① 遠藤周作「基督教と日本文学」『遠藤周作文学全集』第 12 卷、208 頁。
② 遠藤周作「有色人種と白色人種」『遠藤周作文学全集』第 12 卷、209 頁。
③ 井上洋治「遠藤氏の求めるもの」『こっそり、遠藤周作』、125 頁。

光和影是看似表里相反的整体。如果没有影子，光不可能成为光；如果没有光，影子不可能成为影子。如前文所述，明治时代以来，在众多去过西方的日本精英当中，存在着厌恶"黄色人种"长相的自我认知谱系。可是，对于日本人面对西方时根深蒂固的自卑感，很少有知识分子能像远藤周作一样做到直视。

换言之，尽管近现代日本有许多精英去过西方，但是没有一个知识分子能像远藤周作那样追根究底地探索西方与日本之间永远的差异。

另外，如前文反复讲述的那样，日本对西方的理解到底达到何种程度，这一根本性问题也是近代日本本身的命题。因为自明治时代以来，对于选择"西化"的近代日本而言，理解西方就是理解日本，即理解"何为日本"这一终极命题。无法与西方"一体化"这一事实正是对日本的本质理解。

并且，以肉眼可见的方式揭示日本与西方无法"一体化"的，正是人种差异这一"永远"的"距离"和隔阂。不只远藤周作，还有许多日本精英曾在西方遭遇人种体验，然而几乎所有人在回国之后都沉默不语。因为，对那些去过西方的日本人来说，日本人作为"黄色人种""有色人种"遭到歧视是出国经历中无法诉诸口舌的阴影。

那么，为何远藤周作试图把光投射到近代日本的阴影上？

不合身的洋装

远藤周作把近代日本的根本问题作为自己探究的课题，或许是因为他作为一名基督徒经历了战前、战时、战后。日本基督徒这一身份带来的纠葛正是他执着拷问人种差异的出发点，在思考西方与日本本质上的差异时，这种纠葛是相通的。其拷问轨迹绝非直线，而是将点和点牢固地连接起来。

远藤周作的父亲曾在安田银行任职，后来因工作调动移居大连。因此，远藤周作从三岁起就随家人在大连生活，一住就是七年。远藤周作的童年是不快乐的，父亲出轨、双亲不和给他幼小的心灵蒙上了沉重的阴影，而且他的学习成绩比年长两岁的哥哥差太多。对寂寞的远藤周作而言，母亲、"满洲"仆人，还有一条叫小黑的狗是他在大连时的全部慰藉。

与少年时代就功课出色的哥哥相比，远藤周作的学习成绩实在太差，就连他的父亲都为之瞠目结舌。唯有母亲指出："你只有一个长处，就是擅长写文章、讲话，以后可以当一名小说家。"母亲找出各种各样的书籍读给他听，并且只要儿子写文章，她就会对其好好表扬。多年以后，远藤周作回顾道："我只有一点得到了母亲的认可和称赞。她对我说，虽然其他人现在都把你当成笨蛋，但是你肯定能凭借自己喜欢的东西迎接人生的挑战。这句话给予我强大的精神支持。"[1]

在远藤周作的家，有一个十五六岁的"满洲"仆人帮忙打杂。当远藤周作被附近的小孩欺侮时，仆人会跑去呵斥对方。当远藤周作遭到父母训斥时，仆人会一个劲地从中调解，努力保护远藤周作。他就是远藤周作年幼时期的守护神。小黑则是远藤周作上学、放学时形影不离般的存在。远藤走进学校后，小黑会在

---

[1]　遠藤周作「母と私」『遠藤周作文学全集』第 12 巻、392 頁。

学校大门前睡觉等待。放学时，远藤一躲进岔道，小黑就会到下一个拐角等待。而当寂寞的远藤向小黑倾诉时，小黑则会用又大又圆的黑眼睛盯着远藤，仿佛能听懂似的。

远藤周作 10 岁时，父母离婚了。母亲带着远藤和哥哥返回日本。离开那天，小黑拼命地奔跑，想要追上远藤乘坐的汽车，可是它的速度太慢了。眼看着后视镜中的小黑变得越来越小，远藤能做的只是用拳头抹眼泪。①

1935 年，由于受到母亲的影响，12 岁的远藤周作在夙川教会受洗。对当时的远藤周作来说，教会是陪他玩耍、给他点心的地方。受洗时，神父问他："你相信神吗？"这句话相当于问他："吃点心吗？"于是，远藤答道："是的，相信。"对他而言，这句话相当于回答"嗯，吃"一样简单。

此时的他还无从得知自己到底做出了多么"重大的决定"，"这句简短的回应会让自己在后来承担些什么"。②

因为一直以来，对远藤周作而言，基督教就仿佛"少时被母亲要求穿上的洋装"一样，而且是"不合身的洋装"。"这件洋装并不合身"，从青年时代起，他就难以从这种"痛苦"中逃离出来。③

基督教是"洋装"，而非合乎日本人远藤周作身材的"和服"。基督教与自己无法实现一体化，二者之间的距离感可以说

① 広石廉二編「遠藤周作年譜」『こっそり、遠藤周作』、253 頁。
② 遠藤周作「合わない洋服」『遠藤周作文学全集』第 12 巻、395 頁。
③ 遠藤周作「私の文学——自分の場合」『遠藤周作文学全集』第 12 巻、377 頁。感谢上智大学名誉教授高柳俊一提供有关远藤周作的宝贵意见，感谢并木浩一教授为笔者介绍高柳教授。

是"无从填补的缝隙"。远藤周作持续怀抱着无法消除的违和感，这种违和感成为他不断拷问种族问题的根本动机。[①]

尽管如此，远藤周作却无法舍弃"不合身的洋装"，因为母亲在他心目中的分量太重，而基督教与母亲的存在密不可分。

从大连回国后，远藤周作转入神户的六甲山小学，其后升入私立滩中。毕业时，他在全年级188人中排到第186名，接着又在升学考试中接连失败9次，经历了3年的复读生涯。复读期间，他考了无数次，成了自己和周围人都认定的"废物"。然而多年以后阿川弘之却评价道，远藤周作是文人中出类拔萃的"怪才"，他拥有"天马行空的构思"，是那种"在日常社会中很难吃得开"的天才，"也难怪会在世俗的入学考试中屡次落第"。[②]

远藤周作的家族直到祖父一代都是医生家庭。尽管父亲让他只报考医学部，但远藤周作在连续失败的阴影下失去信心，偷偷报考了文学部。终于，1943年，20岁的远藤周作得以"候补合格"，进入庆应义塾大学文学部预科。[③]

当时，远藤周作因经济因素住在父亲家。然而直到远藤周作考入文学部，父亲才获悉此事。他父亲勃然大怒，和他断绝了父子关系。于是，远藤搬进具有基督教性质的学生宿舍，并在那里结识了舍监——天主教哲学家吉满义彦。吉满义彦发现比起哲学远藤周作更适合学习文学，就把龟井胜一郎和堀辰雄介绍给他，远藤周作的作家之路自此开始。

---

① 遠藤周作「合わない洋服」『遠藤周作文学全集』第12巻、395頁。
② 阿川弘之「奇人狐狸庵」『こっそり、遠藤周作』、32頁。
③ 広石廉二編「遠藤周作年譜」『こっそり、遠藤周作』、253－254頁。

再者，远藤周作读预科二年级时曾在一家工厂参加"勤劳动员"。① 一天，在从工厂回去的路上，远藤走进一家二手书店，非常偶然地购买了庆应大学法文系教授佐藤朔的著作。远藤周作一向讨厌学习，可是因为这本书，他第一次对20世纪的法国天主教文学产生兴趣，以此为契机，他决定去法文系攻读，并于1945年从预科升入位于三田的法文系。

对于远藤周作而言，与佐藤朔的相遇可谓影响重大。在佐藤朔的指引下，远藤周作得以直面内心一直以来潜在的疑问。

两年后，角川书店顾问、文学批评家神西清想要搜集一些新人的优秀稿件。远藤周作从学长那里得知此事后，写了一篇20多页的随笔交给学长，随笔的题目是《诸神与神》。

一个月后，神西清致信远藤周作，希望在角川书店的文艺杂志《四季》上刊发远藤的稿件。对远藤来说，收到这封信的一瞬间至关重要。过去的他成绩不佳、考试屡战屡败，然而在这一刻，他在人生中第一次体尝到被社会认可的感觉，也是在这一刻，作家远藤周作应运而生。

如题目所言，《诸神与神》讨论了泛神论盛行的日本是如何理解基督教这种一神论信仰。远藤周作把基督教称作"不合身的洋装"，对基督教长期抱有违和感和距离感，这篇文章就反映了他的疑问，是他探索该问题的起点。

1949年，远藤周作大学毕业。他向恩师佐藤朔倾诉，担心

---

① 战争期间为确保军需等重要产业拥有足够的劳动力，日本政府对学生进行无偿征用，要求他们参加军需、粮食等产业的劳动。——译者注

自己没本事立即吃上作家这碗饭。佐藤有些忧心，他深知远藤的作家才能，另外他又知晓远藤在松竹株式会社的副导演考试中失败。在他看来，"探索欲极为旺盛、拥有许多可能性的人一旦走错一步，就会走上让人意想不到的道路"，于是强烈建议远藤赴法留学。最终，远藤成为天主教奖学金生，前往法国留学。[①]

并且，远藤周作把"诸神与神"视为自己的一大疑问，对他来说，这场法国留学变成了一个决定性契机。

1950 年，作为二战后的首批留学生，天主教奖学金生远藤周作从被美国占领的日本出发远赴法国。身为"战败国国民""犯了战争罪的国家的国民"，日本人面临最恶劣的情况。

不仅如此，远藤周作还在各种场合遭遇了法国人根深蒂固的白人优越主义。基督教一直都是潜藏在欧洲思想深处的源泉，然而种种人种体验使他对基督教产生了更多的隔阂。这种隔阂正是他少年时代以来长期抱有的违和感和距离感，是关于日本与西方一体化的根本课题。也就是说，远藤周作把"诸神与神"作为自己的疑问，对他来说，可见的人种差异成为一种隐喻，揭示了不可见的宗教差异。

二　皮肤的悲哀

黄种人

远藤周作乘船去法国时，日本正处于战败不久、刚被美国占

---

① 佐藤朔「「アデンまで」まで」『こっそり、遠藤周作』、29 頁。

领的时期，故而这场远行显得格外光鲜。1950 年 6 月 4 日，在 27 岁的远藤周作作为天主教奖学金生出发之际，许多前辈、友人携妻带子前往横滨港送行。送行者约有 40 人。

远藤搭乘的轮船是马赛号。当马赛号响起开船的锣声时，送行者纷纷高呼"万岁、万岁"，远藤则手捧朋友送来的高价鲜花，向众人挥手。轮船渐渐远去，岸边的人们却迟迟没有离开。随着朋友们的身影"愈发模糊"，他觉得自己"终于离开了日本"，不禁"流下了眼泪"。①

远藤的法国之行同样面临经济压力。他从有限的留学费用中筹措盘缠，所住"客房"位于"装载家畜及船货的下甲板底层"，"弥漫着厕所的臭味，是一个连阳光都照射不到的水面下的船舱"。② 每抵达一处港口，就有人"把货物从上面搬下来"，声音嘈杂，远藤周作常会被吵醒。③ 当时的法国轮船除了一等、二等客房以外，其余都是船舱。"去马赛仅需要 5 万日元"，如此"便宜"的船舱自然"环境恶劣"。就连帮忙搬运行李的红帽搬运工都感叹："头一次有人搭乘这样的船舱去外国。"这些日本人从二战前就开始当搬运工，具有十余年工作经验，连他们都如此评价，其环境之恶劣可想而知。

当远藤等人沿着台阶下来，步入昏暗的船舱时，不禁大为惊

---

① 遠藤周作「赤ゲットの仏蘭西旅行」『こっそり、遠藤周作』、145－146 頁。
② 遠藤周作「有色人種と白色人種」『遠藤周作文学全集』第 12 巻、210 頁。
③ 村松剛「解説」遠藤周作『留学』新潮社、1968、312 頁。

愕。因为有不少阿尔及利亚裔黑人士兵正手拿枪支聚集在此。这些士兵刚把日本战俘从越南遣送到日本，如今正在返回途中。船舱内弥漫着黑人士兵"熏人的体臭"。[①] 大致一数，舱内约有30名文着白色刺青的黑人士兵和5名日本人。远藤周作的学长柴田炼三郎是送行者之一，后来还帮他仔细润色了《至亚丁》。这位学长嘱咐道："你要多加小心，稍不留神就会被吃掉。"[②]

其后，每到一处港口，就会有中国人、安南人等进入船舱。远藤实在受不了他们的不讲卫生，他在内心发誓，以后坐船再也不要住船舱了。船内是一个封闭的阶级性空间。二等以下的乘客"不被当人看"，"厕所与洗脸区"没有任何"区分"，那些人"到处扔纸屑、撒尿"，日本人再怎么打扫，他们也漠不关心。[③]

再者，他们吃的是"最下等"的"饭菜"，需要去船底的"下级船员专用厨房"领取铝罐食品。有一次，远藤去得有点晚，厨房里的"白人杂役"一下子把远藤撞开，"怒吼：'你来得太晚了。'"远藤大喊："我是客人！"杂役却嘲笑道："客人？"

这个法国杂役向远藤吼道，"坐四等舱的家伙怎么能算是客人。这艘船只是可怜你们黄色人和黑人，才让你们搭乘"，"肮

---

① 遠藤周作「有色人種と白色人種」『遠藤周作文学全集』第 12 卷、210 頁；遠藤周作「原民喜」『遠藤周作文学全集』第 12 卷、341 頁。

② 村松剛「解説」遠藤周作『留学』、312 頁。柴田炼三郎的语句，参见遠藤周作「原民喜」『遠藤周作文学全集』第 12 卷、340 – 341 頁。不过上船之后，远藤等人想了个办法，把临别时获赠的鲜花和点心盒作为"贡品""上贡"给阿尔及利亚士兵，故而路上没有发生什么波折。遠藤周作『作家の日記』講談社、2002、9 頁、1950 年 6 月 5 日の条。

③ 遠藤周作『作家の日記』、17 頁、1950 年 6 月 19 日の条。

脏的黄色人!"对远藤来说,这是"有生以来第一次因肤色遭到他人轻侮",也是"我这个黄色人被扔到白人之中的最初时刻"。①

不可否认,露骨的种族歧视中包含着阶级要素,经济条件优越的人们在出国时很难注意到水面下的种族歧视意识。

横光利一比远藤早十几年去法国,当时他是每日新闻社的特派员,有赖雄厚资金的庇护,得以乘坐一等舱赴法。他发表的作品《旅愁》(未完成)就是该时期的成果。然而在远藤周作看来,横光利一的西方观"令人生厌",甚为"浅薄",竟然发表"谬论",试图简单地找出"俳句抒情和圣母抒情"的共通性。远藤之所以把横光的西方观视为"无比荒唐的西欧解说",可能是因为他认为横光的西方体验太过流于表面。②

在开往欧洲的轮船上,远藤一边仔细咀嚼自己作为"黄色人种"被歧视的经历,一边回想起曾经听到的传闻——过去,在香港、上海等国际大都市,有的公园只允许欧洲人游玩,上面写着"中国人不得入内"。尽管他明白,仅仅根据"肤色"来歧视他人非常"愚蠢",如果只因为一介杂役的"无礼"就把所有法国人视为一丘之貉,那就太"糊涂"了。可是,无论他怎样"开解自己,仍无法排遣自己的愤怒和悲伤"。③

---

① 遠藤周作「有色人種と白色人種」『遠藤周作文学全集』第 12 巻、210 頁。
② 遠藤周作『留学』、133 – 134 頁。
③ 遠藤周作「有色人種と白色人種」『遠藤周作文学全集』第 12 巻、210 頁。

去里昂

远藤周作抵达马赛后，在鲁昂生活了两个月，然后搬到"保守型田园城市"里昂。在里昂的大学，"只有若干黄色人（印度支那人、中国人）和非洲黑人学生"等"有色人"留学。里昂人"好像不怎么亲近有色人"。一次，远藤搭乘市内电车，有位法国女性没有注意到远藤，直接在他身边落座，可是当她注意到身边坐着黄种人时，立即离开座位，装作要在下一站下车。而远藤正好发现了这一幕。在餐厅同样如此，没有人愿意坐在远藤周围的座位。渐渐的，远藤"开始讨厌在里昂的街头散步"。

其实，这或许和远藤周作的衣着打扮多少有些关联。然而人在外国，如果日常生活中感受到歧视性的目光，外出时会相应地注意自己的衣着和言行。此外，即使察看远藤周作包括留学时期在内的多张照片，也很难想象他的衣着会导致他蒙受露骨的歧视。

打开烟草店的门，"店员和客人回过头来，一个劲地盯着"远藤周作。小朋友轻声说："妈妈，是中国人。"母亲忙说："嘘，他能听见。"①

1950 年 7 月 7 日，远藤周作独自一人从里昂乘火车去巴黎时，同样被周围的法国人"一个劲地盯着"，整个人都感到"忐

---

① 遠藤周作「有色人種と白色人種」『遠藤周作文学全集』第 12 卷、211－212 頁。

忐不安"。①

为何人们都"一个劲地盯着"远藤周作？为何人们"在电车、餐厅刻意避开黄色人"？"一般情况下，与外国人对坐确实会引发一种本能的为难和胆怯"，这是因为"不了解"对方，才会产生普遍的恐惧心理。

但是非常明显，里昂人之所以尽力避开与远藤周作接触，"并不仅仅因为面对未知时本能的为难和胆怯"。

某个周日，远藤周作正在乘坐火车，两个年轻的法国士兵坐到了远藤前面。"和以往经历的一样，两人时常偷看过来。过了一会儿，我假装睡着了，他们开始小声说话"，当着远藤的面，他们轻声说："黄色人和黑人一样丑啊。"接着，他们开始讨论起新闻中提及的朝鲜战争，其中一人"郑重地发牢骚，'总之，他们很野蛮啊'"。

他们是不是法国人当中种族偏见非常强烈的人？远藤周作认为，"普通法国人几乎都抱有此种感情"，他们觉得"有色人"丑陋、"野蛮"。② 可以说，正因为远藤懂法语，才不可避免地有许多机会耳闻目睹种族偏见等现象。不管怎样，远藤自从被人评价为"丑陋"，就开始频繁地在公寓照镜子，观察自己的面容和手掌。

人种概念与美丑在历史上密不可分。三岛由纪夫努力健身，憧憬着锻炼出希腊雕塑似的肉体，也是因为他把那种肉体美视为"美的标准"。另外，19 世纪中叶以来，讽刺画总把日本人刻画

① 遠藤周作『作家の日記』、30 頁、1950 年 7 月 7 日の条。
② 遠藤周作「有色人種と白色人種」『遠藤周作文学全集』第 12 巻、212 – 213 頁。

成类似"猴子"的形象。事实上，远藤周作曾在里昂的公园看
到"一只脏脏的母猴"被关在笼子里，周围的法国人对他说，
"猴子和你的肤色一样"。[1]

同为人类，法国人却依然把日本人视为"猴子"般的存在。

在里昂的大学，虽然有法国学生组织"反种族主义""与有
色人学生交往"等集会，但是这些集会充斥着"白人学生命令
式的友情"与"怜悯"，从中不难看出他们的本国中心主义，以
及"语言背后让人受不了的自负与傲慢"。最重要的是，这些
"自称反种族主义的白人"的"最大过失是，他们认为把有色人
种当成白人来对待就好"。

然而与此同时，"有色人的自卑心理"和法国学生的白人优
越主义一样露骨。"有色人"的种族自卑感以各种形式呈现出
来，而远藤由于认识到自己也有种族自卑感，体尝到了"难以
忍受的痛苦"。在这个集会里，"一个黑人男性把自己钢丝般粗
硬的短发染成金色"，遭到白人的"嘲笑"。"同为有色人，我感
到无法言喻的羞耻。"鉴于日本银座等地常能见到染发的日本
人，远藤认为此事并非与自己毫无关系。[2]

黄色人的哀愁

不过，尽管远藤周作在里昂遭遇了种族偏见，他"未来还

---

① 遠藤周作「旅人と猿と」『異邦人の立場から』講談社、1990、112 –
113 頁。
② 遠藤周作「有色人種と白色人種」『遠藤周作文学全集』第 12 巻、214 –
215、217 頁。

可以逃回"日本这个"现实场所"。因此，考虑到法国国内的"黑人和犹太人"在日常生活中不得不直面种族歧视问题，而远藤周作只是在留学这段时期遭受种族偏见的痛苦，二者的痛苦不可相提并论。

不仅是远藤周作，对许多日本留学生而言都是如此。因此，对那些终归要回国的日本人来说，种族偏见只是暂时性的，回国后只要想忘记就能忘记。[①]

其实，尽管远藤周作从横滨港出发以来遭遇了"皮肤的悲哀"，然而许多去过法国的日本人都没提到此类情况。永井荷风和远藤一样，都曾在里昂生活，可是他的《法兰西物语》却与远藤在里昂的实际生活相去甚远。

里昂残留了浓厚的中世纪天主教色彩。在这座保守的城市，"一个东方青年过着贫穷的生活"，"孤独而艰辛"，并且远藤周作"精神上的悲惨和痛苦更为沉重"。[②]

与之相比，永井荷风资金充裕，因为他不是基督徒，所以和大学、教堂等当地社会的联系较少，作为一名旅行者，换言之，一个完完全全的异邦人在法国停留。

远藤周作留法第二年以后，每当被难以形容的"疲惫"折磨时，都会想起同在里昂生活过的永井荷风和他的《法兰西物语》。永井荷风对里昂的描写"完全无视里昂的伪善、守旧、面对巴黎时的低人一等、顺应主义（按理说，这应该是永井荷

① 遠藤周作「有色人種と白色人種」『遠藤周作文学全集』第 12 卷、213 頁。
② 遠藤周作「私と漱石」『遠藤周作文学全集』第 12 卷、366 頁。

风最讨厌的问题）等一切讨厌的方面，他在美化过的梦境中创造了一个美丽的里昂"，这和远藤周作认知中的里昂截然不同。[①]

即使翻看归国日本人的游记和视察回忆录等也会发现，人们都和永井荷风一样，完全没有谈及种族上的悲惨遭遇。[②] 特别是"议员、设计师"等"短期出国旅行者"，在他们的视察回忆录里，描述他们怎样用流畅的语言和当地人展开交流，言语中仿佛"从来没有从白人身上感受到人种差异"。

可是，他们不可能"未曾因身为'黄种人'而遭到薄待，进而感到孤独和愤怒"。

法国人虽然讴歌"自由、博爱、平等"，但是他们内心深处潜藏的"白人优越感"根深蒂固，越是在"保守的田园城市"，这种倾向就越是强烈。即便"黑人和黄色人"擅长法语、熟悉法国的风俗习惯，也会遭遇他们的偏见。因此，面对不懂法语的"有色人"，法国人的侮辱就更为露骨。远藤周作就曾目睹一位东京的大学教授由于不懂法语，在巴黎的邮局被女性工作人员破口大骂，还被周围的法国人纷纷嘲笑。

然而，"如果讲出事实，会有失身份"，几乎所有出国人员因为这个缘故"一味隐瞒"。"明明只要诚实地讲出来就好"，可是却有那么多日本人"一味隐瞒""有失身份"的人种体验。究其原因，对日本人而言，即使在二战后，他们的自尊心也不允许

---

① 遠藤周作「帰国まで」『遠藤周作文学全集』第 14 巻、新潮社、2000、292 頁。

② 遠藤周作「黄色い人の哀愁」『異邦人の立場から』、117 頁。

他们讲述自己遭受的种族歧视。

日本人"在战争期间"侮辱"与自己一样的黄色人"，称他们为"中国佬""朝鲜佬"，而在西方人面前，日本人其实也遭受了相同的侮辱。面对"与自己一样的黄色人"，日本人的蔑视侮辱并未因战争结束而消失。同样是"黄色人"，日本人却因其他亚洲人是"黄色人"而加以轻侮。也正是因为这个缘故，当他们因自己的"黄色人"身份招致白人的歧视时，不少日本人感到耻辱，试图隐瞒这一经历。可是，身在海外的日本人因黄种人身份或多或少遭到种族歧视，却一味隐瞒，这种行为其实更可悲。①

三　血脉之隔

保罗远藤

尽管众多日本人一味隐瞒种族歧视的遭遇，远藤周作却选择直面该问题。因为在他看来，比起歧视、偏见等表面性问题，种族差异是一个更加深层次的问题，这与他对东西方宗教差异的认知相重合。

有赖天主教东洋传教会的一个留学计划，远藤周作得以1950年去法国留学。罗马的天主教东洋传教会成立于两年前，计划支持东方学生前往欧洲各国留学。当时，日本向西班牙、意

---

① 遠藤周作「黄色い人の哀愁」『異邦人の立場から』、117‐119頁。

大利、德国、法国各派遣一名留学生，留学生的奖学金来源于各国信徒捐赠的钱财。远藤周作就是使用法国天主教会筹措而来的奖学金才得以出国留学。① 从横滨出发坐了一个月的轮船，远藤终于在 7 月初抵达马赛。此后直到 9 月，他在鲁昂当地的家庭寄宿，而鲁昂是一个中世纪天主教历史传统色彩浓厚的城市。

刚刚抵达马赛时，远藤周作的内心极为激动和兴奋。7 月 6 日，他去了马赛最古老的哥特式教堂，"抚摸墙壁，凉凉的。可是，正是这块石头跳动着几个世纪以来欧洲血液的脉搏。我不禁感慨万千"。经由"石头"，他仿佛触碰到"欧洲的血液"，这种感觉如在梦中。

就连去普罗旺斯和巴黎也"完全像做梦一般"。"所有住房和建筑都历史悠久"，此情此景让他心生感叹。对刚刚来到法国的远藤周作来说，"文化传统"浓厚的建筑和风景"美"不胜收。鲁昂遗留了中世纪到文艺复兴时期的教会建筑，或许是因为他到法国时正值气候最宜人的夏天，鲁昂哥特式教堂的"美"不是马赛能比的。"终于明白天主教的悠久传统是怎样锤炼而成"，对此，他简直难掩激动。② 眼看着"不合身的洋装"所带来的违和感和隔阂即将被远藤忘掉，然而，随着鲁昂生活的展开，这种感觉又出现在远藤面前。

在鲁昂，远藤被人们呼为"保罗"。"保罗"是远藤的教名，也是他寄宿家庭过世儿子的名字。

① 遠藤周作『留学』、12 頁。
② 遠藤周作『作家の日記』、29、31 – 33 頁、1950 年 7 月 6 日、8 日の条。

虽然每当被人称作"保罗"时，远藤都感到"无法忍受的羞耻"，但他"已经放弃挣扎"，选择"微笑以对"。① 如前文所述，弗朗索瓦也叫远藤"保罗"，两人互相称呼对方的教名。② 三云夏生曾和远藤周作一同搭乘马赛号赴法，并一同在鲁昂停留。大约二十多年后，他对远藤周作在鲁昂只被呼作"保罗"一事加以批评，认为"叫这个名字的青年仿佛没有国籍，或拥有双重国籍似的"。③

从鲁昂时期开始，远藤周作与三云夏生在对基督教的态度乃至各个方面都关系不佳。即使中立地进行解释，这个"仿佛没有国籍，或拥有双重国籍似的"名字也确实颇具象征意味，令人联想起"不合身的洋装"所带来的纠葛。

此外，由于远藤周作是作为日本的基督徒前来法国留学，他和内村鉴三一样，也不得不承担起"马戏团的任务"。在法国信徒面前，他被要求讲述基督教在日本的普及经过。他也确实相应地进行了描述，让法国人深受感动。可是，越是让法国人欢喜，他就越是"觉得自己在迎合他人、装傻充愣"。

另外，一位"天真烂漫"的中年女性向远藤询问日本人和中国人使用筷子的方法。远藤将使用方法告知对方后，对方却一脸认真地让远藤回国时一定要带上好用的叉子。他寄宿家庭的夫人也有疑问："听说日本人睡在地上，这是真的吗？"远藤想要告诉对方，日本人不睡"地上"，而是睡在"榻榻米上"。可是

---

① 遠藤周作『留学』、16 頁。
② 加藤宗哉『遠藤周作』、115 頁。
③ 三雲夏生「ポール遠藤」『遠藤周作文学全集』第 12 巻、月報 6 頁。

他没法准确描述"榻榻米"，只能解释为"一种类似稻草的东西，铺在家中"。"结果大家惊讶地说，竟然是在稻草上睡觉。"法国人联想起农户仓库里铺着的干草，于是，话题奇怪地演变为日本人的"露营"生活。

再者，还有人问，"日本的住宅是用纸和木头建成的"，这是真的吗？远藤答道："纸被用于代替玻璃窗。"然而对方完全无法理解。这固然与远藤的法语不够熟练有关，毕竟他才刚刚来到法国，但是，"不得不回答缺乏基本理解的问题"使他备感焦躁。其焦躁的本质在于法国人不自觉的文化优越主义。如上文所述，当法国人问了一大堆关于日本文化的问题后，神父总结道，"让我们祈祷基督教的光芒更多地照耀在日本"，"我们会努力让基督教的光芒更多地照耀在你的国家"。

远藤周作很想用法语明确告诉法国人，日本"不是你们想象中那么简单的国家"，日本"有一种风土能让基督教的根部最终腐烂在里面"。他拼命地寻找能确切表达自己思想的法语表述，可是到了最后却疲惫不堪，"无论回答什么都很烦躁"。[1]

远藤的法语不够娴熟，就连餐桌上的对话都难以应付。到了傍晚，精神和肉体上的疲劳叠加，他就更是难以确切传达自己的想法。那种黯淡的心境支配了他此后的留学生活。最令他感到灰暗的是，神父们的基督教绝对主义及其背后不自觉的白人优越主义，他们以为日本人在"稻草"上睡觉，建造的房屋是用"纸"来代替玻璃窗，并且祈祷"基督教的光芒"能够照耀到这个国家。

---

① 遠藤周作『留学』、17、22、25、42–43頁。

"无缘之人"

留学两年期间，远藤周作虽然完成了很大的学习量，但是基督教带给他的"违和感"却越发沉重地压抑着他的身心。其中一个因素在于，他从象征着中世纪天主教历史传统的石制建筑中感受到"压迫感"。

"在石屋、石路上生活果然令人疲惫"，"房屋、道路、教堂都是石头堆积而成"，每一块石头都镌刻着"历史的重量"，赴法第二年起，难以抑制的"疲惫"沉甸甸地压在远藤身上。

就连巴黎都和他在日本时想象的巴黎不同，他觉得这是一个"非常冷酷的城市"。对远藤来说，"在巴黎生活"是思考"如何处理重担"的日复一日。当留学生活迈入第二年时，"这种重担和压力"开始给"肉体和心灵都带来痛苦"。[1]

不管怎样，从历经数代的石制建筑中，他深切感受到"住在那里的人们一个个在那里逝去"，这与日本"容易改变的木制建筑"截然不同。数代居住者的"人生和死亡渗透进去"，"令人感到无比沉闷压抑"，[2]"人们无力摆脱的重压和宿命附着在石头的重量里"[3]。就连石板路上也"渗着血"，那些血来自被行刑、虐杀，以及痛苦死去的人们。[4] 如果用手指擦拭石板路，会

---

① 遠藤周作『留学』、95、192 頁。
② 遠藤周作「旅の日記から」『遠藤周作文学全集』第 12 巻、268 頁、1 月 9 日の条。
③ 遠藤周作「旅の日記から」『遠藤周作文学全集』第 12 巻、271 頁、1 月 17 日の条。
④ 遠藤周作「旅の日記から」『遠藤周作文学全集』第 12 巻、268 頁、1 月 9 日の条。

发现"一块块黑红色的石头在将近两百年的岁月里被人踩踏，早已磨灭不清"，"在冬季黄昏的微光下，两道似被车轮压过的凹痕像轨道一样延伸到远方"。

他在东京从没见过这样的道路。"人类生命的味道、脚上的油脂和臭气都渗透到石板路"，这种路"绝不可能出现在日本"。[1]

远藤周作的身体被石制建筑包围，从这些石制建筑中，他不得不感受中世纪以来基督教"文化传统"的沉郁。[2]

一个在法国居住 30 年之久的日本男人说："年纪越大，越讨厌巴黎。"这个男人作为银行精英职员来到法国，并与法国女人结婚。

他说："年轻的时候特别喜欢巴黎，可是现在，我在生理上已无法忍受巴黎。"目之所及，全是"石头"，"建筑是石头做的，人行道也是石头做的。即使去了乡下，也全是不适合日本人生理的风景"。最后，他总结道："日本人终归还是日本人。"[3]

再者，远藤周作在巴黎时常去住处附近的特罗卡迪罗美术馆。这座小型美术馆汇集了古罗马时代到中世纪中期宗教雕刻的复制品，连它都凝聚了基督教及其历史传统的"痛苦"，[4]"即使走进这样一个无趣的小型美术馆，我们留学生都会被立刻卷入横跨数个世纪的欧洲长河"[5]。

---

① 遠藤周作『留学』、115 頁。

② 村松剛「解説」遠藤周作『留学』、315 頁。

③ 遠藤周作『留学』、138 – 139 頁。

④ 遠藤周作「旅の日記から」『遠藤周作文学全集』第 12 巻、271 頁、1 月 17 日の条。

⑤ 遠藤周作『留学』、154 – 155 頁。另外，关于远藤周作在巴黎的活动情况，松井裕史老师给予了大力支持，在此深表感谢。

在法国的日本人主要分为"三种"，对"石头重压""无视者与小有才干的东施效颦者"，以及因为不够精明而"直接被炸沉者"。远藤既不能无视"石头"的分量，也无法做到东施效颦。①

仅是面对这里的石柱雕刻，"胸口就有压迫感，仿佛被沉重的撬杠压住似的"。日本人远藤周作产生了"一种完全无法把握这座石像的心情"。

对于这些雕像，日本美术史学家或许会提供"貌似已经理解了的说明"，可是远藤周作不接受这种流于表面的解释。因为在特罗卡迪罗美术馆，与古罗马时代到中世纪的"沉闷压抑"及"欧洲文化""无缘之人感受到了真正的欧洲文化所带来的压迫感"。

当远藤周作从每一座石像感受到"重量感"时，他无法克制自己不去思考它"与自己的距离""与自己的无缘"。②

对远藤来说，特罗卡迪罗美术馆揭示了欧洲的"大河"，而自己则是与这条"大河"绝不相容、完完全全的他者。也就是说，这个场所让他再次认识到，自己与"大河"之间存在无论如何也无法实现一体化的隔阂。

那么，如果"日本人终归还是日本人"，是无论如何都与法国"文化传统""无缘之人"，日本人又能在多大程度上理解法国文学、西方学问，乃至其精神的基干基督教呢?③

并且，对于基督教这个阻碍一体化的隔阂根源，远藤周作将

---

① 遠藤周作『留学』、147 頁。
② 遠藤周作『留学』、230 – 231 頁。
③ 遠藤周作『留学』、147、152、155、230 頁。

其视为欧洲历史文化基础和精神支柱中持续不断的"血液"，并做出如下阐述。

血

在此之前，日本许多知识分子都"无视"外国文学的"本质性传统"，即"西方文学的基础——基督教"，"只是捞取表面的现象"。

然而数百年间，基督教都是"经历了精心培养和千锤百炼的欧洲文学的血液"。历经数个世纪才被培植出来的"一神论地盘、基督教传统"又能在多大程度上适用于"成长在泛神论土地上的日本文学这一现实"？[①]

两千年以来，基督教一直都是西方"文化乃至日常生活底部悄悄流淌的地下水"。日本是否有某种传统足以匹敌"地下水般的思想"？这是远藤周作留学以来"时常摸索的课题"。[②]

日本不可能具备基督教历史传统这一西方的"血液"，在此情况下，它能多大程度实现"西化"？并且，对不具备西方历史精神基底的日本而言，"西化"到底意味着什么？这种"血液"怎么可能以"输液"或混合的形式输入日本？

事实上，无论远藤周作怎样努力学习西方的学问，每当他听闻"物质匮乏的中世纪"与"神明信仰衰微的近代"之时，都会"抱有疑问"，这些历史"与我们日本到底有多大关联"？

---

① 遠藤周作「誕生日の夜の回想」『遠藤周作文学全集』第 12 卷、105 頁。
② 遠藤周作「伝統と宗教」『異邦人の立場から』、234－235 頁。

毕竟，日本既没经历过"雅克·马里顿描述的中世纪"，也没经历过"主张人类中心主义的文艺复兴"。①

他在留学期间仅仅明白了一个道理，"沙特尔大教堂与法隆寺之间终归存在着难以逾越的距离，圣亚纳神像与弥勒菩萨之间终归存在着无可奈何的隔阂"。纵使外形相似，二者之间仍有"难以逾越的距离"和"无可奈何的隔阂"，"创造二者的血液并非同一血型"。

如果只是坐在桌前空想，他不可能注意到这个"痛苦的事实"，而留学给他提供了注意到此的机会。

"我们无法从其他血型的人身上获得血液。"对于远藤而言，这里的"血液"具有两种意思：一种是在欧洲流淌的、作为基督教"文化传统"的"血液"；另一种是结核病引发的血痰，远藤周作的留学生涯就是因结核病被迫中断。

历史传统本身自有其相同和不同，可是"血液"不同必会导致互不相容，进而加深痛苦，这不就是非西方的日本选择"西化"后的精神归宿？

换言之，血液是导致日本与西方无法实现一体化的永远的差异。确实，在欧洲，对于"善与恶的深度、高贵的精神与美丽的艺术"，"日本人总有隔靴搔痒之感"。两年的留学生活让远藤周作"与那巨大的壁垒相碰撞"，他所"深刻意识到的，唯有自己与这个国家的距离感"，最后，他病了。② 由于结核病病情恶

---

① 遠藤周作「私の文学——自分の場合」『遠藤周作文学全集』第 12 卷、377 頁。
② 遠藤周作「帰国まで」『遠藤周作文学全集』第 14 卷、299 頁。

化，他不得不返回日本。他还记得自己曾在巴黎街头吐了一口血痰。望着雪地里的血痰，他喃喃道："这是日本人的血吗？抑或是因为身体无法承受西方输送来的血液，才将它吐了出来？"①

"神是外国人吗"

如本章开头所述，远藤文学具有强烈的自传色彩。以留学为契机，远藤周作不得不面对基督教和"血脉之隔"，并因此感受到强烈的"违和感"和"疲惫"。从法国回到日本后，远藤周作1955年发表《黄种人》。该小说如实反映了他的这一心境。

《黄种人》的主人公曾在少年时期参加弥撒，经常去教堂。"因为信徒有义务进行告解"，他只好硬把学习不用功以及学校听到的事情当成罪过，向法国神父"倾诉"。其实他一向无法理解"罪"这种"白人的观念"。在告解室，神父不流畅的日语从窗格内传来："实君，请简短地告诉我，你做了什么？"少年主人公答道："你的气息掺杂了白人味黄油和葡萄酒的味道，闻了以后，我为我硬要勉强自己的行为感到疲惫，叹了口气。"②

此外，当"你（神父）用湿润的、茶褐色的眼睛扫视我们，翻开附有插画的厚重圣经"，告诉我们"耶稣出生在狭小的马厩，生活贫困"时，"我"（主人公）头一次得知，"神和你们一样，都是金发白人"。主人公问神父："神是外国人吗？"神父"生气地摇头"，答道："神不是人。没有国别之分。"

---

① 遠藤周作『留学』、302頁。
② 遠藤周作「黄色い人」『白い人、黄色い人』新潮社、1960、90–91頁。

其后不久，主人公前往东京，成为一名医科学生，不再去教堂，也不再参加弥撒。在神父看来，这或许是基于"信仰与医学之间的矛盾，神的存在不具有科学性等诸如此类的夸张理由"。然而，这种"洋派的理由"其实无关紧要，主人公在给法国神父的信件中写道：

> 我曾反复说过，在我这个黄色人身上，没有你们那种深刻而又夸张的罪恶感和虚无感。我只感到疲惫，强烈的疲惫。这种疲惫像我微黄的肤色一样浑浊，而且潮湿、沉重。①

并且，主人公重新回想起身为"黄色人"的自己因基督教而感到"疲惫"，回想起圣经插图中"金色头发、白色皮肤"的耶稣时，说道：

> 早在童年时代，看到您的圣经插画里金发金须的耶稣后，我就已经没有气力消化这个白人了。②

---

① 遠藤周作「黄色い人」『白い人、黄色い人』、91－93頁。
② 遠藤周作「黄色い人」『白い人、黄色い人』、92－93頁。吉行淳之介与远藤周作终生都是好友，同被归类为"第三新人"（第三代新人、第三新人派）。吉行淳之介在《湿润的天空，干燥的天空》（连载于《新潮》1971年2～8月刊）中描述了自己与宫城真理子的外国之行。文中写道，一次，他没注意到走廊尽头是一面全身镜，远远望去，误把镜中的自己当成行人，心想，"来了一个难看的东洋人"，"果然很黄啊"。吉行淳之介『湿った空乾いた空』新潮社、1979。

内村鉴三曾经论述道，因为基督教作为世界主要宗教把以色列视为发源地，所以哪怕是不将其设定为白人起源也好。但是，至少在法国天主教当中，耶稣被描绘成"金发金须"的"白人"。主人公身为"黄色人"，无论如何也"没有气力消化这个白人"。

如本章开头所述，阿川弘之把远藤周作称为"戏剧化的天才"。小说里的主人公少年时期就为与教堂里的法国神父打交道而感到"疲惫"，他从圣经插画中的"白人"耶稣身上感到人种上的距离感，而且对"罪"等"洋派"概念感到不适应。这些感受都变成"像我微黄的肤色一样浑浊，而且潮湿、沉重"的"疲惫"。其实，这些都是远藤周作少年时期以来经由受洗、赴法留学等事件切身体会到的感受。而且，对于把"白人"耶稣视为救世主的基督教，小说里的日本主人公作为"黄色人"，难以消化心理上的违和感和距离感。

这是远藤周作少年时期以来仿佛身穿"不合身的洋装"般的感觉，也是留学期间"保罗远藤"这一名字所象征的"违和感"，亦是无法让欧洲基督教"血液"混入"日本人血液"、无法实现一体化，却硬要向西方学习时滋生的"强烈的疲惫"。这一切都被描述为分割"黄色人"和"白人"的东西，并且是难以"消化"的东西。

《黄种人》的主人公四个月后因结核病咳出了血痰。这其实是远藤自己在巴黎的亲身经历。尽管远藤在法国的疗养院进行了疗养，结核病还是一路恶化，最终他不得不返回日本。远藤看着自己在巴黎的雪地里吐出的血痰，心想："和这个国家的斗争以惨败告终。"

　　然而，若是追根溯源，远藤所谓的斗争或许是一场既不能舍弃基督教，又不能舍弃日本的纠葛。纵使西方就在面前，仍无法完全否定日本。远藤周作撰写《诸神与神》以来，"西欧与日本的距离"作为远藤的课题，长期是不可动摇的"经线"。远藤周作所有作品的主题都被设定为"基督教与日本人""西欧与日本人"，原因在于，他"想讲述"自己对"不合身的洋装"，即"对自己洋装的距离感"，他"想讲述自己与这件母亲给予的、不合身的东西的斗争"。① 并且通过留学，远藤看到了这一血脉的隔阂。

四　一流中的二流属性

鹦哥

　　耶稣的金发白人形象带来了人种上的距离感和违和感。如其象征的那样，对远藤周作来说，这道分割日本与西方的"无可奈何的深渊"以肉眼可见的方式表现为人种差异，其背后则与宗教这个不可见的差异密不可分。②

　　换言之，可见的人种差异与不可见的宗教差异就是分割日本与西方"无可奈何的深渊"。远藤周作 12 岁受洗以后，内心深

　　①　遠藤周作「私の文学——自分の場合」『遠藤周作文学全集』第 12 巻、378 頁。
　　②　遠藤周作『留学』、226 頁。

处就一直抱有这种观点。其后，他在留学法国时遭到露骨的种族歧视，从中世纪天主教的历史传统中感受到"沉闷压抑"，二者促使该问题浮出水面，上升为远藤周作自身的课题。

重要的是，分割日本与西方的这一"无可奈何的深渊"正是近代日本持续抱有的根本性问题。远藤周作试图通过人种差异和宗教差异这两个象征性元素，探索近代日本的根本问题。

如本书序章所言，日本为了使国家存活下去选择了"西化"这一手段，而"西化"则是通过西方的权威化来推进。

然而，无论日本怎样"西化"，都无法将人种差异西化。再者，基督教是西方中世纪以来历史传统的基干，而日本和日本人则不具备这一传统，那么，日本和日本人又能在多大程度上理解基督教？换言之，对近代日本知识阶层而言，有关"西化"的思想性问题一直都是致命的课题，这绝非夸大其词。

远藤周作确切指出，外国文学工作者"面对与自己异质的、伟大的外国精神，一边品味，一边难以忍受自己和它的距离感，他们是活着的劣者"。[1] 从那时起，以西方为权威的近代日本就已沦为无论怎样努力也无济于事的"劣者"。换言之，他们已经命中注定无法逃脱一流中的二流属性。并且，翻译文化明确揭示了这一属性，外国文学工作者则是翻译文化的推动者。

也就是说，既然外国文学工作者的存在感以西方文学的翻译为前提，他们就会遭到质疑——这不就是"只会翻译、解说他人创造物"的"鹦哥"吗？

---

[1]　遠藤周作『留学』、231頁。

比如，翻译了保罗·瓦勒里（Paul Valéry）的作品，就"以为自己也成了和瓦勒里一样的一流人物"。再比如，有些人常常把加缪、萨特等人的名言挂在嘴边，"加缪这样讲，萨特那样说"，"言语中仿佛自己和他们提出了一样的观点"。

虽然这种倾向在依托西方学问的领域并不少见，但是外国文学工作者既不是瓦勒里，也不是萨特。外国文学工作者的"头脑无法与那些一流艺术家相提并论"。

尽管如此，他们却没能理解"自己身为鹦哥"的悲哀。在日本时，远藤周作从未和研究法国文学的同事讨论这个"根本问题"。

住在法国的日本人常常会去多磨咖啡馆相聚。走进多磨咖啡馆，"在烟草味缭绕的店内一隅"，几位日本人像法国客人一样，"留着络腮胡子"，身穿高领毛衣。然而，那种服装套在"日本人瘦弱的体格"上显得十分"滑稽"，络腮胡子也不适合"扁平脸"。即使在日本人看来，那样的打扮也显得"特别单薄可怜"。

于是，一位据说从斯德哥尔摩笔会回来的小说家开始对外国文学工作者进行批判。他认为，外国文学工作者"不过是穿着他人的兜裆布参加相扑"，那种做派有股"新宿、涩谷小酒馆的气息"，言谈间也"散发着小酒馆里酒水、咸鱼、干货的臭味"。

旅居巴黎的日本人常常聚集在蒙帕纳斯。那是一条"比荻洼站、中野站光线更加阴暗，行人更加稀少的街道"，而且"比起他和学生常去喝酒的涩谷、新宿等地"，蒙帕纳斯的"霓虹灯光显得分外寒碜"。

日本的法国文学工作者在巴黎的形象如此可怜，留下了许多惨淡的记忆。然而，正是因为这个缘故，去过法国的前辈们才在日本的大学、研究会谈及出国经历时，大肆讲述自己的"光辉事迹"，"荒唐"地宣称自己在巴黎被奉为知识分子。按理说，大家应该或多或少有过悲惨的经历，可是他们未曾透漏过只言片语。[1] 不过，外国文学工作者也就是在日本才得以保留自己身为知识分子的自尊心，而在巴黎这个"原产地"，他们被迫认识到自己不过是"鹦哥"罢了。

尽管如此，在给妻子和研究室的信件里，他们还是会写，"来到这里，感觉自己仿佛回到了知识和精神的故乡"。

对于法国文学工作者来说，巴黎是"知识和精神的故乡"，尽管巴黎不是日本。虽然日本的法国文学工作者回到"知识和精神的故乡"后留下了悲惨的回忆，却"神奇地从未觉得自己在撒谎"。

在留学巴黎的前辈们寄回日本的信件当中，字里行间都是"优越感十足的腔调"，洋溢着"得以来到法国的满足感"。这是"留学人士的一种习惯"，毕竟回国后很有可能要"按这种腔调做留学报告"。而且，正如医生既不会宣扬自己的失误，也不会讨论其他医生的失误那般，大家已形成"无言的约定"，绝对不要向前辈们探问他们的悲惨遭遇。[2]

最重要的原因在于，留学本身在日本被视为知识权威的顶点，会无条件地受人尊崇。其实，不论实际情况怎样，留学对日

---

① 遠藤周作『留学』、178、99 - 101、97 頁。
② 遠藤周作『留学』、88 - 89 頁。

本精英来说是不可或缺的"贴金"。① 在远藤的笔下，留学作为"出人头地的踏板"，是"一种重要的装饰和勋章"。②

从近代日本的社会结构中也可以看出以西方为权威的价值体系。比如，1887年，日本引入高等文官考试。虽然该举措导致新的制度应运而生，让"具备一定知识的人们直接成为官僚"，但是，它不仅"引发了日本知识分子通过修习西欧学问成为权威的特有风潮"，而且"产生了此类官僚成为政治精英的趋势"。③ 不过，即使在政治精英当中，以官员为首的官费留学生大多只被要求摄取西方文明。由于他们回国后的地位早在留学之前就已得到"保证"，未来必将进入"极具权威的学校、政府、公司等"，加之他们在国外没有"这样那样的烦恼"，因此，只要"取舍选择"符合日本国家利益的东西，成为"活着的机器"就好。④ 财界精英同样如此，只要把经济利润作为眼下的追求目标，就不会因西方的权威化而感到精神上的苦恼。

然而，还有一些人却不得不直面西方权威化导致的一流中的二流属性。外国文学工作者等知识阶层是将其视为自身问题的群体。

毋庸讳言，明治时代以来，日本的学问主要源自对西方学问的吸收，即对西方学问的"现学现卖"。自认为是知识分子的知

① 河上肇『祖国を顧みて』岩波文庫、2002、259 頁。
② 遠藤周作『留学』、13、90 頁。
③ 坂本多加雄、櫻井よしこ対談「明治の"国家" 平成の"業界"」『日本の近代』第 2 巻、中央公論社、1999、付録 3 – 5 頁。
④ 園田英弘『西洋化の構造』思文閣、1993、10 頁；三好信浩『明治のエンジニア教育』中央公論社、1983、83 頁。

识精英阶层不得不把二流属性等问题作为关乎自我存在的问题，并直面这一问题。①

寂寞之感

"如今，我国所谓的学者多数只是翻译西方思想的人而已。"② 恰如远藤周作所言，近代日本的知识阶层虽然在日本是一流人才，然而本质上却是无法脱离二流属性的人。这种二流意识给知识阶层等近代日本精英阶层的自我认知，乃至日本的知识世界带来了极大的，甚至可以说是危害的影响。

首先，只要近代日本的学问源自对西方学问的摄取，"讲解原著"就是学问的王道，日本的外国研究就是"外国书研究"。③

正如旧制高等学校时代，教授们的讲义号称"一本笔记用三十年"那般，教师们只需阅读笔记并要求学生誊抄，一门课程就算是完成了。因为，日本的学问其实是对西方学问的"介绍翻译"。④

既然如此，日本人的外语水平就沦为"哑巴英语"，即转化为特定的"纸上英语"。⑤ 由于用外语摄取学问远比用母语耗费

① 会田雄次「解説　財界人の外国観」会田雄次編集・解説『財界人思想全集6　財界人の外国観』ダイヤモンド社、1970、8頁。
② 大西祝『批評論』『明治文学全集79　明治芸術・文学論集』筑摩書房、1975、168頁。
③ 关于日本"翻译学问"的详情，参见平川祐弘『和魂洋才の系譜——内と外からの明治日本』河出書房新社、1971、9–44頁。
④ 竹内洋、猪瀬直樹対談「教養主義という「型」」『日本の近代』第12巻、中央公論社、1999、付録6、8頁。
⑤ 松岡洋右伝記刊行会『松岡洋右——人と生涯』講談社、1974、36頁。

时间，因此，东京帝国大学根本不可能赶上英语圈的大学教育进度。

例如，新渡户稻造毕业于札幌农学校。在读期间，日常听课和对话都使用英语，就连宿舍提供的也是西式餐饮。1883年，22 岁的新渡户稻造升入东京大学文学部，可是他失望地发现，教授竟然没有读过他已读完的英文原著。翌年，新渡户稻造前往约翰斯·霍普金斯大学深造，相继在美国、德国留学七年。①

只要日本的学问体系以西方为权威，那么，在美国流派的教育工作者眼中，就连日本公认的知识权威东京大学都无法彻底抹除某种二流属性。

例如，林房雄②接受的学校教育存在轻视国语、重视英语的显著倾向。中学时期的他能读懂英语文学作品，却完全读不懂日本古典文学。然而，即使读不懂日本古典文学也不会有教师加以批评，毕竟"只要英语考了 100 分，就是出色的优等生"。因为接受了这样的学校教育，林房雄基本无法理解明治时代汉文风格的文章，即使能读出来，也无法正确理解其中的含义。结果，他只着重阅读了"翻译文学"。③ 身为日本人，一流的教育竟是"翻译文学"，即对西方的"现学现卖"，这意味着把学习外语，

---

① 小林善彦「新戸部稲造」平川祐弘、芳賀徹編『講座比較文学 5 西洋の衝撃と日本』東京大学出版会、1973、238 頁。

② 林房雄，日本小说家、文学批评家，本名后藤寿夫，林房雄是他的笔名。——译者注

③ 林房雄「勤皇の心」河上徹太郎他『近代の超克』冨山房、1979、89 頁。

334

即学习英语排在第一位。人们不再重视与日本有关的教育。西方权威化引发的一流中的二流属性得以在学校教育领域稳步实现再生产。

理所当然的，留学被定位为知识权威的顶点，其地位甚至高于东京帝国大学。回首过去，夏目漱石就是受到西方权威化刺激的先驱般的存在。如本书第二章所述，夏目漱石曾在东京帝国大学攻读英语文学，后来作为第一届文部省留学生，受命前往英国留学。

夏目漱石在"英语文学科"学到的是"尚未大成"的外语。虽说他从"英语文学科"毕业，其实只是学习了语言，故而毕业时"心中涌起寂寞之感"。摆在他眼前的道路不过是成为一名外语教师，为翻译文化发挥辅助作用罢了。

1900 年，夏目漱石成为第一届文部省留学生，受命前往英国。当时，他接到的研究题目"是英语，而非英语文学"。① 也就是说，他是作为英语教师去英国研修语言。

夏目漱石的"寂寞之感"恰恰指出了西方权威化所导致的一流中的二流属性。

镀金

夏目漱石是享受文部省留学制度的第一届文部省留学生。此后，该制度为众多日本人提供了留学机会，并且其中有许多人和夏目漱石境遇相似，都曾直面"寂寞之感"，产生"神经衰弱"

---

① 夏目漱石『文学論』上卷、岩波文庫、2007、13、18 頁。

的倾向。

河上肇也曾以文部省留学生的身份出国留学。他从自身留学经验出发，指出留学期间的悲惨遭遇与自卑心理会对堪称"国宝"的精英阶层造成精神上的腐蚀，引发有违国家利益的结果。因此，河上肇主张对文部省留学制度进行大幅度改革。

据河上肇说，虽然不能断言所有的留学都是浪费，但是在1914年这个阶段，文部省已派出一百多名留学生，其中不少人的留学目的其实是享受"官员休假或慰劳"。在他看来，这种以留学为名目，在不需要的领域和人员身上花费国家巨额经费的行为徒劳无益。

最重要的是，"日本人的语言能力其实主要集中在阅读方面"，"听力很差"，就算想在国外大学听课，也会"因听力不佳"吃尽苦头。如果听力不好，那么会话肯定"不行"。尽管如此，由于日本存在把留学视为学问顶点的风潮，哪怕文部省的大半留学生出国之前已经是博士、副教授、教授级别的人才了，"来到西方后仍自甘沦为大学生，支付入学金和听课费，降低身段上下学"。毫无疑问，这是"日本学界的耻辱"。[①]

几乎所有文部省留学生都有过上述经历。比如，1927年，38岁的京都帝国大学副教授和辻哲郎作为文部省留学生前往德国留学。和辻哲郎支付了听课费，混在本科生当中一起学习德国哲学。堂堂日本教授，竟在欧美与本科生同堂听课，这恰恰反映

---

① 河上肇『祖国を顧みて』、254-256頁。

了日本知识世界的二流属性。①

河上肇指出，如果听不懂课堂内容，那就"只能在宿舍闭门读书或思考，除此以外别无他法"。然而，这种学习方式在日本也可以实现，若要了解世界学术的流行趋势，最宜去翻译文化盛行的京都居住。相比之下，那些利用文部省项目出国留学的人们平时就要"精打细算"，往往"把时间浪费在意想不到的地方"。在这种"失去书斋的学究们"身上耗费数年时光，实在是文部省留学制度的一大缺陷。②

那么，海外的日本留学生到底做了些什么？他们日夜相聚在宿舍，讨论各自的忧国忧民思想，试图排解日常生活中的忧愤、寂寞，以及悲惨心境。

河上肇自己就曾与同时期赴法留学的岛崎藤村在宿舍频繁相聚。他们讨论过日本的前途，焦点集中在日本能否摆脱对西方文明的模仿，即摆脱其二流属性。日本如果"只想着达到"西方文明的层次，就"难以匹敌"西方，"日本有其固有的""与欧洲截然不同的优秀文明，倘若不关注这一点"，日本就会失去自

---

① 和辻哲郎感情极为细腻，常常出现神经衰弱的症状。他以文部省留学生的身份在欧洲居住，其目的原本就是慰劳和保养。早在轮船经过长崎时，和辻哲郎就已陷入不安，身体也变得虚弱。尽管入住的是一等客舱，仍无法适应船内环境，极度想家。他注意到自己神经衰弱，有强迫症倾向，于是在船上努力停止思考，多加运动。他的最爱——妻子和辻照是他的重要精神支柱。也是因为和辻照的存在，和辻哲郎才能成为今天的和辻哲郎。两人的婚姻关系非常紧密，感情极为深厚，这给和辻哲郎的事业和人生带来了巨大的影响。此外，如果未曾留学，和辻哲郎不可能撰写出以《风土》为代表的作品。考虑到这一点，他的留学经历很有价值。

② 河上肇『祖国を顧みて』256‑257頁。

己的"立场"。①

远藤周作指出,留学期间的悲惨遭遇和自卑心理导致日本精英经由留学产生了日本主义性质的观点。② 日本主义追求的是日本独有的"文明"。明治时代以来,日本主义作为"西化"的精神反动力量,时而浮出水面,时而隐于水下。非常讽刺的是,河上肇等人的日本主义同样是一种"反动",如果不曾以学习西方学问为目的公费出国留学,他们不可能产生这样的观点。并且,日本人面对西方时怎么也抹不掉自身的二流意识,与之相伴而生的则是自卑心理。正是为了消除这种自卑心理,忧国忧民论才在留学生之间盛行。

尽管留学的真相是这样的,但是留学等于"镀金"这一印象并未崩塌。对此,河上肇与远藤周作持相同观点,认为这是由于留学回国人员不愿揭开真相。"镀金"也好,"贴金"也罢,河上肇认为,文部省留学制度的最大弊病在于,众多留学过的日本精英当中"竟然出现了极端的西方崇拜热潮","普遍产生了一种风气,即把自己归类为劣等人种"。③

这些日本精英经由留学产生了"劣等人种"的自我认知。他们本该是担负日本未来的"国宝",却在留学过程中被自卑感支配,可谓日本这个国家的损失。然而,正如远藤周作把外国文学工作者视为"劣者"那般,留学导致人们产生"劣等人种"的自我认知,该现象也是西方权威化在精神上必然引发的结果。

---

① 島崎藤村『エトランゼエ』新潮社、1955、106 – 107 頁。
② 遠藤周作『留学』、77 – 78 頁。
③ 河上肇『祖国を顧みて』、259、56 頁。

　　另外，石桥湛山为了学习外语，曾在数十年间"用了最大的劳力"，"花了最长的时间"，尽管如此，他的外语能力却完全没有达到灵活运用的程度，他自己对出国也没有什么兴趣。然而在 1913 年，即河上肇利用文部省项目前往欧洲留学的这一年，石桥湛山在《东洋经济新报》的"社会"专栏发表文章，题为《无法用本国语言做学问的国家》。他认为，日本如果一味追求西方学问，就会招致"极为悲惨的"后果，永远无法构建出"日本的学问、日本的思想"。

　　紧接着，石桥湛山指出，如果一味追求西方学问，学者们在面对西方时会形成根深蒂固的自卑心理，甚至有日本学者称，"即使用日语写出伟大的著作，也没有什么价值，既然要出书，不如用外语撰写，向世界评论界发声"。石桥湛山批评道，这种人"不可能写出伟大的著作"，明明"日本已经迎来了可以发展本国独特学问的时期"，学界却并未出现这一动向，这就是"学者观念出错的证据"。不过，日本知识阶层受到西方权威化的迎面冲击，对他们而言，摆脱一流中的二流属性这一价值体系绝非易事。[1]

　　究其原因，这是非西方的日本在"西化"过程中面临的根本问题。

食客

　　总之，当日本为了维持国家存活而选择西化时，一流中的二

---

[1]　石橋湛山「自国語で学問の出来ぬ国」『石橋湛山全集』第 1 巻、518 – 520 頁。

流属性就与日本的西方权威化密不可分。这是自夏目漱石以来近代日本一贯抱有的问题。

身为"英语文学学者"，夏目漱石是最早感受到西方权威化浪潮的一批人，曾作为第一届文部省留学生赴英留学。回国数年以后，1911 年 8 月，夏目漱石在和歌山发表演讲，题为《现代日本的开化》。关于非西方的日本在"西化"过程中面临的精神危害，他进行了如下论述。

> 然而，西方的潮流是支配日本现代开化的浪潮。由于横渡浪潮的日本人不是西方人，每当新的浪潮靠近，他们都感觉自己就像置身其中的食客一样，很不自在。……受到此种开化的影响，国民必然在内心的某个地方产生空虚之感，必然在内心的某个地方怀有不满和不安之念。①

并且，恰恰是在夏目漱石作为文部省留学生来到伦敦时，他深切地体会到，只要"日本人不是西方人"，就无法渡过"西方的潮流"。正如夏目漱石对自己伦敦生活的描述那般，"我当时的状态就好像变成了五百万粒油里的一滴水，过着朝不保夕的日子"。无法与西方实现一体化的现实使他产生了孤独感。只要"日本人不是西方人"，不管走到何处，都"不是西方人"，都无法摆脱相伴而生的二流属性，无法不对此感到"不满""不安"，

---

① 夏目漱石「現代日本の開化」『漱石全集』第 21 卷、岩波書店、1957、49–50 頁。

无法不产生"空虚之感"。以上种种正是夏目漱石心中的"寂寞之感"，正是他屡屡提及的人种自卑感的源头。[1]

如远藤周作所言，想用短短两年的留学时光学习长达两千年的欧洲历史传统，这本身就是不可能完成的事情。夏目漱石也指出，面对"体力、脑力都比我等旺盛的西方人耗费百年岁月创造的东西"，我们仅仅用了不到五十年，即不到一半的时间就想将其变成自己的东西，虽说这是一个令人惊异的组合，然而在精神上"必然会患上严重的神经衰弱，一旦失败，就再也无法站起来，甚至气息奄奄，倒在路旁痛苦地呻吟，这是肯定会发生的现象"。[2]

结果，"如此这般，受到西方压迫的国民，……由于疲劳到难以想象的地步，故而毫无办法。不幸的是，精神的疲惫往往与身体的衰弱相伴"。[3]

确实，夏目漱石为自己的身体特征感到自卑，身高、麻子都是他对自己不满意的地方。如本书第二章所述，他也确实抱有人种上的自卑感。然而，他的人种自卑感不仅与身体因素有关，还与精神因素密不可分，即西方权威化导致的一流中的二流属性。换言之，早在留学之前，夏目漱石就因二流属性模糊地产生了"寂寞感"，而在留学英国期间，"寂寞感"在人种孤独感的刺激下浮出水面，变得更加鲜明。

远藤周作可以说是同样如此。远藤深入讨论了赴法日本精英

---

① 夏目漱石『文学論』上卷、24頁。
② 夏目漱石「現代日本の開化」、51頁。
③ 夏目漱石『それから』『漱石全集』第8卷、岩波書店、1956、76頁。

阶层根深蒂固的人种自卑感，在此基础上，从人种差异这一分割西方与日本的可见差异出发，试图研究其背后不可见的宗教差异。

尽管远藤周作所处的时代与夏目漱石不同，但是他 12 岁受洗以来就不得不直面自己对西方的违和感和距离感，并一直将其作为自己的疑问。夏目漱石身为"明治时代的作家当中西化程度最高的知识分子作家之一"，不得不与"被近代化浪潮裹挟的日本人的命运"共生；与之相似，远藤周作也不得不直面"西化"中的自我矛盾，把它视为自己的疑问。① 漱石"精神的疲惫"和"身体的衰弱"，以及远藤"强烈的疲惫"都揭示了非西方的日本走上"西化"之路时的精神历程，它们都被投射到人种差异上加以讲述。

樱花

那么，对非西方的日本来说，伴随"西化"而来的"疲惫"、"神经衰弱"乃至"自卑感"等精神上的弊害为何会产生？又是如何产生的？并且，日本"西化"的弊害为何会如此这般危及精英阶层？

---

① 三好行雄「解説」『漱石文明論集』岩波文庫、1986、363 頁。此外，庆应义塾大学名誉教授古屋健三先生曾在法国格勒诺布尔大学研究司汤达，并取得博士学位。他一针见血地指出近代日本精英阶层留学的本质，"留学是件悲惨的事情，如果留学时没有悲惨的经历，这本身就很奇怪"。感谢古屋先生向笔者介绍留学时代的经历。相关研究，可参见古屋健三「遠藤周作における留学の意味」『国文学解釈と鑑賞』第 40 巻第 7 号、1975 年、30–37 頁。

归根到底，西方的权威化之所以伴随对近代日本精英的精神危害，是因为西方对日本而言是太过异质的他者。

远藤周作通过谈及人种差异这一可见的差异，试图探讨一神论的基督教与泛神论的日本的决定性差异，即永远的差异。

然而，基督教一神论盛行的西方与泛神论盛行的日本可谓格格不入，二者之间存在一道"无可奈何的深渊"。

远藤周作说，西方"用善恶来看待人类的道德"，而在日本，堪称"美丑感觉"的污秽意识则是"基础性的感觉"，支撑着日本的生活文化。那种基础性的感觉"厌恶明确的空间、裸露的样子"，以"一种潜藏在所有情趣中的泛神性美学"为基础。[①]

日本文学与西欧文学之间最大的"障碍"是"日本风土"中培养出来的"日式感性"。正如和辻哲郎把日本湿雨般的感性称为"模糊一切事物界限的湿雨"那般，日本人"讨厌把本质明确的事物以及无感情的事物剥开，露出其本体"。"日式感性"是一种"泛神论的感性"，它以湿雨般的感性为基础，"拒绝区分人、神、自然，反对它们之间的对立"。也就是说，由于日本的"湿润美学""讨厌对立，拒绝自然与超自然的严格断裂"，因此很难适应"基督教的艺术性刺激"。[②]

西欧的美感意识具有"界限的区分""对立性""能动性"这三个条件。与之相比，"孕育于泛神论土壤"的"日式

① 遠藤周作「伝統と宗教」、235 頁。
② 遠藤周作「基督教と日本文学」、207-208 頁。

感性"为了"不感知个体与整体的区分和界限","还原"为
"不要求对立""被动"这几点。即"将范围与界限模糊化、
暧昧化的事物",就仿佛"晕映成灰色风景的春雨、阵雨",
抑或"朦朦胧胧的晚雾",这正是"日式泛神性的一个
特征"。

　　而且,"日式感性"厌恶"对比、差异、区别",正如神西
清所言,一切就像"樱花花瓣"象征的那样。换言之,樱花花
瓣的颜色本身是淡红色,"带有微妙的半透明",并且花瓣极
"薄"。薄薄一片不是樱,团团簇簇方为樱。它的颜色呈现为
"浅淡模糊的色调,已经很难作为颜色存在","其颜色和光泽已
经严重丧失了个性和实在性,仿佛已经无法独自前行",而"把
这种颜色和光泽缓慢且若有若无地发散出来、表象出来的"则
是"花香",也即"日式感性"。①

　　无论是樱花花瓣的颜色还是形状,一切都显得过于浅淡、短
暂。比起盛开的樱花,人们内心更加倾向于把审美价值赋予飘落
的樱花。刹那芳华,转瞬即逝。日本这片土壤恰恰具备与此种哀
伤产生共鸣的情绪价值。

　　短暂和哀伤所引发的情绪价值其实源自日本的风土。在日
本,地震等天灾以及战火都很频繁,并且由于木制建筑较多,火
灾也是常有之事。每逢天灾人祸,一切都在眼前烟消云散。故而
这片土地在漫长历史中培养、积蓄、形成的记忆和感性,与保留

---

① 遠藤周作「日本的感性の底にあるもの」『遠藤周作文学全集』第12卷、
302-303頁。

了大量中世纪以来石制建筑的巴黎必然存在根本性差异。①

此外，由于日本地域狭小，平地面积十分有限，因此，在这个居住空间相当密集化的农耕社会，人们不可能具备"自我"等概念。

司马辽太郎从年轻时就开始思考"自我"，却一直无法理解其中的含义，"阅读外国小说时，常常抱有近乎自卑感的情绪"。

结果，司马辽太郎得出结论——那是因为日本人原本就没有"自我"，纵使有也非常薄弱。原因在于，如果"自我"存在，现实中就"很难"在狭窄的日本都市和村落"生活"。况且在日本社会，"自我非但没有形成的余地，而且在某些情况下反而会添乱，造成危害"。

"自我"这个所谓的西方概念在日本社会反而只是"危害"。

日本近代以来长期没有"自我"这一概念。司马辽太郎曾说，他对自我的"违和感"或许与身为日本人的"自卑感"有关，就连察觉到这点的他也将有关"自我"的问题视为"自己一直以来的痛苦"。②

尽管"自我"在日本社会是"危害"，绝对无法显示其有效性，但是当"自我"作为西方概念被引入之际，司马辽太郎看着无法拥有"自我"的自己，不禁产生了身为日本人的"自卑

---

① 园田英弘指出，正是地震的经历让我们感觉到自己被最信任的事物背叛。作为生活在地震大国的日本人，他们的不安与日本的水土条件不无关联。園田英弘「地震」梅棹忠夫編『日本文明77の鍵』文藝春秋、2005、206－209頁。

② 司馬遼太郎・江崎玲於奈对談「世界の中の日本」『司馬遼太郎対談集 日本人の顔』朝日新聞社、1984、19－20頁。

感"。特别是那些直面西方权威化的知识阶层，对他们来说，西方概念的引进就是"痛苦"。

与此同时，倘若没有"自我"这一概念，人们就不可能拥有"个人"这一概念。恰如前文中"樱花"所象征的那样，日本人的自我界定并非在个人这种单一的成分中成形，而是在人与人之"间"的关联性中成形，即和辻哲郎、木村敏、滨口惠俊等人持续阐述的"间人主义"。①

自我正是在"人与人之间"才得到界定（木村敏）。也就是说，日本人的自我界定是他者依存型，它意味着人与人之间边界的模糊性。正因如此，理论物理学家渡边慧才指出，日本人为了"不作为个人而生存"，于是"依靠所谓的日本人这一集体来生活"。换言之，"自己即集体，集体即自己，这就是他们的生存方式"。②

据渡边所言，由于日本人缺乏作为个人的身份认同（identity），故而产生一种倾向，"认为日本过去没有出现过伟大的学者，就连自身的价值都消失了"。该倾向演变为"日本人的自卑感"，化为日本整体的社会氛围。举例而言，即使听闻"日本没有科学，没有哲学"等"统计性的事实"，该事实也"不可能让人们得出关于个人能力，以及作为可能体的个人的结论"。由于日本

---

① 详情参见和辻哲郎一系列作品中关于西方个人主义式人际关系和日本往来交际式人际关系的讨论，以及木村敏『人と人との間』弘文堂、1972；濱口惠俊『間人主義の社会日本』東洋経済新報社、1982。
② 和辻哲郎ほか『対立を超えて——日本文化の将来』養徳社、1950、63頁。

人没有形成"个人"这一概念，"统计性的事实一跃化为自身的自卑情结"。换言之，"集团逻辑"对"日本式自卑感"产生了影响。[①]

事实上，西方有个人主义、市民革命、民主主义等概念，日本却没有。因此，正如政治学家神岛二郎把否定日本的思考方式称作"欠缺理论"那般，在经历了西方权威化的知识界，该思考方式已成为一种典型的思想模式并长期存在。该现象同样发生在日本人与基督教的交集中。只要非西方的日本继续以西方为模范，那么日本的知识界就会一直思考"西方有，日本却没有"这个问题，也就无法摆脱否定日本的思考方式。

内在化的自我否定

总之，对日本来说，西方是完全的他者。尽管如此，日本仍把西方这个太过异质的他者权威化，以此推动本国的近代化进程。在此过程中，自我否定必然相伴而生。

西方有，日本却没有，所以日本不行。这种自我否定式的思考模式到底在多大程度上渗透到知识阶层、精英阶层当中？在此已无须多做说明。

直面西方权威化的精英阶层和知识阶层不得不对西方抱有根深蒂固的自卑感。恰如夏目漱石口中"必然的结果"那般，那种难以言喻的"痛苦"是近代日本的必然归宿。

当非西方的日本试图与西方实现一体化时，出现了许多不适

---

① 和辻哲郎ほか『対立を超えて——日本文化の将来』、63－64頁。

症状。从肉眼可见的层面来看，主要出现在以人种差异为首的身体要素上。从不可见的层面来看，主要出现在根植于历史传统的思想、宗教等精神要素上。

在远藤周作的"留学"三部曲里，三位主人公都在对西方的"爱情与违和感之间遍体鳞伤"，这是因为，与西方的一体化使他们对自我存在产生了疑问。① 然而，正如夏目漱石所言，"因为日本人不是西方人"，日本不是西方，无论怎样致力于"西化"，日本的历史传统、风俗、土壤都不可能完全"西化"。

即使考察夏目漱石、远藤周作，乃至司马辽太郎等知识阶层的言论也可发现，对日本知识阶层而言，"西化"伴随着相当严重的精神痛苦。

文艺批评家中村光夫曾任第六代日本笔会会长，他认为，明治、大正时代是"消化西方文明的时代"，其内部是"引发吾等精神消化不良的时代"。②

"西化"正是"对西方文明的消化"，然而无论怎样"西化"，正如人种差异不可能发生改变那般，只要日本还是日本，那么理所当然的，日本这片风土培育出来的精神土壤就不可能做到完全"消化"。

恰如远藤周作在《黄种人》中所述："看到您的圣经插画里金发金须的耶稣后，我就已经没有气力消化这个白人了。"他生动地描述了自己面对基督教时难以抹去的违和感和距离感。无论

---

① 村松剛「解説」遠藤周作『留学』、315－316頁。
② 中村光夫「「近代」への疑惑」河上徹太郎他『近代の超克』、163頁。

怎样致力于把西方权威化，难以"消化"的东西都会把"痛苦"强加到知识阶层身上。那是无法掩盖的差异，仿佛揭示了"白人"与"黄色人"之间"无可奈何的深渊"。

并且，远藤周作用"血"来象征那种决定性的差异。与他相似，文艺批评家河上彻太郎同样提及"日本人的血"，并做出如下阐述。

> 日本人的血一直以来都是我们开展知识活动的真正原动力，迄今为止，它和自成体系的西欧知性相克得极为难看，即使我们知识分子从个人的角度出发，也确实难以展开理性的思考。[1]

难以"消化"西方异质性的"痛苦"，就是"日本人的血"与西方权威化无论如何也无法相容时的纠葛。

借用文艺批评家龟井胜一郎的话来讲，叩问近代，其实就是"开出一张诊断表，探察文明开化以来西方传来的毒是怎样进入我们的体内"。[2] 毫无疑问，"毒"是西方权威化导致的自我否定，它与一边否定日本、一边无法抛弃日本的痛苦密不可分。

对于近代日本精英阶层而言，这正是"旅居西方所带来的最大的思想难题"。并且，幸或不幸，远藤周作从 12 岁受洗

---

① 河上徹太郎「「近代の超克」結語」河上徹太郎他『近代の超克』、166 頁。
② 亀井勝一郎の発言「座談会」河上徹太郎他『近代の超克』、201 頁。

时起就把这个问题作为自己的毕生疑问，开始了寻求答案的命运。①

永远的差异

1950年赴法以来，远藤周作遭遇了露骨的种族歧视，以此为契机，他不禁回想起少年时期对基督教抱有的违和感和距离感，并产生了新的认识。

具体而言，少年时期的远藤周作从心里莫名地感知到西方与日本之间的隔阂，而人种这一肉眼可见的差异导致该隔阂彻底浮出水面。

远藤周作之所以如此执着地描述种族差异给日本人带来的自卑感，是为了寻求一个答案——既然基督教从根本上支撑着西方的文化和文明，那么日本这片泛神论的风土到底是如何理解、"消化"一神论的基督教？对远藤周作来说，人种差异毕竟是分割西方与日本肉眼可见的差异；与此同时，和宗教差异这个堪称不可见的精神差异一样，它们都是永远的差异。

再者，对于近代日本精英阶层而言，种族自卑感不仅源自人种等身体上的差异，而且与西方权威化导致的一流中的二流属性，以及与之相伴的自我否定等精神因素密不可分。甚至可以说，正是因为这个缘故，远藤周作才从人种、宗教入手，刨根究底探求西方与日本之间过多的异质性。

如本节开头所述，可能许多留学人士都经历过种族歧视，但

---

① 園田英弘『西洋化の構造』、10頁。

是他们一味隐瞒种族歧视和悲惨遭遇，而远藤周作却毫不避讳地吐露自己的亲身经历。究其原因，鉴于远藤周作身材高大、语言过关、与法国女性过从甚密，甚至赢得了法国女性的爱与尊敬，故而得以与强烈的种族自卑感以及面对西方时的自卑感保持一定的距离。

然而，这位职业作家却专门讨论了许多日本男性绝对不愿意提及的种族自卑感及面对西方时的自卑感。这是因为在他看来，这些自卑感正是近代日本长期面临的问题，也即西方权威化相关问题所引发的现象。与此同时，或许是因为探讨了西方权威化过程中作为非西方的日本的悲哀，远藤周作得以直面少年时期心灵纠葛的原点，并试图做个了结。

其实在日本作家当中，唯有远藤周作一人围绕西方与日本的差异终生孜孜以求，建立起自己的文学世界。

人种和宗教这两个分割西方和日本的永远差异，构成了远藤周作的思想谱系。虽说他的思想谱系与其人生经历（12 岁在母亲的影响下受洗，战败后赴法留学）密不可分，但是追根溯源，或许远藤周作心灵纠葛的根本在于，他既无法抛弃基督教，也无法抛弃日本。甚至可以这样说，在无法逃避的命运的指引下，远藤周作背负着并且不得不背负着日本无法逃避的命运。

我们不知道这对远藤周作而言是否算件幸事。可是，近代日本从明治时代以来就不得不背负起充满自我矛盾的命运，不论远藤周作愿意与否，毫无疑问，这位亲身探求人种和宗教这两个分割西方与日本的永远差异的作家，是近代日本最后的体现者。

终　章　近代日本的光与影

明暗

1945 年 8 月 15 日的日本战败给毁灭画上了终止符，意味着人们终于从死亡的恐惧和军部的控制中解放出来。占领军代替军部成为实际上的统治者，他们突然出现在日本这片废墟上。人高马大的美国大兵坐着吉普车，运着粮食，带来了令人耳目一新的美国文化。在日本人看来，他们是非常耀眼的存在。

再者，GHQ 实施全方位的信息管制，并为日本人提供粮食、分配生活物资、整顿基础设施等，其占领政策已足以使日本人产生亲美倾向。拥有绝对权力的麦克阿瑟摆出拥护昭和天皇的姿态，维持天皇制和否定天皇神格性，以此为手段，将日本人决定性地引入亲美阵营。

如本书第五章所述，1945 年 9 月 27 日，麦克阿瑟与昭和天皇并肩站立的照片一经报纸刊载，就起到了否定昭和天皇神格性的效果。照片里的昭和天皇身穿非常正式的晨礼服，比他高大魁梧许多的麦克阿瑟则是一袭简便军装。而且，与昭和天皇僵硬的面部表情相比，麦克阿瑟却显得精神颇为放松。胜者与败者的姿态以肉眼可见的方式呈现出来，这张照片明确地昭示了日本的战败。

在这张"天皇与外人"（户川猪佐武）的照片里，胜者与败者，支配者与被支配者，美国人与日本人，盎格鲁－撒克逊人与蒙古人种……各种各样的二元对立杂糅、重叠在一起。这一切的二元对立都足以否定昭和天皇的神格性。

1946 年 1 月 1 日，昭和天皇发表"人间宣言"。自此以后，他仿佛为了向外界证明自己是一个"人类"，身穿洋装巡幸全国。虽说如此，昭和天皇以"人类"之躯出现在国民面前的历史，还应追溯到日本战败后不久的这张合影。通过这张照片，人们真真切切地感受到，日本真的战败了。

另外，日本被占领以前，大多数日本人终生在日本国内生活，极少有机会在国内遇到"外人"（外国人）、亲眼见到"外人"。日本战败与美国占领日本之时，其实就是许多日本人首次在国内目睹人种差异的时期。

正如麦克阿瑟与昭和天皇显而易见的身体差异那般，任谁都能一眼看出街上的占领军与日本人的身体差异。在占领军当中，很多士兵身材高大、体格魁梧、血气方刚。与之相比，日本人却因饥饿而格外瘦弱，他们气色极差、身材矮小，并且衣衫褴褛。看到二者的体格差距，不少日本男女都沉痛地认识到，日本"理所当然地失败了"（日野启三）。

美军基地周围率先享受到占领军的恩惠。那里突然之间"变成酒馆一条街，因'潘潘'而知名。整个市镇的经济都有赖美国官兵。他们讴歌着特需经济，一边倒地倒向美国"。基地周围的居民"无论大小事宜，都随着对方的欢喜而欢喜，随着对方的忧愁而忧愁，呈现出寄生虫一般的姿态"。①

　　许多日本男性都在内心咒骂那些与美国大兵过从甚密的日本女性。然而，我们或许可以将其视作战败国男性因屈辱而被激发出来的自我防卫。②

　　因为，这就是战败国的现实。"日本被占领之时，日本人的态度"是"非常卑屈"的，只要是占领军说的话，就一概认真听从。③"国民整体都丧失了身为国民的自觉，他们在美国人面前成了一种妓女。"④ 虽说白人崇拜是"文明开化以后日本人的民族宿命"，但日本男性对白人的迎合姿态在"某种程度上超过了女性"。⑤ 可是，无论他们是何种立场，不这样做的话甚至可能把命都丢掉，对于他们的心情，又有谁能加以指责？

　　倘若不肯卑屈地迎合当权者，就可能无法保住性命。面对这一现实，虽然大家都做出了牺牲，但是在这一时期，有无数二十

---

　　① 文部省初等中等教育局『混血児指導記録 1』1954、82 頁。
　　② 高崎节子指出，日本以前就有"女郎屋""游女屋"等提供性服务的场所，曾被江户时代来访日本的外国人等批判为极不道德的性风俗。尽管如此，人们对性服务的需求未曾减少，有的日本男性甚至会因经济因素卖掉自己的妻子或女儿。既然日本男性具有上述历史，那么从他们的女性观来看，他们完全没有资格非议女性败者与男性胜者之间的关系。高崎節子『混血児』同光社磯部書房、1952、46 頁。
　　③ 加納久朗「終戦連絡事務局次長の手記」『中央公論』1952 年 5 月号、241 頁。银行家加纳久朗"明治四十四年毕业于东京帝国大学政治科，入职横滨正金银行，曾经相继担任加拿大、伦敦各支店的负责人。日本战败时，他人在北京，正在担任中国地区各支店的管理人。现任国际文化振兴会理事长、国际电机董事"。加納久朗「終戦連絡事務局次長の手記」『中央公論』、236 頁。
　　④ 板垣直子「混血児の両親」『改造』1953 年 3 月号、163 頁。
　　⑤ 高崎節子『混血児』、20 頁。

多岁的日本女性沦为牺牲品。

占领军的亲密对象当中，有许多日本女性因为丈夫或是没有从战场归来，或是死在战场，不得不自谋生计。尽管日本政府以保护女性"贞操"为名，专门设置"特殊慰安设施"，召集了一些女性，但占领军对日本妇女施加暴行的消息仍然不绝于耳。无论是何种原因，在战后占领期，占领军与日本女性之间大约诞生了 20 万名"混血儿"。

烙印与骄傲

多达 20 万名"混血儿"沦为被露骨歧视、轻蔑的对象。

泽田美喜是岩崎弥太郎的孙女，外交官泽田廉三的妻子。她 46 岁那年，在东海道线夜班列车的行李架上亲眼看到了一个裹在包袱里的"婴儿尸体"。自此以后，她专门创设收养"混血儿"的伊丽莎白·桑德斯养育院（Elizabeth Saunders Home）。为了养育、保护"混血儿"，使美国人可以收养他们，她多次前往美国，积极开展行动，努力谋求修改美国移民法。有时，泽田美喜甚至会代替"混血儿"的母亲，去美国拜访孩子的生父。

泽田美喜迫切期盼"混血儿"移居到美国，这是因为"混血儿"在日本蒙受了非常强烈的种族偏见和歧视。1952 年 4 月"旧金山和约"生效后，日本媒体开始用"三个版面"讨论"混血儿"问题。1953 年，第一批"混血儿"升入小学，引起了人们的兴趣和关注。

截至 1957 年 6 月，共有 2600 多名"混血儿"在日本 1000

多所小学上学。从文部省相关资料①也可看出，接收"混血儿"的学校及班主任、有识之士乃至文部省是如何区别对待、警戒"混血儿"的存在，并在自身和社会的种族偏见中动摇。

虽然儿童之间也会对身体差异有所察觉并产生好奇心，但是他们的幼小心灵还没萌发出种族认知。当某个小男孩指出白人女孩的头发是金色时，一个日本女孩立刻对老师说："老师，这样的话，小 N 是不是要多吃海带？"日本女孩之所以如此建议，是因为在那一带，人们相信多吃咸海带头发就会变黑。小 N 也表示信服："是这样吗？我要努力吃咸海带，头发会慢慢变黑。"②

光是外貌上的差异就已相当显著。特别是白人"混血儿"，无论男女，身高、体重、胸围都超出日本人的平均值，"那种匀称的体格"往往"吸引人们的视线"，"他们长着白人特有的白嫩肌肤，鼻梁挺括，眼眶深邃，一看就和其他孩子明显不同"。③根据一位班主任的记录，有些"混血儿"比同年级同学的平均身高高出 20 厘米，体重也要重上将近 10 千克，"体格拔尖"，非常清晰地显现出白人"混血儿"的特征。④

据说，一个白人"混血"女孩是全班最高的孩子，坐在她

---

① 文部省初等中等教育局『混血児の就学について指導上留意すべき点』1953 年；文部省初等中等教育局『混血児指導記録 1 – 4』1954 – 1957 年。
② 文部省初等中等教育局『混血児指導記録 1』、11 頁。
③ 文部省初等中等教育局『混血児指導記録 2』1955、13 – 14 頁。
④ 文部省初等中等教育局『混血児指導記録 3』1956、132 頁。

旁边的男生说："那是当然，她是美国人嘛。"①

吸引眼球的不仅是身高。还有教师记录道，白人"混血"男孩"层次分明的双眼皮里藏着又大又亮的眼睛，唇形清晰"，"皮肤白皙美丽"，是"美男子"。② 即使在儿童当中，白人"混血"儿童也格外引人注意，给人以个子高、体形好、容貌佳的印象。这些白人"混血"儿童的存在引发了日本儿童，尤其是男童的"自卑心理"。

一个学习成绩优异、存在感极强的白人"混血"女孩遭到日本男孩的欺负，那个日本男孩说："小雨，回美国去吧。"班主任指出，那是"战败以来，面对美国时内心的强烈自卑感"，"动不动就贬低日本，抬高美国"的行为导致"排他心理"滋生。接着，他总结道，"此类源自民族种族之别，以及胜者与败者之间关系的问题，永远不会得到解决"，因为这些问题"无关理性，而是血的问题"。③

"复杂的结构"

如果儿童怀有强烈的种族偏见、种族歧视，那么大多是受到父母的影响。白人"混血儿"和黑人"混血儿"蒙受的歧视和偏见虽有不同，不过在有"混血儿"的班级和学校，学生家长表现得最为明显。

对于"混血儿"的母亲，学生家长尤为鄙夷。那种蔑视不

---

① 文部省初等中等教育局『混血児指導記録2』、103 頁。
② 文部省初等中等教育局『混血児指導記録1』、79 頁。
③ 文部省初等中等教育局『混血児指導記録4』1957、50、54 頁。

单单是瞧不起女方与美国士兵的特殊关系，还因为女方凭关系从占领军获得粮食、生活物资等各种恩惠。他们既羡慕又嫉妒，同时还为自身的贫穷感到厌恶和疲惫，并且最重要的是，就连他们自己也卑屈地迎合占领军，故而内心还掺杂着耻辱。[①]

败者的现实令他们分外抑郁，任谁都能清晰地看出，"混血儿"乃至"混血儿"母亲成为他们鄙视的对象，即宣泄情绪的出口。

尽管战后占领期的产物——"混血儿"只是一个时期的现象，却反映了日本人矛盾的姿态。他们卑屈地迎合白人，于是选择露骨地蔑视、歧视"混血儿"，以期保住自己的自尊心。"混血儿"及其母亲的存在证明，日本人的歧视心理不是单纯的蔑视，而是掺杂了复杂的种族意识，其中包含了对白人的卑躬屈膝和由此产生的自我贬低。

日本的人种意识具有如此"复杂的结构"（清水几太郎），它还反映了近代日本人种意识的主干，即自己不愿意被白人歧视，却理所当然地歧视、轻视以亚洲人为首的"有色人种"。日本虽然属于亚洲的"黄色人种"，却蔑视和自己相同的其他亚洲

---

① 就连澡堂里的场景也能反映出普通人与"潘潘"之间的生活差距。"潘潘"一般是在下午两点澡堂里的水最干净的时候沐浴。她们"用那边（指占领军那边）厚厚的花毛巾包住头发，并且都在这个时候用那边的牙刷刷牙。空气中弥漫着香皂的清香。大家都踮着脚，远远避开地上的白毛巾，仿佛有洁癖似地蹲着"。另一方面，"晚上八点左右"，刚洗完碗的"主妇们领着一串孩子赶过来。孩子的哭泣声与母亲的怒吼声、闲聊声、欢笑声、歌声交织在一起，形成强烈的噪音，滑溜溜的后背或屁股有时会尴尬地碰到一起，汤池里泛着馊馊的臭味，偶尔漂浮着婴儿的粪便"。高崎節子『混血児』、33-34頁。

人。甚至可以说，从明治时代起，这种显而易见的人种上的矛盾就演变为社会氛围，长期渗透、扎根进人们的内心。

再者，尽管日本人对白人的迎合及对"有色人种"的蔑视早在近代就成为日本人种意识的原型，可是日本战败以后，由于日本遭到决定性否定，这种人种意识非但没有被打碎，反而变得更加露骨、顽固。

也就是说，近代日本看似饱受种族偏见的打击，然而从日本战败和战后占领期的历史可以看出，种族偏见绝不只是西方列强单方面的意识感情，就连日本人自己也与种族意识密不可分，长期抱有根深蒂固的种族偏见。

偏见的本质

那么，种族偏见的本质到底是什么？对近代日本来说，种族偏见到底指什么？

武者小路实笃曾在《日本人的使命之一》（1937）中讨论种族偏见的本质。如他所言，双方利害关系一致时不会产生什么问题，可是一旦有什么不和、利害关系不一致时，种族偏见就会显现出来。

因此，虽说经济实力和权力上升了，种族偏见也不会就此消弭。只不过在利害关系的作用下持续潜藏在深处，不再明目张胆地表露出来。而且，无论是持有偏见的一方，还是遭受偏见的一方，当经济条件充裕、精神富足时，双方的态度自然会比较宽容。与其说是受到知识、修养的影响，不如说是经济和精神的富足给人们带来了生理上的宽容。换言之，当富足无法得到保障，也就是利害不一致时，不和随之而生，歧视、偏见就会表露出来。

高举理想的大旗，反对偏见和歧视思想貌似非常容易。如果只是说说而已，那么任谁都能随时做到这一点。也正是因为这个缘故，种族偏见一直与场面话形影不离。对于知识阶层而言更是如此，因为他们知道偏见有违知性、教养，抑或期待偏见和知性、教养相悖，在这种自我克制的基础上形成自我认知。从这点来看，可能很少有事物像种族偏见这般，场面话与真心话截然不同，公然要求言行不一致。

在讴歌国际性的教育研究机构、组织团体，尽管公开反对种族歧视已成为理所当然的辞令，然而在现实中，种族歧视屡见不鲜，可能已成为常识般的现象（更何况在日本，甚至没有制裁种族歧视的法律）。

总而言之，不管人们本意如何，明面上都会大肆宣称"没有偏见"，不会透漏"偏见的存在"，这就是社会现实。并且，人们理应具备的知性，以及被视为教养的伪善性，也要求人们做到这一点，这也是社会现实。

换句话说，只要人类依旧作为人类生存下去，偏见与歧视心理就是无法抹除的动物本能，而且是生理性的存在，正因如此，社会才需要这种伪善性。

只要人类还是人类，偏见与歧视心理就不可能消弭。唯有一点可以进行讨论，即如何面对、理解、应对自身的本能。

美丑

既然偏见与歧视心理是人类的普遍性质，那么在近代日本，该性质具有并表现出怎样的特征？

如本书所述，在大约半个世纪（日俄战争前后到第二次世界大战结束）的历史中，近代日本精英阶层的人种意识一贯存在以自己为丑的倾向。从夏目漱石到远藤周作，特别是在留学西方的精英之间存在一种心性的谱系——面对白人时的种族自卑感以厌恶自身长相的形式明显地表露出来。

当然，任谁都能清晰地看出身高、骨骼、体格、相貌、肤色等被视为人种特征的身体差异。

19 世纪中叶以来，在西方报纸杂志的讽刺画里，日本人的形象大多矮小瘦弱，面部好似猿猴，看起来有些狡猾。这或许是因为讽刺画的作者在描绘日本人典型的身体特征。

虽说如此，"黄皮肤"、小个子未必会与丑陋等审美价值相挂钩。然而，在近代日本精英阶层当中，许多人都从内心深处厌恶自己的容貌和身体。

日本人的容貌和身体果真如此丑陋吗？日本人对自身长相的厌恶到底意味着什么？

京都大学教授、评论家会田雄次曾从 1943 年起作为步兵一等兵加入缅甸战线。日本战败后到 1947 年，他沦为英军俘虏，被拘留在大光（现在的仰光）。拘留期间，他发现了一本几十页的英文小册子，标题为《日本和日本人》（1945）。文中提及日本人的长相，对其丑陋程度进行了如下描述。

各位不久将会遇到日本士兵，他们长得着实丑陋。眼睛细小，颧骨突出，龅牙严重，鼻梁塌陷，腿短而且是罗圈腿，背部弯曲，腹部前凸。他们知道自己长相丑陋，也知道自己因此遭到轻视。并且，他们性格狡猾，也知道自己因此遭到厌恶。于是他们发动战争，意图成为支配者，施加威压。各位要做的是反抗这些长相丑陋、精神低劣的人类，战胜他们，粉碎他们的野心。①

在会田雄次看来，该描述"实在令人不快"，但是"某种程度上说的是真话"。因为，即使对比缅甸士兵也不得不承认，缅甸士兵的容貌普遍比日本士兵漂亮。印度士兵不仅五官立体，而且体格"出色"许多，至少"看起来远远优于"日本士兵，他们的笑容非常爽朗，日本人不可能笑成这样。另外，"在日本人当中，有的人实在容貌丑陋，怎么看都让人觉得神没好好造人"。会田雄次提到，日本士兵鄙夷印度士兵肤色黑，其实是为了"抵触"长相上的自卑感。

总之，会田雄次根据实际经历展开观察，认为日本人的长相就算在亚洲也格外丑陋。再者，据会田所言，日本人的性格本就非常在乎长相美丑，这意味着不论是有意识的还是无意识的，日本人都会"因自身的丑陋容貌而自卑，并且为此变得过度敏感"。

而且，在日本常能听到人们说"别在乎长相"。会田雄次认为，如此频繁的说教恰恰揭示了日本人对长相的过度介意。②

---

① 会田雄次『アーロン収容所』中央公論新社、1973、139 頁。
② 会田雄次『アーロン収容所』、139、141 頁。

倘若结合时代特性思考会田雄次的言论，我们不难发现，在二战末期到日本战败这段历史上非常严酷的时代，他的日本人自画像呈现出自虐的倾向。

然而如本书所述，日本人对自身长相的厌恶不仅限于战败期间，而且在战争期间，乃至明治时代以来都存在这一现象。这是精英阶层心性谱系中持续可以看到的自我认知。

更何况在战争期间，日本人虽然为了政治宣传大力贬斥"美英畜生"，批判英国人和美国人是"蛮夷"或者野蛮，但是从未说过或写下英美人丑陋等字句。略微夸张地说，日本人长相丑陋之事已成为自己都认同的特性之一，甚至被敌方用于对日政治宣传，也被日本人自己亲笔承认。并且，关于日本人这一身份，丑陋这个关键词占据了日本人整体意识结构的根本。

反过来讲，日本人对自身长相的厌恶其实意味着对西方人审美上的崇拜。回首过去，鹤立鸡群般高大的内村鉴三蓄着胡子，在公共场合一贯身穿洋装，他的容貌甚至被称赞为"不像日本人"、酷似"苏格兰牧羊犬"。赴英留学的夏目漱石在文中写道，"洋人就是长得好看"。远藤周作执着地思考人种差异中的美丑问题。可以说，在日本人的人种意识当中，存在一个强调美丑的谱系，审美的价值意识占据重要的分量。

并且，不仅是去过西方的精英阶层倾向于从西方人身上寻找审美价值，如前文所述，日本战败后，学校的班主任也多次记述白人"混血儿"的美丽。

此外，战后占领期还流传着一件逸事。一位育有两个子女的38岁日本女人在战争中失去了自己的丈夫。女人的父亲染上了伤寒，而在当时，人们认为治疗伤寒的唯一良药是磺胺类药物。然而这种药非常稀罕，于是药房老板娘从旁斡旋，要求寡妇与19岁的澳大利亚士兵春风一度。为了拿到药物，女人颤抖地接受了，没想到9个月后诞下一个"混血儿"。关于这一经历，寡妇的心理活动如下。

根据寡妇的回忆，尽管她因怀孕之事再度颤抖，可是当她生下名叫"和夫"的婴儿后，看到这个"特别可爱的婴儿""长得像丘比特娃娃"，"简直和洋娃娃一模一样"，她不禁吃惊地想，自己竟然生下了"这么可爱的西方人"。"说实话，忽然间，我为自己感到特别自豪。"

每当她回想起自己曾和一个皮肤白皙、"眼睛碧绿"、容貌"特别好看"、连名字都不知道的澳大利亚士兵有过一段"梦一般短暂的过往"，甚至会怀疑自己"是不是在做梦"。她回忆道："不过，父亲的病确实好了，所以我肯定不是在做梦。真是感慨万千。"

这位寡妇在药房老板娘半强制的安排下，非常偶然地生下了一个"混血儿"。以此为契机，寡妇"意识到自己尚年轻"，同时，"我的内心不可思议地萌发出活下去的自信"，"明明只是一个不再年轻的38岁未亡人，年轻的心境却不知从哪里冒了出来，我的心中充满干劲，从今以后不论发生什么事，我都能和孩子以及康复后的父亲一起努力活下去"。①

毋庸讳言，"混血儿"是日本战败的"烙印"，"混血儿"

---

① 高崎節子『混血児』、178、182 – 183 頁。

母子的相关悲剧数不胜数，难以用笔墨一一道明。因此，我们不能把这位 38 岁寡妇回忆的内容视为普遍现象。然而与此同时，这位寡妇朴素的感想中蕴含着自豪之情，这种真情实感也是我们难以否定的事实。

寡妇原本已经陷入对生死感到麻木的状态，可是由于和皮肤白皙、"眼睛碧绿"、容貌"特别好看"的澳大利亚年轻士兵有过"短暂的过往"，并因此生下像"洋娃娃"一样的婴儿，她那被封印的生命力强烈地喷涌出来。

并且，不只是寡妇，许多和占领军发生过关系的日本女性都曾提及这种伴随着生命力的幸福感。[1]

我们很难把各个男女接触异人种的经历，以及他们由此形成的人种意识罗列出来。本书之所以没把日本女性作为主要研究对象，就是基于这点考虑。而本书专门选取寡妇的回忆，则是为了证明，不能把所有人的心情简单地定性为通过迎合胜者、掌权者以获得精神上的满足。当然，我们不能把该事例视为占领军与日本女性之间的普遍情况。不过，至少从上述寡妇朴素的感想中可以发现，其中包含着一种基于审美价值的、生理上的朴素反应。

总而言之，在战后占领期这段异于寻常的时期，精英阶层以外的众多日本人头一次见到外国人，也真真切切产生了关于西方人和日本人的美丑观念。该观念超越了胜者、支配者、占领者等简单的立场，从生理上承认西方人容貌和身体的美丽。

何为美？何为丑？这与个人的感性有关。那么，到底从何时

---

① 沢田美喜『混血児の母』毎日新聞社、1953、84-85 頁。

起，"日本人丑陋论"成为自己都认同的观念，并在历史上接连不断地涌现出来？该观念到底意味着什么？

自我否定

正如 19 世纪中叶以来西方讽刺画中描绘的日本人那样，确实，任谁都能一眼看出，日本人的身高、体格普遍比西方人矮小、瘦弱。

然而毋庸讳言，身体特征充其量只是身体特征而已。身高、体格不见得一定给人以审美的印象，容貌也是如此。纵使外表看上去很美，很多情况下与魅力并不直接挂钩。究其原因，审美印象其实是可见与不可见事物的有机结合，那是只靠身高、体格、容貌很难估测的领域。

话虽如此，为何日本人这么厌恶自己的长相？为何就连第三方眼中的日本人也是丑陋的形象？

当然，只要美丑一直是客观侧面与主观侧面混杂的领域，就永远不能一概而论。但是，当我们思考到底是什么最大限度地影响了日本人对自身长相的厌恶时，我们发现，这与近代以来日本人在所有层面不断进行内在化的自我否定有关。

"不像日本人"这句话成了赞扬他人身高、体格、容貌的褒义言辞，该现象恰恰反映了明治时代以来随着西方的权威化，日本人的心性谱系一直与自我否定密不可分。

钟摆始终在优越感与自卑感之间来回摇摆。近代日本之所以长期处于如此不安定的状态，可以说，完全是因为非西方的日本在西方权威化的影响下从根本上产生了自我否定，并将自我否定表露出来。

　　然而当我们进一步向过去追溯，我们发现，即使从地缘政治学的角度来看，日本自古以来都位于印度、中国等中心文明的边缘地带，故而日本往往只有通过"采用"其他中心文明"永远的成果"，才能证明自身文化、文明的存在，即所谓的"月光文明"（奥斯瓦尔德·斯宾格勒）。①

　　正因如此，如梅棹忠夫所述，即使在亚洲，与"自尊心异常强烈"的印度人，以及持有中国中心主义、视中国为世界中心的中国人相比，日本人"往往抱有某种文化上的自卑感"。并且，这"与现有文化水平的客观评价无关，莫名地支配着全体国民的心理"。就好像日本的"影子"一样持续纠缠着日本人。自古以来，日本人作为一个大文明的"边境各民族的一支发展起来"，故而内心长期并且持续地抱有模糊而又强烈的自卑感，这种自卑感表现为文化上的自卑感。②

　　近代日本在西方权威化的影响下，试图通过"咀嚼""消化"西方的文化、文明以维持国家的存活。可以说，这是因为

_____

① オズヴァルト・シュペングラー著、村松正俊訳『西洋の没落　改訂版』第2巻、五月書房、1977、90頁。
② 梅棹忠夫『文明の生態史観』中央公論社、1967、31頁。当然，对他国文化或文明的憧憬、追随、对抗意识是普遍现象，例如，古埃及、古希腊、古罗马等地中海文明中的模仿现象，其后欧洲历史文化中随处可见的优劣意识，乃至近代以来新兴国美国面对欧洲时的文化自卑感等。"有文化积极性的地方必然存在自卑感。"（竹山道雄）和辻哲郎ほか『対立を超えて——日本文化の将来』養徳社、1950、79頁。然而，即使与上述案例相比，日本对他者的依赖性也相当显著，这种依赖性可以说是潜藏在自卑感和自尊心中的脆弱。而且，这种脆弱是日本人对于日本人这一身份时常抱有模糊的不安，它持续存在于日本精神的中枢。

日本自古以来就位于边缘地带，而边缘性导致日本发展成"月光文明"的典型模式之一。也就是说，日本人的精神结构从未在历史和地缘政治学层面与自我否定相分离。

身为日本人的不安

1950年，和辻哲郎、渡边慧、前田阳一、谷川徹三、竹山道雄、小宫丰隆、木村健康、安倍能成以"超越对立——日本文化的将来"为主题召开研讨会。该会议把"日本式自卑感"选为中心议题，围绕日本精神结构底部持续存在的"'否定日本'的倾向"和"否定与肯定"展开讨论。①

历史上，日本"从外部吸收优秀文化时"，往往产生"对外国的崇拜和对本国的蔑视"，二者其实是看似矛盾的整体。摄取外国文明是为了谋求日本的发展，该过程必然伴随对外国的崇拜，以及对缺乏文明的本国的蔑视。从这点来看，日本为了自我肯定而不断自我否定，这一心性的谱系从古代就延续了下来。

据和辻哲郎所言："不管我们把本国文化追溯到多么久远的年代，都无法找到没有一丝外国崇拜痕迹的时代。"自古以来，"人们太过尊重新吸收的东西，以为舍弃本国传统事物也没有什么关系"，这种态度本身已成为"日本民族的传统"。② 换言之，无论从历史还是地缘政治学的角度来看，"自卑情结"都是日本

---

① 和辻哲郎ほか『対立を超えて——日本文化の将来』。
② 和辻哲郎「日本精神」梅原猛編『近代日本思想大系25　和辻哲郎集』筑摩書房、1974、185 – 186 頁。

人宿命般的"民族资质"，是日本人自我认知的基础。①

　　也就是说，"身为日本人的不安"（吉田健一）原本是日本边缘属性导致的不安。"日本人到底是哪个人种？日本到底是怎样的国家？日本人对此类问题非常好奇。"关于这些，吉田健一指出，日本人比较"神经质"，甚至倾向于"抓住外国人，问他们对日本和日本人的看法"，而在"日本以外的国家却鲜有此类现象发生"。与之相比，我们"不得不认为"，这揭示了日本人某种特有的状态。②

　　不管外国人的日本见闻记写得好还是不好，都能吸引日本人的关注。诸如"日本人论""日本文化特殊论"等书籍颇受市场欢迎。这一切的根本原因在于"身为日本人的不安"。

　　海外的日本研究倾向于把"日本人论""日本文化特殊论"视为文化民族主义，然而从严格意义上来看，与其说它揭示了日本人的优越主义思想，不如说"身为日本人的不安"导致日本人在精神需求的驱使下不断摸索"日本人论""日本文化特殊论"。换言之，就好比没有自卑感就不可能形成优越感那般，我们应该认识到，"日本人论"及"日本文化特殊论"中的优越主义思想其实在某种层面上是日本人的不安，即自卑感的外在表现。③

　　总而言之，日本的心性谱系一直对日本之为日本抱有不安。

---

① 和辻哲郎ほか『対立を超えて——日本文化の将来』。
② 吉田健一「日本人であることの不安」『日本に就て』筑摩書房、2011、111 頁。
③ 此外，可以说"日本人论""日本文化特殊论"盛行的原因之一在于日本本身就伴随着暧昧与不明确。

而且，正因为日本的心性谱系长期在历史和地缘政治学层面抱有不安，并形成了自我否定的精神结构，日本人才兼具极度的自卑感和优越感。二者构成看似矛盾的整体，钟摆则在二者之间来回摇摆。

当一个人内心长期处于不安状态，甚至对自我加以否定之时，到底能否以堂堂正正、无比威严的姿态面对外部？当一个人从内心偷偷否定自己时，我们又能在多大程度上断定他不会变得卑躬屈膝？

日本人对自身长相的厌恶很有可能与自我否定的心性谱系密切相关。并且，近代以来日本一直把西方的权威化作为维持国家存活的唯一手段。对日本而言，分割西方与日本的人种差异是无力改变的现实，或许也是因为这个缘故，人们内在化的自我否定才被投射到可视化的身体差异上。近代日本的精英阶层尤其倾向于从人种的视角厌恶自己的长相，这是因为人种差异把西方这个最重要的他者与日本分割开来，他们因人种差异而感到不安、自卑，于是试图通过厌恶自身的长相来抹除自己的不安。这就是他们的心路历程。

悲哀

然而需要注意的是，日本为了维持日本存活选择了西方的权威化，西方权威化所导致的日本的自我否定完全是积极意图下产生的精神结果。近代日本要想维持国家存活，就无法避免这一结果。也就是说，日本为了作为日本存活下去，就必须否定日本之为日本。

在"西化"的作用下，近代日本的精神结构就此形成，甚至可以说，一切都被囊括到这一自我矛盾当中。倘若没有这种自我矛盾及悲哀，别说近代日本的民族主义了，恐怕我们连心性本身都无法加以讨论。

其实，在近代日本的小学唱歌课上，有一首《故乡》唱出了日本人的心声，如实地反映了近代日本精神结构中的自我矛盾。

1914年，日本参加第一次世界大战，也是在这一年，《故乡》被列为寻常小学①的唱歌课曲目。作曲人冈野贞一是有名的基督教忠实信徒，他从东京音乐学校毕业后，一边执教，一边在本乡中央会堂②担任风琴演奏者。因此，据说他的歌曲旋律受到了赞美诗的影响。③

冈野贞一创作《故乡》时，日本正处于开始大力扩张帝国主义、推动工业化和城市化的时期。这首《故乡》是近代化过程中，人们离开故乡、舍弃故乡，也即否定"故乡"时衍生的心情世界。

在《故乡》的歌词里，出现了"难忘"，"实现我的梦想以后，终有一天回到故乡"等字句。歌词饱含甜蜜而又悲伤的思乡之情，如果没有对故乡的否定，就不可能存在这种看似自相矛

① 1886年，日本颁布第一次小学校令，将小学（日语：小学校）分为寻常小学和高等小学两个阶段。寻常小学是四年制，为义务教育阶段。——译者注
② 本乡中央会堂是日本东京的一座基督教堂。——译者注
③ 安田寛『唱歌と十字架——明治音楽事始め』音楽之友社、1993、16、304－306頁。

盾的心情。[1]

1900年，岛崎藤村根据柳田国男的一段经历创作了诗歌《椰子》。《椰子》是岛崎藤村29岁时的作品。在这首诗歌里，"故乡"是应该返回的地方，寄托了岛崎藤村的感情。父亲等近亲一个接一个地背井离乡，对于这些亲人，岛崎藤村一刻都无法忘怀。不仅如此，里面还深深镌刻着他对日本的怀念。正如岛崎藤村在后来的杰作《黎明之前》（1929～1935）中描绘的那样，日本一直在"近代化"与"西化"的过程中舍弃、丧失原本的自己，而岛崎藤村则在作品中表达了自己对日本的怀念。[2]

如《故乡》所反映的那样，倘若没有对"故乡"的否定，《故乡》中甜美的心情世界就不可能成立。日本为了作为日本继续存活，就必须否定日本、舍弃日本，这种难以抹去的难过和悲哀正是非西方的日本的精神归宿。也就是说，如果没有相应的精神负荷，近代日本就不可能实现历史进程的急速发展。我们在讨论近代日本的心性时，绝不能轻视这一点。

再者，哪怕日本为了国家的存活必须舍弃日本，只要日本还是日本，就永远无法完全舍弃日本。毋庸讳言，这一点非常重要。

恰如本书中众多日本精英面临的问题所示，在"西化"的过程中，他们想要否定日本，却无法彻底舍弃及否定日本，因此，他们陷入进退两难的境地，其长期抱有的自我矛盾正是源自

---

[1]　磯田光一『鹿鳴館の系譜——近代日本文芸史誌』講談社、1991、49 – 51頁。

[2]　島崎藤村「椰子の実」『落梅集』筑摩書房、1949、127 – 128頁。

于此。

也是这个缘故，他们面对西方时的自卑感与面对亚洲时的优越感成为看似矛盾的整体，演变为强烈的自卑、自负，这种感情构成了近代日本的自我认知。强烈的自卑、自负引发了一种独特的不稳定状态，即使考察"脱亚入欧""脱欧入亚"中近代日本的自我界定，我们也能清晰地发现这一点。

换言之，强烈的自卑感与强烈的优越感常常演变为看似矛盾的整体，仿佛为了使心性中的不安稳定下来，人们努力地想要保持平衡。然而，人们很难避免心性谱系中伴随的不安，也很难避免不安带来的脆弱。从这点来看，近代以来，"身为日本人的不安"可谓完全无法从人们的内心消除。正如桑原隲藏所述，一方面，日本人毫无道理的敏感，并强调步调的统一；另一方面，有时会表现出强烈的攻击性和好战性，这一切可能是因为日本人在强烈的优越感与自卑感之间来回摇摆，不稳定的状态导致了他们的脆弱。[1]

振幅

然而与此同时，我们或许可以认为，近代以来日本这种不稳定的状态正是支撑其熬过剧烈振幅的根本动力。

事实上，在近代史当中，还有哪个国家像日本这样振幅剧烈？

---

[1]　桑原隲藏「黄禍論」『桑原隲藏全集』第 1 卷、岩波書店、1968、22 - 34 頁。

日本不过是远东一介岛国，国土面积狭小、自然资源贫瘠。不到半个世纪，这个东洋小国就名列"世界五大强国"，其发展轨迹着实惊人。

　　此后不到半个世纪，日本战败，化为一片废墟。可是没过几年，战败后化为焦土的日本就迎来了将近二十年的经济高速增长期，一跃成为仅次于美国，甚至极有可能超越美国的经济大国。可以说，日本不仅在近代，而且在二战后也经历了剧烈的振幅。

　　在大约一个世纪的时光里，振幅竟如此剧烈，以此为背景，人们又怎么可能找到稳定的状态？虽然我们不能断言历史上的剧烈振幅必然与心性直接关联，但是鉴于人们的心性毫无疑问是在历史过程中形成，可以说，近代日本经历的剧烈振幅恰恰显示了近代日本的心性谱系本身。

　　如前文所述，明治时代以来日本的心性谱系，其实就是在面对西方时的强烈自卑感与面对亚洲时的强烈优越感之间努力寻找自己的所在。

　　稳定不可能存在于剧烈的振幅当中。振幅剧烈，不安才随之滋生，二者往往密不可分。并且，如果说这种纠葛就是支撑近代日本最强大的根本性动力，那么，通过追溯这一振幅剧烈的历史过程，想必能够发现近代日本的一部分光和影。

　　毕竟，剧烈的振幅意味着不论摆向何方都需要巨大的能量，明暗两极意味着二者需要同等强度的动力。经历了振幅如此激烈的历史过程，人们的心性在自卑感与优越感两个极端之间来回振荡，这条心性谱系的道路常常无法摆脱不安。然而，没有强烈的光明就不可能有浓郁的阴影，二者紧密相连、密不可分，一直是看似矛盾的整体。也就是说，它们也显示了日本的绝对值。

或许，近代日本的剧烈振幅及其心性中镌刻的不安都揭示了强光之下浓郁阴影的两端。

阴翳

最后，本书反复强调，日本这个非西方国家的"西化"本身就是自我矛盾。将该矛盾以可视化的方式呈现出来的，则是无论如何也无法改变的肤色，即人种差异。近代日本怀抱这一自我矛盾，走过了振幅剧烈的历史过程。光和影一路相随，构成看似矛盾的整体。那么，人种差异的光和影中到底存在着什么？精英阶层到底想从人种体验中探寻到什么？

考察近代日本人种体验的意义，或许最重要的一点在于，对于近代日本精英阶层而言，人种体验就是对近代的叩问。其谱系贯穿于近代以来的一系列历史过程当中。日俄战争以后，日本开始走上"一等强国"的道路；1920 年代，日本作为"世界五大强国"之一达到一个顶点；战后占领期，日本全境化为一片焦土；二战后不久，日本很快发展为经济大国。从各时期精英阶层人种上的自我认知中就能清晰地看到这一谱系。

在文艺批评家眼中，夏目漱石是"西化程度最高的知识分子作家"，对于"被近代化浪潮裹挟的日本人的命运"，他的理解最为深刻。去英国之前，他从未介意过自己的"黄"皮肤，可是当他伫立在英国这个盎格鲁-撒克逊国家时，他觉得面如"土色"的自己就仿佛"洗得干干净净的白衬衫上落下的一滴墨汁",甚为"可悲"。他之所以反复强调这一点,是因为对他来说,人种体验就是叩问日本"近代化""西化",即叩问非西方的日本的自我矛盾本身。

伊东巳代治对贝尔兹说:"我们与生俱来的不幸是长着黄色的皮肤。"大隈重信尤其关注种族偏见,并抱有强烈的问题意识,他用"忧郁"一词来形容日本人面临的人种问题。原因在于,近代日本把非西方的"西化"作为维持国家存活的命运,而人种问题与这一自我矛盾直接关联。

并且,夏目漱石写下"一滴墨汁"以后大约过了30年,谷崎润一郎在《阴翳礼赞》(1933~1934)里同样如此描述日本人的肤色。西方人与日本人的肤色差异在于"肉色"中潜藏的"阴翳",由于日本人的皮肤"再怎么白,白色中都有微微的阴影",当一名日本人"加入"西方人的集会时,"就仿佛白纸上点了一滴淡淡的墨汁,就连我们都觉得这个人碍眼,变得不怎么开心"。那种"微微的阴影"是"沉淀在皮肤底层的暗色",无论怎样化妆也无法消除,是"乌黑得仿佛积了灰尘的暗处"。[1]谷崎润一郎用"阴翳"一词来表达他对日本近代化的忧虑,对他来说,"黄色"的皮肤就是"阴影"。

另外,在谷崎润一郎发表《阴翳礼赞》的同一时期,萩原朔太郎发表《日本的女人》(1936)。萩原朔太郎指出,"黄色"的肤色因为"阴翳",所以美丽。在萩原朔太郎看来,"阴影浓

---

[1] 谷崎潤一郎「陰翳礼讃」篠田一士編『谷崎潤一郎随筆集』岩波書店、1985、209 –210 頁。

重的奶黄色皮肤"成就了日本女性的美，理想的美人应该是
"白皮肤中透着点黄的女人"，"皮肤纯白的女人和西方人一样没
情趣，不漂亮"，化妆后的日本女性展现出"介乎黄白之间各种
颜色的、微妙美丽的阴影"，这种"阴影"非常细腻，"日本女
人的美与日本草花的美一样，阴影浓重细腻，韵味深长"。①

　　萩原朔太郎的日本女性论也可以说是反映了"回归日本文
化的时代"，然而无论怎样美化，"白色"与"黄色"之间的差
异都是名为"阴翳"的阴影。"黄色"皮肤拥有"白色"皮肤
中看不到的"阴翳"，尽管他从"阴翳"中找到了黄皮肤的美，
但是不管他怎样描述，"阴翳"就是"阴翳"。而且，倘若没有
"西化"和"近代化"的影响，就连"阴翳"这一概念都不会
出现。从这里也可以看出，日本这个非西方国家的"西化"带
来了诸多迫切的问题，"阴翳"恰与此类问题密不可分。

忧郁

　　总而言之，近代日本精英阶层对肤色带来的相关苦恼抱有疑
问，同时对近代带来的相关苦恼抱有疑问。因为对日本人来说，
叩问肤色所反映的人种差异几乎等同于叩问近代。毕竟，对日本
来说，讨论近代意味着讨论日本这个非西方国家在"西化"过
程中的自我矛盾。若非如此，想必远藤周作不可能从人种差异入
手，讨论日本与西方的宗教差异及其宿命性，不可能发出"我

---

① 萩原朔太郎「日本の女」『萩原朔太郎全集』第 9 卷、筑摩書房、1976、
248 – 249、251 頁。

永远是黄色，那个女人永远是白色"的声音并终生执着地探索这个问题。

即使在远藤周作笔下，"黄色"的皮肤也"带有毫无生气的暗黄色，显得暗沉沉的"，那是"浑浊的黄色"，"仿佛是只土黄色的蛴螬，正紧紧抱住雪白的花瓣"。

远藤周作写道，看到法国圣经插画里金发碧眼的耶稣后，"已经没有气力消化这个白人了"。他笔下的主人公对法国神父说，"在我这个黄色人身上"，只有"强烈的疲惫"，"这种疲惫像我微黄的肤色一样浑浊，而且潮湿、沉重"。夏目漱石写道，"西方的潮流"是支配日本"开化"的浪潮，"由于横渡浪潮的日本人不是西方人，每当新的浪潮靠近，他们都感觉自己就像置身其中的食客一样，很不自在"。而且，"日本人不是西方人"（夏目漱石）是无力改变的事实。上述言论都揭示了日本这个非西方国家在"西化"过程中的自我矛盾。

即使到了二战后，该问题也并未改变。1960 年代，江藤淳在普林斯顿大学留学两年，他用"肤色"来形容"近代化"论的矛盾。他认为，对日本而言，"近代化"不可能成为"单纯的欢喜"，因为"从肤色就能看出，我们绝不可能是西方人"。[1] 如本书序章所述，倘若没有较高的教育水平，也没有积蓄商业资本，就不可能实现日本的"近代化"。理所当然的，"近代化"不可能变为名实相副的"西化"。这是"近代化"的一个侧面，此处无须多言。然而考虑到如果没有西方的权威化，即"西

---

① 江藤淳『江藤淳著作集 4：西洋に就いて』講談社、1967、233 頁。

化"，就不可能实现"近代化"。再者，考虑到"近代化"是接受、摄取、模仿乃至"消化"西方文明的过程，我们或许可以认为，在人们的意识中，"近代化"与"西化"的意思几乎完全相同。

总之，对日本精英阶层来说，叩问人种差异就是叩问近代。毫无疑问，人种差异的相关"忧郁"揭示了日本所面对的关于近代的"忧郁"。

明治时代以来，"肤色"中潜藏的"忧郁"一直像影子一样缠着日本的精英。不管他们怎样努力，也无法逃离或改变"肤色"。"肤色"的"忧郁"是近代日本凝视自己时的阴影，也是现实。换言之，为了获得西方对自己的认可，日本遭遇了自我矛盾，而在自我矛盾的尽头，则是映在"忧郁"上的"肤色"以及"忧郁"本身，这才是日本的另一个样子。在无法舍弃日本的情况下想要获得西方认可的日本，不，应该说，因为日本想要舍弃日本却无法做到完全舍弃，所以产生了无法抹去的"忧郁"，陷入了进退两难的困境。日本为了继续是日本，自主选择了"西化"的命运，这一自我矛盾被日本精英关于"肤色"的人种体验暴露出来。所谓"忧郁"，就是描述近代日本命运本身的谱系。

其后，"肤色"仿佛拥有投影日本人种意识的余韵，逐渐渗透下去。

毋庸讳言，由于日本社会的同质性极高，"肤色"这一概念才得以诞生并渗透。或许可以说，它反映了单一民族的神话。可是，2000 年以后，"肤色"从蜡笔、彩铅等文具的正式颜色名称中消失。

　　然而，"肤色"一词渗透到日本社会并得到支持的原因不仅仅在此。因为"肤色"还有一个侧面，它既不是黄色，也不是白色，其实是个界线模糊、暧昧的概念；它有一种特殊的余韵，仿佛能让人们忘记人种差异的宿命性以及日本长期抱有的人种上的自我矛盾，故而得到人们的支持。现实中人们已经认识到"肤色"无法改变，由于牵扯到近现代日本的自尊心，因此，"肤色"在某种程度上一直是禁忌语。在这样的情况下，"肤色"一词形成，它的暧昧性反而昭示了其中暗藏的、不可言说的心思。

　　日本人的同质性极高，从其人种意识中可以看到暧昧性和模糊性。可能我们无法将其与美国等多人种国家、移民国家的人种意识及人种问题等进行简单的对比。这是因为，他国有关人种的土壤、风俗、社会现实等与日本差异较大。如果简单地讨论颜色的深浅，就是以西方为标准进行判断，不过是单方面的视角罢了。

　　这种模糊、暧昧的人种意识并不意味着日本人的人种意识薄弱。因为，这种难以言喻的忧郁深深地渗透进社会及人们的意识，揭示了近代以来日本心性中持续存在的日本人的人种意识的本质。

　　从这点来看，忧郁没有完全消失。近代日本的光和影现在依然悲哀地化为"肤色"的忧郁，持续地存在于日本的心性当中。

后　记

　　很早以前，我就开始关注日本人的自我认知和精神结构。特别是关于人种的自我认知，我总觉得社会氛围中存在一种难以言说的情绪。

　　许多日本人或多或少对西方抱有自卑感，并对亚洲其他地方抱有优越感，二者是看似矛盾的整体，构成了一种扭曲的意识。该意识是怎样形成的？又如何渗透、镌刻到人们的心性当中？这些疑问都引起了我的兴趣。我想了解该意识对日本社会持续造成了怎样的影响，想要试着用自己的方式去发掘这一历史过程。同时，近代日本把非西方国家的"西化"作为自己的命运，我想从近代日本的心性入手，试着考察与人类根源欲求密不可分的偏见及歧视意识的本质。

　　可能大家都曾感觉到人种意识。它以人们的生理感情、本能感情为基础。可以说，它是一种不被公开讨论的感情，并且正因为不被公开讨论，所以很难被彻底抹除。我想要避免煽情，不仅从政治史、外交史的角度，而且从社会文化史的角度描述人种意识。因为我认为，在讨论人类的动物本能、生理感情与人们密切关联并有机结合到何种程度时，从社会文化史的语境着手比较有效，这才是考察近代日本的人种自我认知特征的最有益手段。

从 2009 年 6 月到 2013 年 6 月，我围绕该课题展开调查，并完成本书。虽然这是我的第一部个人专著，然而回顾过去，早在 2004 年，我就收到白户直人老师的约稿信。当时，我作为日本学术振兴会特别研究员（PD）① 才干了一年，刚刚开启新的生活，需要频繁往返于京都的国际日本文化研究中心与东京。此后，我有幸与白户老师多次面谈，围绕出版计划展开探讨，并得到他恳切的鼓励。可是，当时的我刚开始展开其他领域的研究，同时因为本课题特有的复杂与棘手，我还没有勇气以作者的身份公开发表并面对世人的评价，故而迟迟无法动笔。

尽管我本人尚还欠缺知识和经验，但是在诸多老师的精心引导、图书馆及资料馆的大力协助、许多朋友的热心支持下，我终于在收到白户老师约稿信十年之后让这部作品面世并接受世人的评价。

国际基督教大学威廉·斯蒂尔（William Steele）老师长年担任我的主任指导老师；国际日本文化研究中心的园田英弘老师接收我为特别研究员，并担任我的指导老师；哈佛大学的西奥多·贝斯托（Theodore Bestor）老师接收我为赖肖尔日本研究所博士后研究员。在此，我要向国际基督教大学的威廉·斯蒂尔老师及历史学科、其他学科的老师，国际日本文化研究中心的园田英弘老师及其他老师，哈佛大学的西奥多·贝斯托老师及其他老师，还有职员、同事、其他一些老师致以诚挚的谢意。

---

① 日本学术振兴会特别研究员分为若干类，如 DC1、DC2、PD、SPD、RPD 等，其中取得博士学位未满 5 年者才有资格申请 PD。——译者注

　　并且，等松春夫老师曾经抽出大量的时间和精力，为我讲述二战前后的人种意识。该时期的人种意识最难把握。有赖等松老师的鼎力相助，能力有限的我才得以将这段内容写入本书。

　　在资料查询方面，我从开始动笔就承蒙国际基督教大学图书馆的大力协助。除此以外，法政大学图书馆、青山学院大学图书馆、哈佛－燕京图书馆、怀德纳图书馆［特别是历史调查部的弗雷德·伯赫斯特德（Fred Burchsted）］，以及防卫研究所战史研究中心史料室的菅野直树主任都给予了我诸多支持。另外，还有很多人给予了我有形无形的帮助，我要感谢那些鼓励、支持我的友人，感谢听我课的本科生、研究生。

　　毋庸讳言，本书得益于前辈老师的优秀研究成果。我发自内心地敬佩他们，在此向他们的研究和教导致以深挚的谢意。特别是平川祐弘老师的著作《和魂洋才的谱系——内外视角中的明治日本》，这本书使我对近代日本的精神结构产生了强烈的兴趣，给了我一个很好的研究契机。

　　2009 年 4 月，我开始制作本书的出版策划方案。此时，园田英弘老师已经亡故两年。从我读博士时起，园田英弘老师就非常支持我研究这项课题，并给予我相关指导。2007 年 4 月，园田英弘老师离开人世，我简直无法用言语来表达自己的心情。我2008 年前往美国，是因为园田英弘老师生前曾建议我这样做。我之所以立志在中公丛书出版自己的处女作，也是因为想要尽绵薄之力来报答师恩。这期间，悲痛从未远去。然而稍微反过来讲的话，如果我不是那么悲痛，或许就不会下定决心去美国，也不会产生撰写本书的觉悟。园田老师生前常常鼓励尚不成熟的我，让我相信自己的力量。我想，可能老师已经感到自己不久于人世，才想把这些东西全都教给我。再次向精心教导我的恩师表达心中的谢意。

我从 2009 年开始展开调查、撰写本书，整整四年间，白户直人老师多次与我讨论出版事项，为拙著奉献了大量的劳力和时间。如果没有白户老师的鼎力相助，拙著不可能面世。从我第一次收到白户老师的信件到拙著正式出版，已经过了大约十年。多年以来我一直憧憬着能在中公丛书出版专著，全靠白户老师的帮助，这个梦想才终于得以实现。非常感谢白户老师长期的忍耐与陪伴。

最后，我想对父母表达感谢之情。出书是我儿时就有的梦想。毫无疑问，是父母帮助我实现了这个梦想。我的父母特别优秀。一直以来都是我在给他们添麻烦，让他们为我担心（至今也未改变）。是父母的爱，让我出生在这个世界；是父母的爱，让我实现了一个大大的梦想。

感谢命运让我遇上最爱的双亲，这是我最大的幸运。就此搁笔。

真嶋亚有

2014 年春暖花开写于美国马萨诸塞州剑桥

译后记

2019 年春，我从日本买了一些学术书，其中一部就是《"肤色"的忧郁：近代日本的人种体验》。细细阅读后才发觉，这不仅是本高水平学术著作，而且出人意料的有趣，几乎每章都有"八卦"可读。

如果模仿时下新媒体、公众号流行的吸睛标题，可以从各章节提取许多"八卦"素材，比如《内村鉴三拥有全日本最美的脸，回国后却不肯在公开场合穿和服》《一代文豪夏目漱石竟是家暴男》《巴黎和会上日方代表被嘲讽为"小家伙"》《20 万日本人依依送别麦克阿瑟，数月后却由爱转恨》《入围诺奖最终候选名单的远藤周作瞒着法国女友与日本千金结婚?》……但书中并非仅有名人逸事，其内核是从人种的角度对日本近代化发出叩问，从肤色、容貌、身材这些表象出发，探讨更深层次的精神构造。

我一边津津有味地阅读，一边和我先生及同事分享。同事虽不研究日本，却也觉得甚为有趣。当时我就想，这应该是本大众也愿意阅读的学术书，如果有机会，我希望把它翻译出来。

近年来，外国学术著作的翻译出版相当热门，那些得以出版中译本的原作者往往是学界泰斗、知名教授，其作品也已得到国外学界和读者的广泛认可。比如我此前翻译的《未完的明治维新》，作者坂野润治先生（已故）就是东京大学名誉教授，日本近代史研究界响当当的人物。

相较而言，本书作者真嶋亚有老师虽曾担任日本学术振兴会特别研究员、哈佛大学赖肖尔日本研究所博士后研究员，在难以获得大学正式教职的日本堪称履历光鲜的学术新秀，但是比起老教授们终究欠缺了一些知名度。所以，向社会科学文献出版社"启微"书系的编辑李期耀老师推荐此书时，我并没有多大把握。

李老师表示感兴趣，让我写份介绍材料。此后一步步走程序申请，翻译出版此书的愿望竟然成真了。由此可知社会科学文献出版社、"启微"书系，以及编辑李期耀老师不拘泥于作者成名与否，更注重书籍内容质量的胸怀。

然而真正翻译起来，我才发现这是一个漫长的工程。原著字数有二三十万，涉及大量文献资料，而要译出精品，以我的能力绝不可能迅速完成。翻译了大约一半，我给作者真嶋亚有老师写邮件，请她帮忙解答、确认一些相关问题。真嶋老师问我用的是第几版著作，我才得知此书在日本颇受欢迎，2015 年就出了第三版，我手头用的却是 2014 年的初版。

一名正值盛年的学者的处女作能在日本知名出版社中央公论新社出版，而且不到两年出到第三版，得到日本各大报纸杂志乃至西方媒体的推介，其本身就说明了作品的质量之高。幸好真嶋老师将第二版和第三版的修订资料发送给我，这部译书才不至于与日文最新版脱节。

《"肤色"的忧郁：近代日本的人种体验》中译版能够顺利

出版，离不开真嶋老师的鼎力支持。过去一年间，我向真嶋老师咨询了数十个与原著相关的问题，真嶋老师在百忙之中专门查阅各类东西方文献，甚至给日本外务省外交史料馆等场馆写信询问，以期给我提供准确的答案。单是"待确认事项"文档的问答字数就有上万字，更不用提往来邮件的字数了。

李期耀老师也为本书的出版校对工作提供了诸多帮助。有些问题我还在等原作者的最终确认，李老师就已根据我的"暂译"版推测出准确的答案。如今，学术书的出版发行要求编辑也具有较高的学术素养，拥有历史学博士学位的李老师就是其中的佼佼者。

此外，我先生、复旦大学日本研究中心王广涛也为本书的翻译工作提供了学术和生活上的支持。在我为赶稿焦头烂额之时，他分担了不少辅导孩子功课的任务。希望本书的翻译质量没有辜负他的辛勤付出。

翻译本书期间，恰值新冠肺炎疫情暴发，种族歧视和种族偏见明目张胆地暴露在世人面前之时，其国际政治背景则是中国的崛起、中美贸易摩擦等。本书讲述了近代以来日本精英阶层在国外的人种体验，其间，日本经由日俄战争一跃成为世界五大强国当中唯一的"有色人种"国家，本以为能与西方列强平起平坐，却遭遇了西方露骨的种族歧视；同时，日本人又对亚洲同人种国家施以种族歧视。这种复杂的心性谱系及历史背景恰能给我们一些启发，让我们从历史的角度看待今天的问题。

宋晓煜

2021 年 4 月 12 日

图书在版编目（CIP）数据

"肤色"的忧郁：近代日本的人种体验／（日）真嶋亚有著；宋晓煜译 . -- 北京：社会科学文献出版社，2021.7

ISBN 978 - 7 - 5201 - 8365 - 9

Ⅰ.①肤…　Ⅱ.①真…②宋…　Ⅲ.①人种 - 研究 - 日本 - 近代　Ⅳ.①Q982

中国版本图书馆 CIP 数据核字（2021）第 092954 号

"肤色"的忧郁：近代日本的人种体验

著　　者／〔日〕真嶋亚有
译　　者／宋晓煜

出 版 人／王利民
责任编辑／李期耀

出　　版／社会科学文献出版社·历史学分社（010）59367256
　　　　　地址：北京市北三环中路甲 29 号院华龙大厦　邮编：100029
　　　　　网址：www. ssap. com. cn
发　　行／市场营销中心（010）59367081　59367083
印　　装／北京盛通印刷股份有限公司

规　　格／开 本：889mm × 1194mm　1/32
　　　　　印 张：12.5　字 数：280 千字
版　　次／2021 年 7 月第 1 版　2021 年 7 月第 1 次印刷
书　　号／ISBN 978 - 7 - 5201 - 8365 - 9
著作权合同
登 记 号／图字 01 - 2021 - 2416 号
定　　价／89.00 元

本书如有印装质量问题，请与读者服务中心（010 - 59367028）联系